浙江省普通高校“十三五”新形态教材

人民交通出版社“十三五”
高职高专土建类专业规划教材

建筑识图与构造

主　编　董罗燕
副主编　吕淑珍　王春福
主　审　孔爱散

人民交通出版社股份有限公司
北　京

内 容 提 要

本书按照国家现行相关标准与规范,采用项目教学法进行编写,并配套编写《建筑识图与构造技能训练手册》一书。

全书共设八个项目,内容包括:建筑形体与房屋建筑施工图初识、建筑构造节点识图、建筑施工图识图、结构施工图识图、施工图综合识图、施工图审图、房屋建筑设计、利用 Revit 建筑模型辅助识读建筑施工图。本书最后附一套施工图,供读者学习参考。

本书可作为高等职业技术院校建筑工程技术、建设工程管理、工程监理、工程造价等专业的教学用书,也可供相关工程技术人员自学与参考。

图书在版编目(CIP)数据

建筑识图与构造 / 董罗燕主编. — 北京 : 人民交通出版社股份有限公司, 2018.7

ISBN 978-7-114-14863-7

Ⅰ. ①建… Ⅱ. ①董… Ⅲ. ①建筑制图—识别—高等职业教育—教材 ②建筑构造—高等职业教育—教材 Ⅳ. ①TU2

中国版本图书馆 CIP 数据核字(2018)第 151022 号

Jianzhu Shitu yu Gouzao

书　　名: 建筑识图与构造
著 作 者: 董罗燕
责任编辑: 李　坤
责任校对: 孙国靖
责任印制: 刘高彤
出版发行: 人民交通出版社股份有限公司
地　　址: (100011)北京市朝阳区安定门外外馆斜街 3 号
网　　址: http://www.ccpcl.com.cn
销售电话: (010)59757973
总 经 销: 人民交通出版社股份有限公司发行部
经　　销: 各地新华书店
印　　刷: 北京虎彩文化传播有限公司
开　　本: 787×1092　1/16
印　　张: 14.5
插　　页: 20
字　　数: 340 千
版　　次: 2018 年 7 月　第 1 版
印　　次: 2024 年 7 月　第 7 次印刷
书　　号: ISBN 978-7-114-14863-7
定　　价: 42.00 元

高职高专土建类专业规划教材出版说明

近年来，我国职业教育蓬勃发展，教育教学改革不断深化，国家对职业教育的重视达到前所未有的高度。为了贯彻落实《国务院关于大力发展职业教育的决定》的精神，提高我国建设工程领域的职业教育水平，培育出适应新时期职业要求的高素质高技能人才，人民交通出版社股份有限公司深入调研，周密组织，在全国高职高专教育土建类专业教学指导委员会的热情鼓励和悉心指导下，发起并组织了全国四十余所院校一大批骨干教师，编写出版本系列教材。

本套教材以《高等职业教育土建类专业教育标准和培养方案》为纲，结合专业建设、课程建设和教育教学改革成果，在广泛调查和研讨的基础上进行规划和展开编写工作，重点突出企业参与和实践能力、职业技能的培养，推进教材立体化开发，鼓励教材创新。教材组委会、编审委员会、编写与审稿人员全力以赴，为打造特色鲜明的优质教材做出了不懈努力，希望能够以此推动高职土建类专业的教材建设。

本系列教材已先后推出建筑工程技术、建设工程监理和工程造价三个土建类专业共计四十余种主辅教材，随后将在全面推出土建大类中七类方向的全部专业教材的同时，对已出版的教材进行优化、修订，并开发相关数字资源。最终出版一套体系完整、特色鲜明、资源丰富的优秀高职高专土建类专业新形态教材。

本系列教材适合高职高专院校、成人高校、继续教育学院和民办高校土建类专业学生使用，也可作为相关从业人员的自学、培训教材。

人民交通出版社股份有限公司

2017 年 1 月

前 言

PERFACE

本教材是在浙江省普通高校"十二五"重点教材、人民交通出版社"十二五"高职高专土建类专业规划教材《建筑识图与构造》(第二版)的基础上,为适应国家标准与规范的变化、行业新技术新材料运用、BIM 技术和信息技术的广泛应用,以及该课程的教学改革趋向而重新编写的。本教材同时配套有《建筑识图与构造技能训练手册》,该配套技能训练手册已在第一版的基础上作了全面修订,第二版由人民交通出版社股份有限公司同步出版。

"建筑识图与构造"是土建施工类、工程管理类专业的专业基础课,旨在培养学生的空间想象能力、房屋建筑工程图识图能力、工业与民用建筑常见构造节点处理能力,为"地基与基础工程施工""混凝土与砌体结构施工""建筑工程计量与计价"等后续课程的学习与职业能力的提升打下坚实的基础。

本教材依据相关专业人才培养目标要求,以施工图识图能力训练项目为主线,按照"以职业活动为导向、突出能力目标、以学生为主体、以项目任务为载体"的课程设计理念,将教材内容整合优化为循序渐进的"建筑形体与房屋建筑施工图初识""建筑构造节点识图""建筑施工图识图""结构施工图识图""施工图综合识图""施工图审图"学习性项目,房屋建筑设计及利用 Revit 建筑模型辅助识读建筑施工图项目。各项目又下设若干学习性工作任务,包括建筑形体模型制作、施工图抄绘、施工图识图、施工图审图、建筑构造设计等。

本教材主要特色有:

1. 企业人员参与教材编写,提高教材实用性

浙江江南工程管理股份有限公司张正平等行业专家全程参与教材思路设计、教学内容选取及内容编写。教材的工程实例、实训案例内容来自企业一线,教材附图工程为近年新建实际工程,便于理论与实践结合学习,提高了教材的实用性。

2. 体现"以职业活动为导向、突出能力目标、以学生为主体、以项目任务为载体"的设计理念

打破一般《建筑识图与构造》教材理论知识表达的惯例,从培养学生的实际工程图识图能力出发,整体设计教材内容,以真实的工程项目为载体,设计系列项目与任务,训练学生的识图能力与构造节点处理能力。将实物建筑或"1∶1 建筑模型"构造节点测绘与识图纳入学习性工作任务,同时在课内课外使用多个建筑工程的施工图贯穿教学过程,提高学生对实际工程图的识图能力。配套编写《建筑识图与构造技能训练手册》,可满足学生自主学习、理论复习与检验、技能训练与考核等需求。

3. 引入国家相关规范与标准,更新教学内容

把与建筑相关的国家标准、规范和图集等融入教材,施工图的识图与建筑类标准、规范的

学习结合起来，强化标准与规范意识，使学习与工作结合，进一步缩短学习与岗位实践的距离，提高学生的岗位适应能力，树立"遵照标准、遵守规范、按图施工"的理念。

4. 创新教材形态，优化教学内容

推进课堂教学改革，创新教材形态，建设利用移动互联网技术，以嵌入二维码的纸质教材为载体，整合视频、音频、作业等数字资源，实现线上线下结合的新形态教材。

本教材由浙江广厦建设职业技术学院董罗燕主编并统稿，吕淑珍、王春福任副主编，绍兴职业技术学院孔爱散主审。项目1由吕淑珍编写；项目2的2.1节由林丽编写，项目2的2.2节、2.5节由王春福编写，项目2的2.3节、2.4节由董罗燕编写；项目3由董罗燕编写；项目4由吕淑珍编写；项目5由金梅珍编写；项目6由浙江江南工程管理股份有限公司张正平编写；项目7由王春福编写；项目8由董罗燕编写。教材附图由王春福设计编写。潘益军、夏窈贞与胡作霖参与了部分图形绘制。在此，对以上人员所付出的努力表示衷心的感谢！

在本教材的编写过程中，参考了有关书籍、国家标准、规范、图集及其他工程资料等，在此谨向有关文献或资料的作者表示深深的谢意！本教材的编写也得到了编者所在单位领导及同事的指导与支持，在此一并致谢！

本教材配有丰富的数字资源，包括：视频讲解、施工图纸、课程标准、工作任务单和教案等，读者可扫描书中二维码或加书后QQ群获取相关数字资源，也可登录"浙江省高等学校在线开放课程共享平台"学习本课程。

本教材可作为高等职业技术院校建筑工程技术、建设工程管理、工程监理、工程造价等专业"建筑识图与构造"或相关课程教学配套用书，也可作为相关工程技术人员的自学参考用书。

由于编者水平有限，加上时间仓促，书中不足之处在所难免，敬请广大读者对书中欠妥之处提出批评指正。

课程标准　　施工图纸

编　者

2018年6月

目录

CONTENTS

项目1
建筑形体与房屋建筑施工图初识

【项目描述】

通过本项目学习,掌握本课程内容体系及学习方法,初步认识建筑物组成部分及作用;能用正投影图表达建筑形体,能读懂建筑形体投影图;初步认识建筑施工图的组成。

任务1.1　认识课程、明确目标;绘制心中的一栋建筑图,标出各部位名称

【任务描述】

通过学习本课程的课程整体设计,认识本课程与专业课程体系的关系,了解学习方法。通过绘制自己心中的建筑和标注建筑物各组成部分,初步认识建筑物及构造组成。

【能力目标】

(1)能说出本课程的内容体系和课程目标。
(2)能说出本课程的学习方法。
(3)通过空间想象,徒手绘制一栋建筑图。
(4)能说出建筑物的构造组成及分类。

【知识目标】

(1)明确本课程的内容体系,预修后续课程及学习方法。
(2)熟悉建筑的类型。
(3)掌握建筑的构造组成。

【学习性工作任务】

(1)认识课程、明确目标。

(2)绘制心中的一栋建筑图,标出各部位名称。

1.1.1 认识课程、明确目标

习题:标注建筑各部位名称

视频:课程简介

1)工程岗位与执业资格考试制度

土建施工类、工程管理类专业的初次就业岗位一般有施工员、造价员、监理员、材料员、资料员、质检员、安全员等。目前,我国工程建设领域的许多行业,如施工、工程监理、招标代理、勘察设计、造价咨询等,基本都实行了企业资质和人员执业资格并行的双轨制管理模式。后续较适合土建施工类、工程管理类专业学生考取的资格证书有:国家注册一(二)级建造师、监理工程师、造价工程师、咨询工程师等。

2)本课程的性质和作用

本课程是土建施工类、工程管理类专业项目化课程体系中的核心课程。课程以施工图识图为核心,通过循序渐进并紧密联系的 8 +1 个项目、22 +1 个学习性工作任务组织知识的学习与识图技能的训练,培养学生房屋建筑施工图的识图能力、根据工程实际选择合理构造方案的能力和施工图会审的初步能力。

房屋建筑工程图识图能力是土建施工类、工程管理类学生必备的专业基础能力,本课程学习和培养的是参与施工放样、施工组织、预决算编制、图纸会审等任务必备的识图知识和技能,是研究和发展本专业的重要工具。本课程的基本理论、基本知识和基本技能——能看图、懂规范、会构造(处理),是学生毕业后从事本专业及相关专业领域工作得以可持续发展的重要保证。因此本课程在专业学习中起着非常重要的作用。

本课程的前修课程有“通用技术”(中学)、“建筑材料与检测”,后续课程有“地基与基础工程施工”“混凝土与砌体结构施工”“装饰与防水工程施工”“建筑工程计量与计价”等。

3)课程目标

(1)能力目标

①能正确识读建筑形体投影图,并能正确使用绘图工具和仪器进行绘图。

②能按照国家制图标准与规范,正确阅读和绘制施工图。

③能熟练识读常见工程的建筑施工图,基本识读结构施工图。

④能够合作完成小型建筑的初步设计。

⑤能合作模拟施工图审图。

(2)知识目标

①掌握《房屋建筑制图统一标准》(GB/T 50001—2017)的基本规定。

②掌握正投影原理,掌握建筑形体的表达方法。

③初步掌握民用建筑构造的原理及典型做法,掌握构造节点图示方法和图示内容。

④掌握施工图的形成原理、图示内容、绘图与识图方法。

⑤初步熟悉工业与民用建筑设计基本知识。

⑥初步熟悉施工图审图的作用和基本程序。

(3)素质目标

①能独立思考、自主学习。

②能与人沟通与协调,能团队协作。

③具有一丝不苟的工作态度和作风。

④具有良好的职业道德修养。

4)课程设计理念与思路

(1)课程设计理念

以施工图识图能力训练为主线,突出“以职业活动为导向、突出能力目标、以学生为主体、以项目任务为载体”的课程设计理念,按施工图识读的工作过程整合课程内容,以循序渐进的具有可行性、兴趣性、时效性、先进性的相互递进的学习项目及学习性工作任务组织知识学习和能力训练,通过任务驱动、项目导向,融“教、学、做、考核”于一体,突出能力培养。

(2)课程设计思路

依据专业人才培养目标要求,认真分析高职土建施工类、工程管理类专业人才培养方案,通过现场岗位调研,以施工图识图能力训练项目为主线,推行与建筑岗位相适应的项目化教学。将课程划分为建筑形体与房屋建筑施工图初识、建筑构造节点识图、建筑施工图识图、结构施工图识图、施工图综合识图、施工图审图、利用三维模型辅助识图七大学习性项目及房屋建筑设计项目(实训周)。各项目下设与岗位能力相适应的多项学习性工作任务,循序渐进,按施工图识读要求整合教学内容,融教学于学习性项目或任务的完成中。

具体的学习性任务类型有:建筑形体模型制作、施工图抄绘、施工图读图、施工图审图、建筑构造设计等,通过学习与训练,提高识图理论水平和识图能力。教学效果注重突出过程评价,学生评价与教师评价相结合,课内实训考核和阶段性考核相结合。建议实施理论技能双考核的“驾证式”考核方式,考核学生理论知识与识图能力。学习与工程实际接轨,将建筑物构造节点测绘与识图纳入学习性工作任务,同时在课内、课外安排多套与后续课程相配套的施工图贯穿整个教学过程,提高学生对实际工程图的识图能力。

5)课程主要内容

本课程按项目、任务对内容进行整合,具体项目与任务如表1-1所示。

课程的项目与任务　　表1-1

序号	项目(建议课时)	学习性工作任务(建议课时)	成　果
1	建筑形体与房屋建筑施工图初识(20)	1.1　认识课程、明确目标;绘制心中的一栋建筑图、标出各部位名称(2)	图纸
		1.2　识读建筑形体投影图(14)	图纸、模型
		1.3　初识房屋建筑施工图(4)	识图报告
2	建筑构造节点识图(26)	2.1　识读地下室防水防潮构造图(4)	图纸
		2.2　识读墙身构造图(4)	图纸、模型
		2.3　识读楼地层构造图(4)	图纸
		2.4　识读楼梯构造图(10)	图纸、模型
		2.5　识读屋顶构造图(4)	图纸
3	建筑施工图识图(18)	3.1　识读建筑施工图首页图和总平面图(2)	图纸、识图报告
		3.2　识读建筑平面图(4)	图纸、识图报告
		3.3　识读建筑立面图(2)	图纸、识图报告
		3.4　识读建筑剖面图(4)	图纸、识图报告
		3.5　识读建筑详图(6)	图纸、识图报告

续上表

序号	项目(建议课时)	学习性工作任务(建议课时)	成　果
4	结构施工图识图(16)	4.1　识读结构设计总说明(2)	识读报告
		4.2　识读钢筋混凝土构件详图(4)	图纸、识图报告
		4.3　识读房屋结构施工图(4)	图纸、识图报告
		4.4　识图房屋结构施工图——平法识图(6)	图纸、识图报告
5	施工图综合识图(10)	5.1　施工图综合识读(10)	识图报告、图纸
6	施工图审图(6)	6.1　施工图自审(4)	识图报告
		6.2　施工图会审(2)	会审纪要
7	*房屋建筑设计(1周)	7.1　新农村独院式住宅楼(别墅)设计(实训周)(28)	图纸、实训总结
8	利用三维模型辅助识图	8.1　利用 Revit 建筑模型辅助识读建筑施工图(4)	识图报告

注:*代表停课一周实训。

6)教学模式与学习方法

教学模式:通过项目引领、任务驱动,融“教、学、做”于一体。

学习方法建议:

(1)课前预习,为上课、完成各项任务做好知识准备;上课,明确任务,认真听课,及时完成课堂任务;做好课堂笔记;课后及时复习,完成作业及任务。

(2)多看多想多实践,有意识多观察周围建筑,课后多分析,研究实物建筑或1:1建筑模型。

(3)关注国家建设类相关标准、规范及图集的修正变化,将相关标准、规范及图集学习融入课程学习中。

(4)独立思考,循序渐进,多做练习,及时完成作业。

(5)正确处理画图、看图、做模型等关系,最终目标均为读懂实际工程施工图。

(6)积极参与讨论、团结合作、遵守纪律。

(7)养成耐心细致、严谨求实、严肃认真的工作作风和习惯。

7)课程考核

课程考核采用“线上线下混合”“理论与实践一体”“形成性评价与终结性评价相结合”的考核方式,注重学生实际工程图识图能力的培养,注重线上学习、课内实践考核,注重平时、淡化期末,引导学生把注意力转移到学习过程上来,课程考核评价与成绩评定可参考表1-2。

建筑识图与构造课程考核方案　　表1-2

考核名称	考核内容			考核比例
线上考核	包括视频观看、完成线上作业、测验、考试、讨论发帖、笔记等(学习平台根据设置标准自动统计成绩)			30%
线下考核	形成性评价	态度	根据学生出勤、上课纪律、教学互动、回答提问等情况综合评定	5%
		作业	根据各次作业的按时完成及质量情况等评定	5%
		课内实践	根据课内实践成果质量评定	30%
	终结性评价	期末考核	对学期学习内容进行考核	30%
总评	线上考核30%+线下考核70%			100%

8)本课程的学习资料

教材:《建筑识图与构造》

（《建筑工程施工图实例图集》）

训练手册：《建筑识图与构造技能训练手册》

国家相关标准、规范及图集：

《房屋建筑制图统一标准》（GB/T 50001—2017）

《总图制图标准》（GB/T 50103—2010）

《建筑制图标准》（GB/T 50104—2010）

《建筑结构制图标准》（GB/T 50105—2010）

《民用建筑设计通则》（GB 50352—2005）

《建筑抗震设计规范》（GB 50011—2010）

《建筑设计防火规范》（GB 50016—2014）

《建筑模数协调标准》（GB/T 50002—2013）

《坡屋面建筑构造》（09J202-1）

《楼地面建筑构造》（12J304）

《混凝土结构施工图平面整体表示方法制图规则和构造详图》（16G101-1）

……

1.1.2 房屋的组成及其作用

视频：建筑构成及分类

建筑是建筑物与构筑物的总称。建筑物一般指供人们进行生产、生活或其他活动的房屋或场所，如住宅、学校、办公楼、影剧院、体育馆等；构筑物一般指人们不直接在内进行生产和生活活动的场所，如水塔、烟囱、栈桥、堤坝、蓄水池等。

1）建筑物的构成要素

无论是建筑物还是构筑物，都是由三个基本要素构成，即建筑功能、物质技术条件和建筑形象。

建筑功能，是指建筑在物质方面和精神方面的具体使用要求，也是人们建造房屋的目的。

建筑的物质技术条件，是实现建筑功能的物质基础和技术手段。物质基础包括建筑材料与制品、建筑设备和施工机具等，技术条件包括建筑设计理论、工程计算理论、建筑施工技术和管理理论等。建筑材料和结构是构成建筑空间环境的骨架，建筑设备是保证建筑达到某种要求的技术条件，而建筑施工技术则是实现建筑生产的过程和方法。

建筑形象是建筑体型、立面式样、建筑色彩、材料质感、细部装饰等的综合反映。好的建筑形象具有一定的感染力，给人以精神上的满足和享受。

2）建筑物的分类

（1）按建筑物的使用性质分

①民用建筑

民用建筑是指供人们居住、生活、工作和学习的房屋和场所。民用建筑按使用功能可分为居住建筑和公共建筑两大类。居住建筑是指供人们生活起居的建筑物，公共建筑是指供人们进行各项社会活动的建筑物。

②工业建筑

工业建筑是指供人们从事各类生产活动的用房（一般称为厂房）。

③农业建筑

农业建筑是指供农业、牧业生产和加工用的建筑，如温室、畜禽饲养场、种子库等。

(2)按主要承重结构的材料和结构形式分

①木结构建筑。

②砖混结构建筑。

③钢筋混凝土结构建筑。

④钢结构建筑。

⑤钢-钢筋混凝土混合结构建筑。

(3)民用建筑按高度分

民用建筑根据其建筑高度和层数可分为单、多层民用建筑和高层民用建筑。高层民用建筑根据其建筑高度、使用功能和楼层的建筑面积可分为一类和二类。民用建筑的分类应符合表1-3的要求。

民用建筑的分类　　表1-3

名　称	高层民用建筑		单、多层民用建筑
	一　类	二　类	
住宅建筑	建筑高度大于54m的住宅建筑(包括设置商业服务网点的住宅建筑)	建筑高度大于27m,但不大于54m的住宅建筑(包括设置商业服务网点)	建筑高度不大于27m住宅建筑(包括设置商业服务网点)
公共建筑	1. 建筑高度大于50m的公共建筑; 2. 任一楼层建筑面积1000m^{2}的商店、展览、电信、邮政、财贸金融建筑和其他多种功能组合的建筑; 3. 医疗建筑、重要公共建筑; 4. 省级及以上的广播电视和防灾指挥调度建筑、网局级和省级电力调度建筑; 5. 藏书超过100万册的图书馆、书库	除一类高层公共建筑外的其他高层公共建筑	1. 建筑高度大于24m的单层公共建筑; 2. 建筑高度不大于24m的其他公共建筑

(4)按建筑的规模和数量分

①大量性建筑。建筑规模不大,但建造数量多,分布较广,与人们生活密切相关的建筑,如住宅、中小学校、幼儿园、中小型商店等。

②大型性建筑。规模大、标准高、耗资多,对城市面貌影响较大的建筑,如大型体育馆、影剧院、火车站等。

3)建筑的设计使用年限与耐火等级

(1)使用年限

民用建筑合理使用年限主要指建筑主体结构设计使用年限。民用建筑设计使用年限应符合表1-4的规定。

设计使用年限分类　　表1-4

类　别	设计使用年限(年)	示　例
1	5	临时性建筑
2	25	易于替换结构构件的建筑
3	50	普通建筑和构筑物
4	100	纪念性建筑和特别重要的建筑

(2)耐火等级

建筑物的耐火等级是衡量建筑物耐火程度的标准,是根据组成建筑物构件的燃烧性能和耐火极限确定的。我国现行《建筑设计防火规范》(GB 50016—2014)规定，民用建筑的耐火等级应分为一、二、三、四级。

耐火极限是指在标准耐火试验条件下，建筑构件、配件或结构从受到火的作用时起，到失去稳定性、完整性或隔热性时止的这段时间，用“小时”表示。

燃烧性能是指组成建筑物的主要构件在明火或高温作用下燃烧与否及燃烧的难易程度。建筑构件分为不燃烧体、难燃烧体和燃烧体。

不燃烧体是指用非燃烧材料做成的建筑构件。

难燃烧体是指用难燃烧材料做成的建筑构件，或用燃烧材料制作，而用非燃烧材料做保护层的建筑构件。

燃烧体是指用容易燃烧的材料做成的建筑构件。

建筑物相应构件的燃烧性能和耐火极限不应低于表 1-5 的规定。

建筑物构件的燃烧性能和耐火极限(单位:h)　　表 1-5

构件 \ 名称		耐火等级 一级	二级	三级	四级
墙	防火墙	不燃性 3.00	不燃性 3.00	不燃性 3.00	不燃性 3.00
	承重墙	不燃性 3.00	不燃性 2.50	不燃性 2.00	难燃性 0.50
	非承重外墙	不燃性 1.00	不燃性 1.00	不燃性 0.50	可燃性
	楼梯间和前室的墙 电梯井的墙 住宅建筑单元之间的墙和分户墙	不燃性 2.00	不燃性 2.00	不燃性 1.50	难燃性 0.50
	疏散走道两侧的隔墙	不燃性 1.00	不燃性 1.00	不燃性 0.50	难燃性 0.25
	房间隔墙	不燃性 0.75	不燃性 0.50	难燃性 0.50	难燃性 0.25
柱		不燃性 3.00	不燃性 2.50	不燃性 2.00	难燃性 0.50
梁		不燃性 2.00	不燃性 1.50	不燃性 1.00	难燃性 0.50
楼板		不燃性 1.50	不燃性 1.00	不燃性 0.50	可燃性
屋顶承重构件		不燃性 1.50	不燃性 1.00	可燃性	可燃性
疏散楼梯		不燃性 1.50	不燃性 1.00	不燃性 0.50	可燃性
吊顶(包括吊顶搁栅)		不燃性 0.25	难燃性 0.25	难燃性 0.15	可燃性

注:1. 除《建筑设计防火规范》(GB 50016—2014)另有规定外，以木柱承重且墙体采用不燃材料的建筑，其耐火等级应按四级确定。

2. 住宅建筑构件的耐火极限和燃烧性能可按现行国家标准《住宅建筑规范》(GB 50368—2005)的规定执行。

4）民用建筑的组成

各种不同功能的房屋，一般都是由基础、墙或柱、楼地层、楼梯、屋顶、门窗等主要部分组成，如图1-1所示。

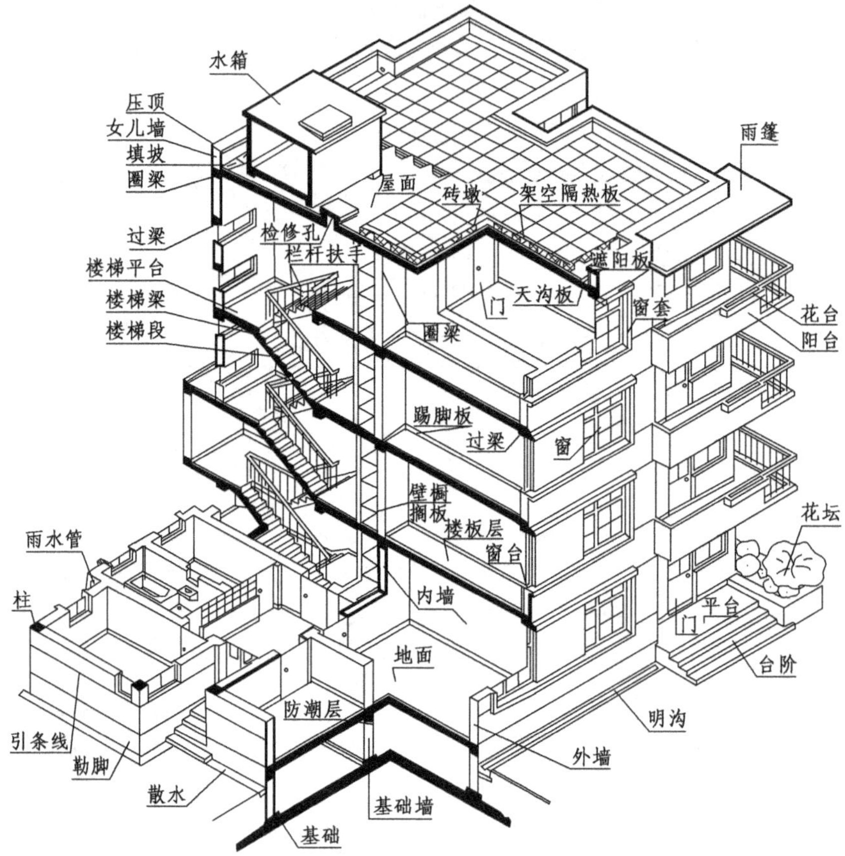

图1-1　民用建筑的组成

基础是房屋最下面的部分，埋在自然地面以下，它承受房屋的全部荷载，并把这些荷载传给它下面的土层——地基。基础是房屋的重要组成部分，要求它坚固、稳定，能经受冰冻和地下水及其所含化学物质的侵蚀。

墙或柱是房屋的垂直承重构件，它承受楼地层和屋顶传给它的荷载，并把这些荷载传给基础。墙可作为承重构件，也是房屋的围护结构：外墙阻隔雨水、风雪、寒暑对室内的影响；内墙把室内空间分隔为房间，避免相互干扰。因此，墙体应具有足够的强度、稳定性、保温、隔热、防火和隔声等功能。当用柱作为房屋的承重构件时，填充在柱间的墙仅起围护作用，因此柱应具有足够的强度、刚度及稳定性。

楼地层是指楼板层与地坪层。楼板层是建筑中水平方向的承重构件，承担楼板上家具、设备、人体及自身的重量，并把这些荷载传给建筑物的竖向承重构件，同时对墙体起到水平支撑的作用，传递侧向水平荷载，楼板层同时将建筑物沿水平方向分为若干层。因此，楼板层应具有足够的强度、刚度和隔声性能，还应具有足够的耐磨、防火、防潮和防水性能。地坪层是底层空间与土壤之间的分隔构件，它承受底层房间的荷载，并将其传递给地基，它也应有一定的强度以满足承载能力及耐磨、防潮、防水等性能。

楼梯是楼房建筑中联系上下各层的垂直交通设施，平时供人们上下楼层，处于火灾、地震等事故状态时供人们紧急疏散。楼梯要求坚固、安全和有足够的通行能力。

屋顶是房屋顶部的承重和围护部分，它由屋面、承重结构和保温(隔热)层等组成。屋面的作用是阻隔雨水、风雪对室内的影响，并将雨水排除。承重结构则承受屋顶的全部荷载，并将这些荷载传给墙或柱。保温(隔热)层的作用是防止冬季室内热量散失(夏季太阳辐射热进入室内)。屋顶应具有足够的强度、刚度及保温、隔热、防水、排水等功能。

门是供人们进出房屋和房间及搬运家具、设备的建筑配件。在遇有非常灾害时，人们要经过门进行紧急疏散。此外，有的门还兼有采光和通风的作用。

窗的作用是采光、通风和眺望。按照所在位置不同，门窗要求防水、防风沙、保温和隔声。

房屋除上述基本组成部分外，还有其他一些配件和设施，如雨篷、散水、勒脚、防潮层、雨水管等。

任务1.2　识读建筑形体投影图

【任务描述】

通过对国家制图标准、正投影原理的学习，能运用国家制图标准绘制基本体投影图、建筑形体投影图；通过建筑形体测绘、轴测图绘制、模型制作、补图、补线、剖断面图绘图等训练方式，培养空间想象能力，提高建筑形体投影图的识图绘图能力。

【能力目标】

(1)能正确使用制图工具仪器。

(2)能按比例与尺寸绘制建筑形体投影图。

(3)能按国家标准要求标注建筑形体各投影图尺寸。

(4)能正确识读建筑形体的投影，绘制形体轴测图、剖面图、断面图。

(5)能进行团队合作。

【知识目标】

(1)掌握正投影原理。

(2)掌握绘图工具与仪器的使用。

(3)掌握《房屋建筑制图统一标准》(GB/T 50001—2017)的相关要求。

(4)掌握建筑形体投影图的绘图与识图的相关知识。

(5)掌握轴测投影绘图原理，掌握剖面图与断面图的画法与标注。

【学习性工作任务】

(1)绘制基本体投影图。

(2)绘制建筑形体投影图。

(3)建筑形体测绘。

(4)建筑形体投影图识读(绘制轴测图、制作模型、补图、补线),绘制剖面图、断面图、轴测图。

习题:绘制建筑形体投影图

1.2.1 基本体投影图绘制

1)投影的形成与分类

视频:投影与正投影体系

(1)投影的形成

建筑工程中所使用的图样是根据投影方法绘制的。当物体受到光线的照射时,会在墙面或地面投下影子,如图1-2所示。人们根据这一现象,经过几何抽象创造了投影法,并用它来绘制工程图样。产生投影的三要素是:形体(物体)、投影线(光线)、投影面。假设光线可以透过形体而将形体上所有的顶点、棱线在投影面上都投下影子,从而形成一个能反映形体形状的图形,这样的“影子”称为投影图,简称投影。

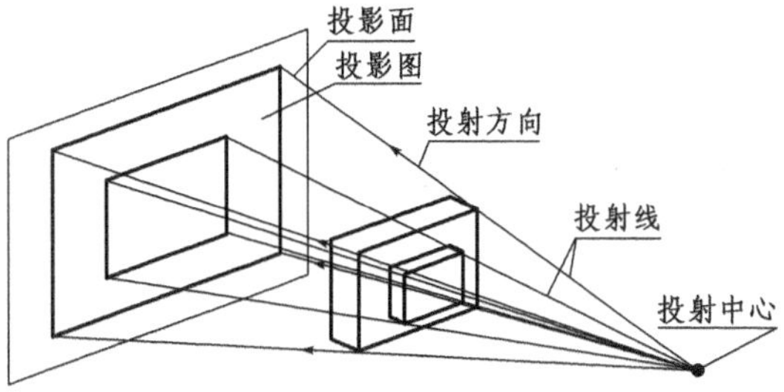

图1-2 投影图的形成

这种将投射线通过形体,向选定的投影面投射,并在该面上得到图形的方法叫投影法。

(2)投影的分类

常用的投影可分为中心投影和平行投影。中心投影是指投射线都从投射中心发出的投影,如图1-3所示。平行投影是指投射线相互平行的投影,其中投射线垂直于投影面的投影称为正投影,投射线倾斜于投影面的投影称为斜投影,如图1-4所示。由于正投影能够准确表达物体的空间形状,度量性好且作图简便,因而在工程上得到广泛的应用。

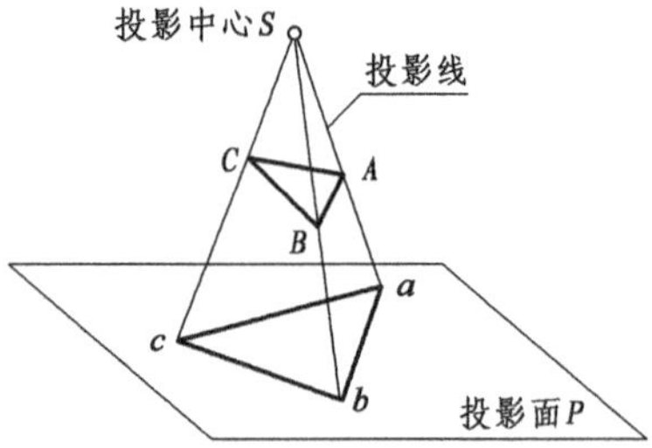

图1-3 中心投影

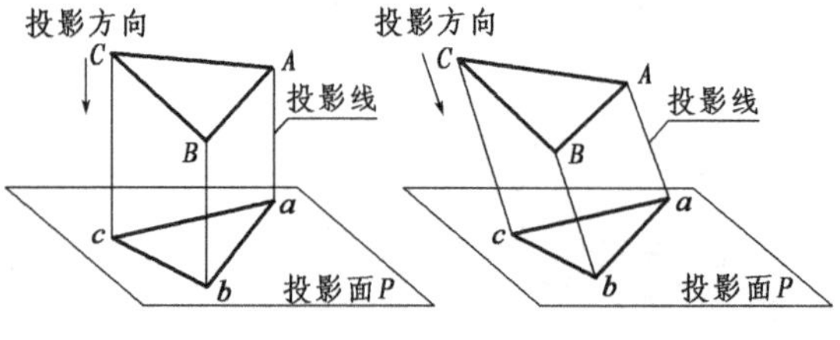

a)正投影　b)斜投影

图1-4 平行投影

2)正投影图

(1)正投影体系的建立

当投影方向、投影面确定后,形体在一个投影面上的投影图是唯一的,但一个投影图只能反映形体一个面的形状和尺寸,不能完整地表示出形体各个表面及整体的形状和大小。如果一个形体只向一个投影面投射,所得到的正投影图不能完整地表示出这个形体各个表面及整体的形状和大小。如图 1-5 所示,三个不同形状的形体,它们向同一个投影面投射时,其投影图却相同,因此一个投影不能反映形体的空间形状与大小。一般将形体投射到互相垂直的两个或多个投影面上,再将各投影面展开铺平到同一平面上所得到的正投影图称为多面正投影图。常用的是在三个互相垂直的投影面上作形体的三面正投影,由这三个投影可以唯一确定形体的形状与大小。

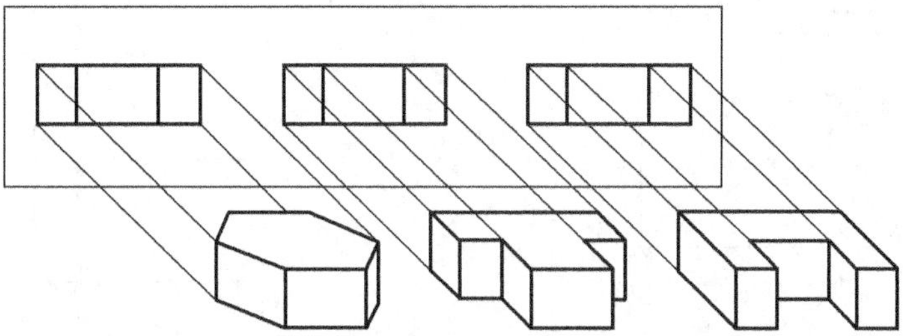

图 1-5　形体的一个投影不能确定其空间形状

三个互相垂直的投影面分别是:水平投影面,简称水平面或 H 面,用 H 标记;正立投影面,简称正立面或 V 面,用 V 标记;侧立投影面简称侧面或 W 面,用 W 标记,如图 1-6 所示。两投影面的交线称为投影轴,H 面与 V 面的交线为 OX 轴,H 面与 W 面的交线为 OY 轴,V 面与 W 面的交线为 OZ 轴,它们也互相垂直,并交汇于原点 O。

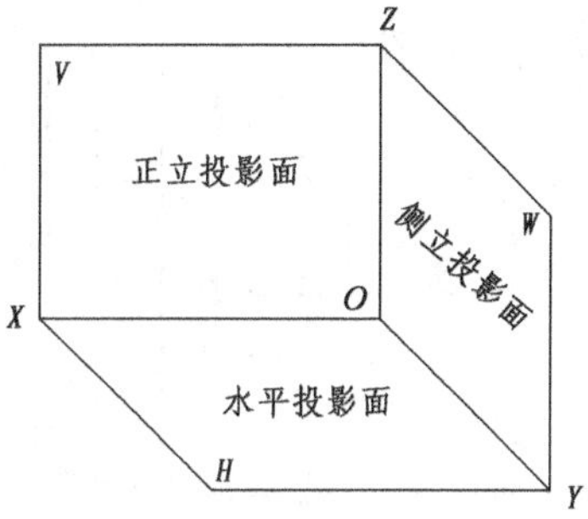

图 1-6　三投影面形成的投影体系

(2)三面正投影图的形成

将形体放置于三投影面体系中,并注意安放位置适宜,即把形体的主要表面与三个投影面对应平行,然后用三组分别垂直于三个投影面的平行投射线进行投影,即可得到三个方向的正投影图。从上向下投影,在 H 面上得到水平投影图,简称水平投影或 H 面投影;从前向后投影,在 V 面得到正面投影图,简称正面投影或 V 面投影;从左向右投影,在 W 面上得到侧面投影图,简称侧面投影或 W 面投影。

为了把互相垂直的三个投影面上的投影画在二维平面上,需将三个相互垂直投影面展开摊平成为一个平面。为此,假设 V 面不动,H 面沿 OX 轴向下旋转 90°,W 面沿 OZ 轴向右旋转 90°,使三个投影面处于同一个平面内,如图 1-7 所示。需要注意的是,这时 Y 轴分为两条,一条随 H 面旋转到 OZ 轴的正下方,用 Y_H 表示;一条随 W 面旋转到 OX 轴的正右方,用 Y_W 表示,如图 1-7、图 1-8 所示。

实际绘图时,在投影图外不必画出投影面的边框,不注写 H、V、W 字样,不画投影轴,如图 1-9所示为形体的三面正投影图,简称三面投影。

(3)三面正投影图的投影特性

①三面投影图的"三等"关系

在三投影面体系中,形体的 X 轴方向尺寸称为长度,Y 轴方向尺寸称为宽度,Z 轴方向尺寸称为高度。在形体的三面投影中,水平投影图和正面投影图在 X 轴方向都反映形体的长度，它们的位置左右应对正，即“长对正”。正面投影图和侧面投影图在 Z 轴方向都反映形体的高度，它们的位置上下应对齐，即“高平齐”；水平投影图和侧面投影图在 Y 轴方向都反映形体的宽度，这两个宽度一定相等，即“宽相等”，如图 1-10 所示。

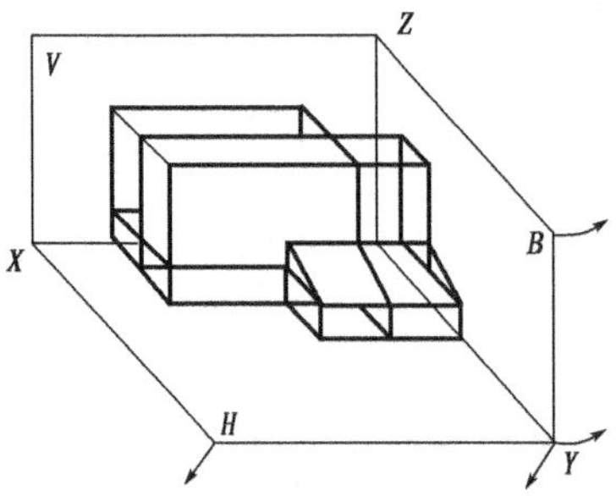

图 1-7　投影面的形成和展开

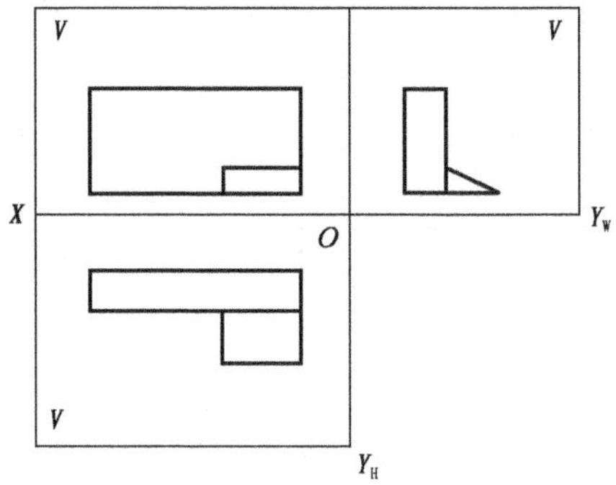

图 1-8　投影面的展开

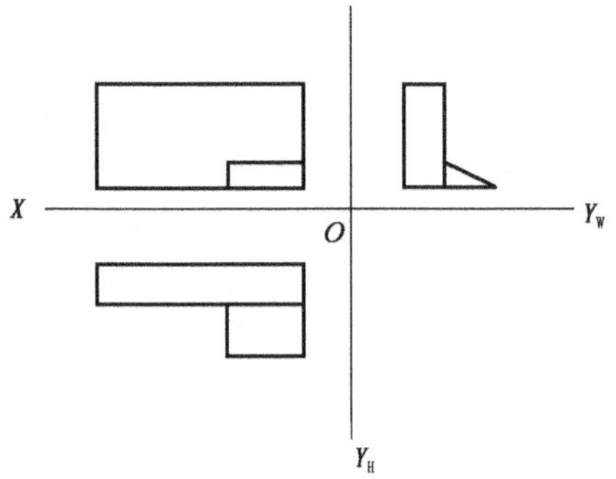

图 1-9　形体的三面投影

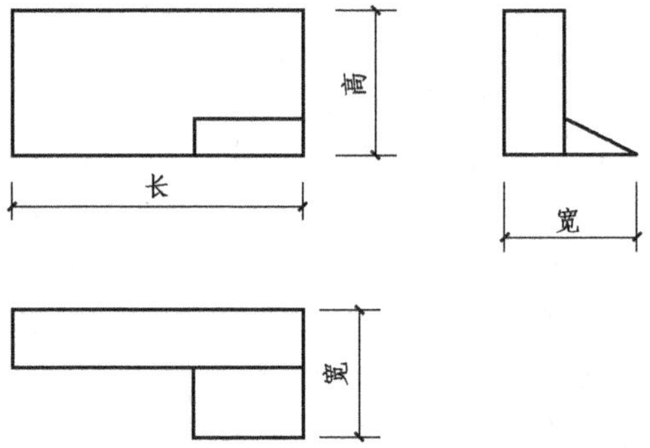

图 1-10　三面投影的“三等”关系

“长对正，高平齐，宽相等”称为“三等”关系，是形体的三面投影图之间最基本的投影关系，是绘图和识图的基础。

②三面投影图的“方位”关系

形体在三面投影体系中的位置确定后，相对于观察者，它在空间中就有上、下、左、右、前、后六个方位即三对关系，如图 1-11a）所示。这三对方位关系也反映在形体的三面投影图中，每个投影图都可反映出其中两对方位关系。V 面投影反映形体的上下、左右关系，H 面投影反映形体的前后、左右关系，W 面投影反映形体的前后、上下关系，如图 1-11b）所示。

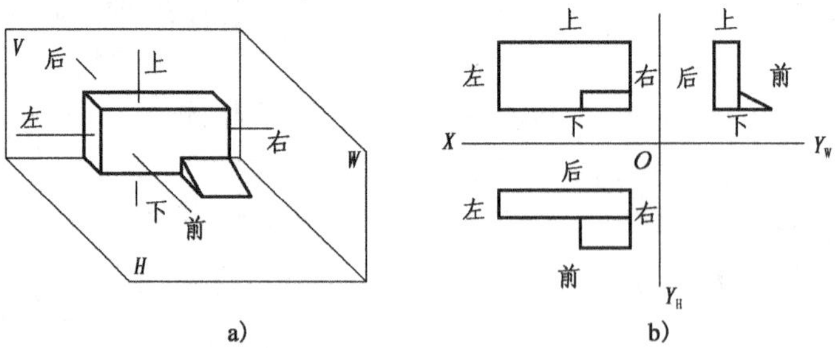

图 1-11　三面投影图的“方位”关系

（4）三面正投影图的绘图步骤与方法

绘图步骤：

①绘出“十”字相交的投影轴。

②按照正投影图的绘图方法，绘出三个投影图中的任何一个投影图（如正立投影图）。

③按照三面正投影图的“三等”关系，绘出另两个投影图。

注意：绘图时要遵守“长对正，高平齐，宽相等”的投影规律，将水平投影图的宽转绘到侧面投影图时，有以下两种方法：

①在坐标轴的右下角绘角平分线，水平投影图向右作水平投射线交角平分线，在交点处向上作铅垂投射线，如图 1-12a）所示。

②水平投影图向右作水平投射线交 Y_H 轴，以坐标原点为圆心，分别以圆心到交点为半径，画圆弧交 Y_W 轴，然后向上作铅垂投射线，如图 1-12b）所示。

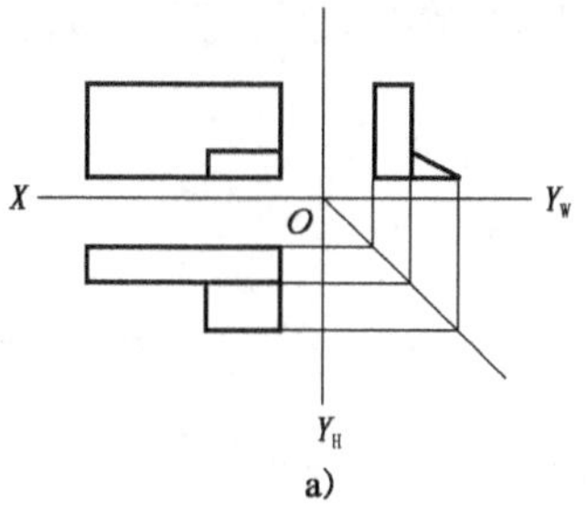

图 1-12　宽相等的作图方法

视频：制图工具及几何制图

3）常用绘图工具简介

（1）图板、丁字尺、三角板

图板是供画图时使用的垫板，用于固定图纸。要求板面平整，板边平直。规格有 0 号（900 × 1200）、1 号（600 × 900）、2 号（420 × 600）、3 号（300 × 420）等。

丁字尺由互相垂直的尺头和尺身组成，一般有 600mm、900mm、1200mm 三种规格，是画水平线和配合三角板作图的工具，与三角板配合可画垂直线及 15°倍数的斜线，如图 1-13、图 1-14 所示。使用时，尺头只可以紧靠图板左边缘。

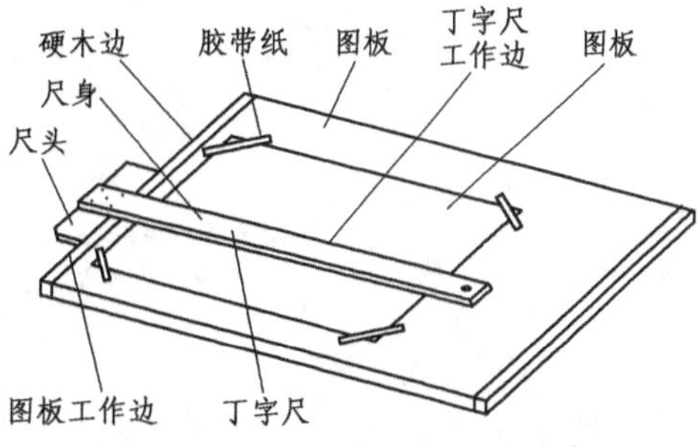

图 1-13　图板与丁字尺

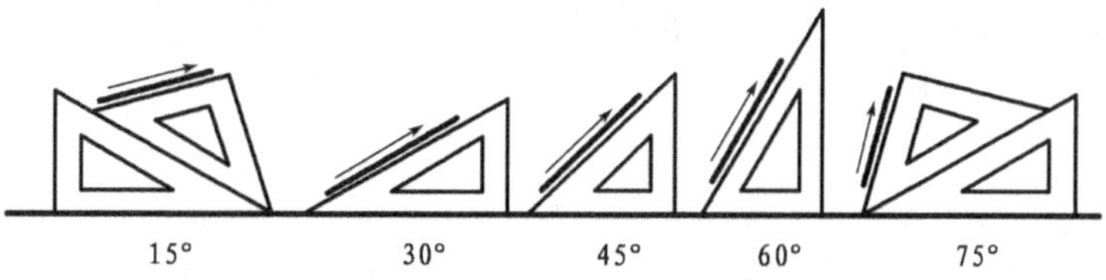

图 1-14　三角板与丁字尺配合 15°倍数的斜线

（2）比例尺

比例尺是直接用来放大或缩小图形用的绘图工具，目前常用的比例尺有两种：一是三棱比例尺，有六种不同比例；二是比例直尺，有三种不同比例，如图 1-15 所示。

使用要点：在尺上找到所需的比例，再看清尺上每单位长度所表示的相应长度，最后找出所需长度在比例尺上的相应长度。

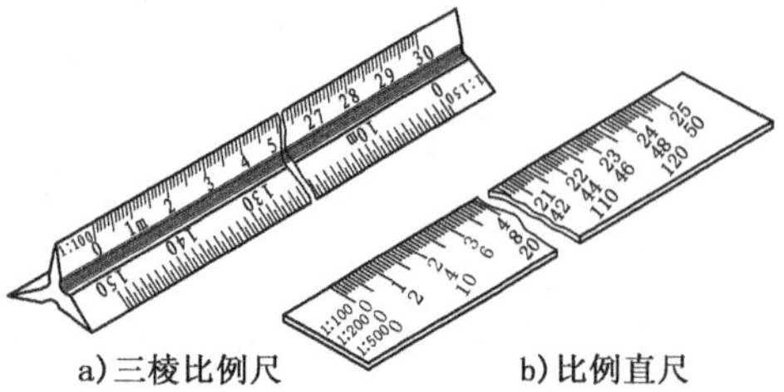

a）三棱比例尺　　b）比例直尺

图 1-15　比例尺

（3）圆规和分规

圆规是画圆及圆弧的主要工具。绘圆时，要调整好插腿（有铅芯、钢针、直线笔）与钢针的高度，使钢针略长于插腿。用铅芯插腿时，铅笔宜削成斜面，斜面向外。正确用法：顺时针转动圆规，并向画线方向倾斜。绘制较大圆时，可用延伸杆，如图 1-16 所示。画小半径圆可用小圆规。

分规是量取线段和等分线段的工具，形状与圆规相似，两腿端部均装有固定钢针。使用时，要先检查分规两腿的针尖靠拢后是否平齐。用分规将已知线段等分时，一般应采用试分的方法，如图 1-16 所示。

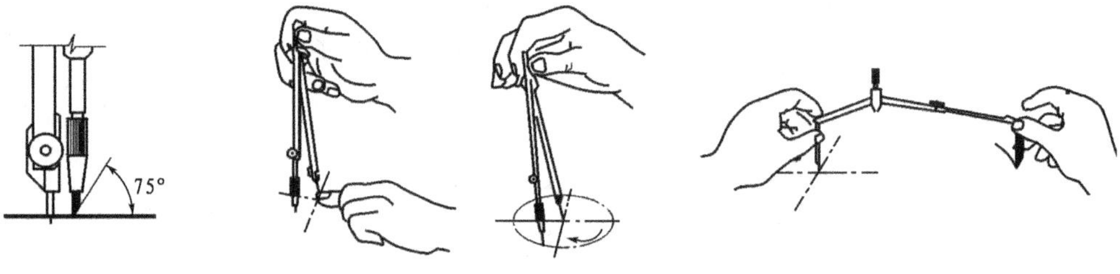

a）圆规钢针略长于铅芯　　b）用圆规画圆　　c）圆规画大圆时加延伸杆

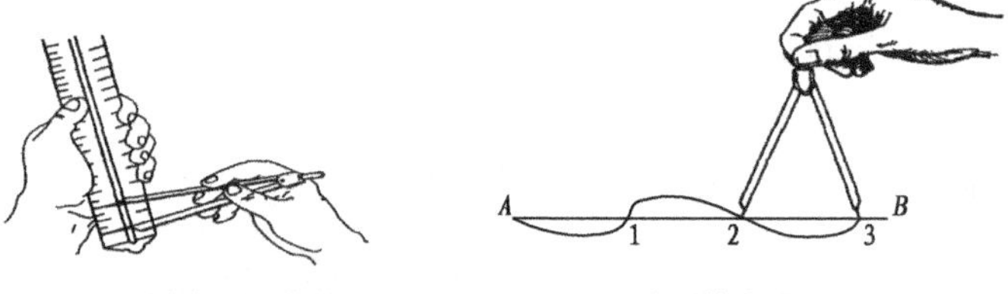

d）用分规量取线段　　e）用分规等分线段

图 1-16　圆规与分规的用法

（4）墨线笔和绘图墨水笔

墨线笔也称直线笔，是上墨、描图的仪器。注意控制墨水高度，调整两叶片间距为线宽，不要内倾或外倾。

现常用的多是绘图墨水笔，也称自来水直线笔，选用不同笔尖就可画出不同粗细的图线。墨水可使用碳素墨水或专用绘图墨水。

（5）铅笔

绘图铅笔按铅芯的软、硬程度以 H 和 B 来表示，“H”表示硬芯铅笔，它前面的数字越大，表示它的铅芯越硬，颜色越淡；“B”表示软（黑）芯铅笔，它前面的数字越大，表明颜色越浓、越黑；“HB”表示软硬适中的铅笔。画工程图时，应使用较硬的铅笔打底稿，如 3H、2H 等，用 HB 铅笔写字，用 B 或 2B 铅笔加深图线，画圆的铅芯应比画直线的铅芯软一号，才可保证图线浓淡一致。铅笔通常削成锥形或楔形，笔芯露出 6 ~ 8mm，写字或打底稿用常削成锥形；加深图线时宜削成楔形。画图时应使铅笔垂直纸面,向运动方向倾斜,且用力得当。如图 1-17 所示。

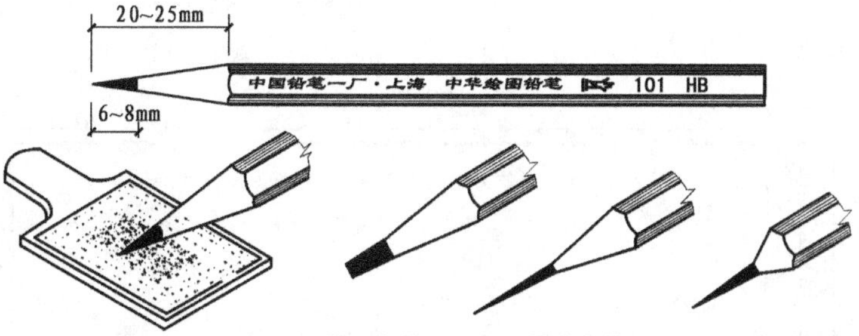

a)尖锥形铅笔　b)楔形铅笔　c)铅芯太长　d)削得太少

图 1-17　绘图铅笔

(6)建筑模板

为了提高制图速度和质量,将图样上常用的符号、图形刻在有机玻璃板上,做成模板,方便使用。模板的种类很多,如建筑模板、家具模板、结构模板、给水排水模板等。

4)建筑制图标准

视频:制图标准简介

工程图样是工程技术语言,是技术交流的工具。为了有效地使用工程技术语言,任何人都应遵守相关国家标准,例如《房屋建筑制图统一标准》(GB/T 50001—2017)、《总图制图标准》(GB/T 50103—2010)、《建筑制图标准》(GB/T 50104—2010)、《建筑结构制图标准》(GB/T 50105—2010)、《给水排水制图标准》(GB/T 50106—2010)和《暖通空调制图标准》(GB/T 50114—2010)。其基本内容一般都包括图幅、字体、图线、比例、尺寸标注、专用符号、代号、图例、图样画法、专用表格等项目。下面先介绍图幅、字体、图线、比例相关内容,其他内容在后续介绍或参考相关标准。

(1)图纸幅面和标题栏

图纸的幅面是指图纸尺寸规格的大小。图框是图纸上所供绘图范围的界线。图纸规格大小见表 1-6。

图框及图框尺寸(单位:mm)　　表 1-6

幅面代号 / 尺寸代号	A0	A1	A2	A3	A4
$b \times l$	841 × 1189	594 × 841	420 × 594	297 × 420	210 × 297
c	10			5	
a	25				

图纸以短边作为垂直边的为横式,以短边作为水平边的为立式。A0 ~ A3 图纸宜横式使用;必要时,也可立式使用。如图 1-18、图 1-19 所示为标题栏置于图纸下侧情况,使用中标题栏也可置于图纸右侧。图纸的短边尺寸不应加长,A0 ~ A3 幅面长边尺寸可按《房屋建筑制图统一标准》(GB/T 50001—2017)要求加长。图纸中应有标题栏、图框线、幅面线、装订边线和对中标志。

标题栏根据工程的需要选择确定其尺寸、格式及分区,会签栏应包括实名列与签名列。涉外工程的标题栏,各项主要内容的中文下方应附有译文,设计单位的上方或左方,应加“中华人民共和国”字样。在计算机制图文件中使用电子签名与认证时，应符合国家有关电子签名法的规定。如图1-20a）所示的标题栏为横式，也可立式。会签栏的位置尺寸如图1-20b）所示。学生作业用标题栏不设会签栏，如图1-21所示。

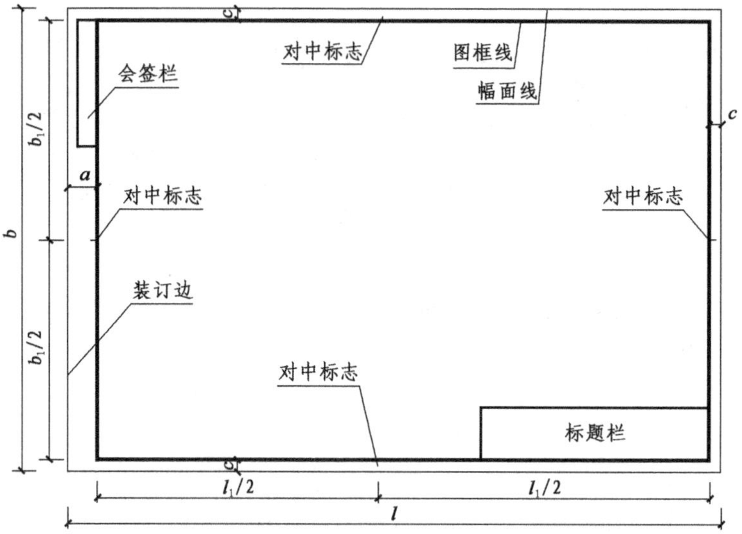

图1-18　A0～A3横式幅面

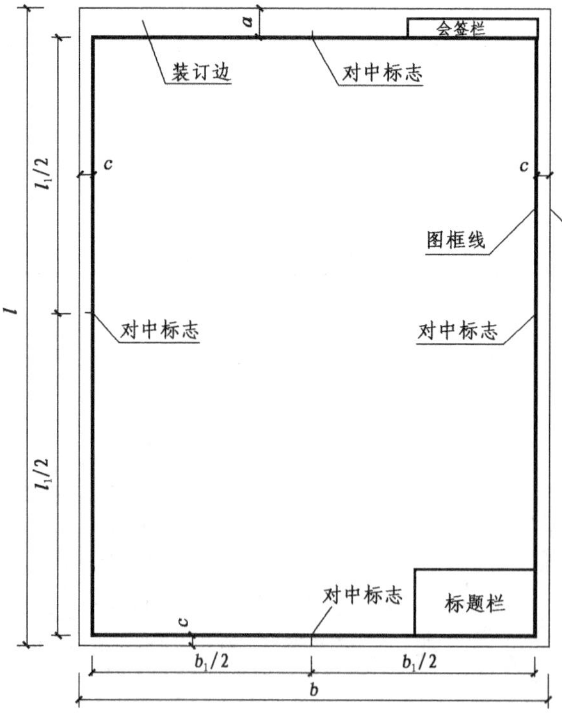

图1-19　A0～A4立式幅面

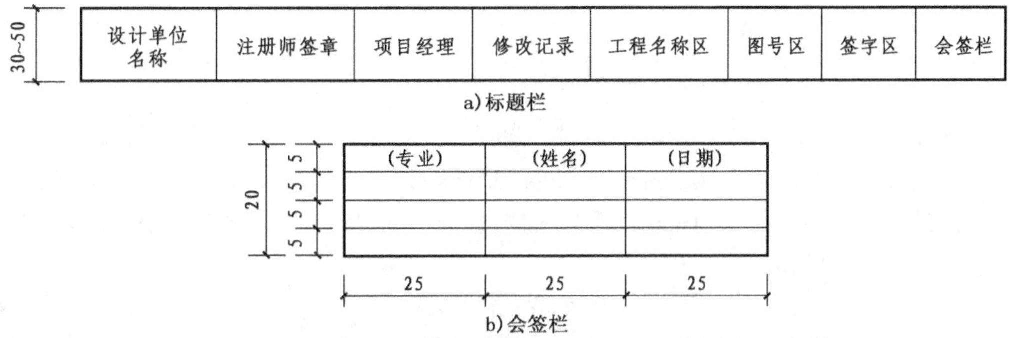

图 1-20　标题栏与会签栏(尺寸单位:mm)

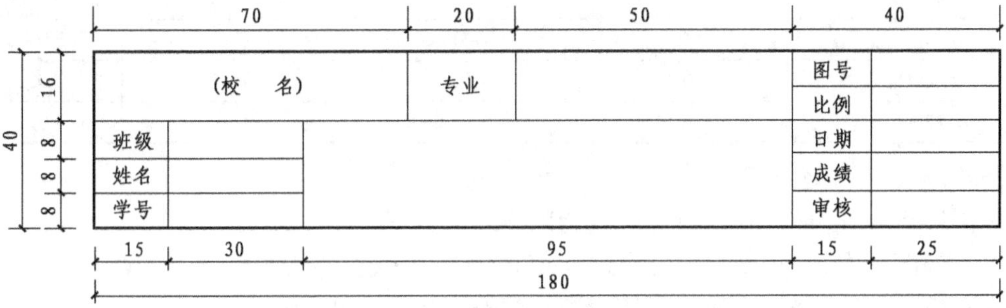

图 1-21　作业用标题栏样式举例(尺寸单位:mm)

(2)图线

①线宽与线型

工程制图中的图线见表 1-7。其中实线、虚线分粗、中粗、中、细线;单点长画线与双点长画线分粗、中、细线,折断线与波浪线皆为细线。

图　　线　　　　表 1-7

名　称		线　型	线　宽	一 般 用 途
实线	粗	▬▬▬▬▬▬▬▬	b	主要可见轮廓线
	中粗	━━━━━━━━	$0.7b$	可见轮廓线
	中	────────	$0.5b$	可见轮廓线、尺寸线、变更云线
	细	────────	$0.25b$	图例填充线、家具线
虚线	粗	▬ ▬ ▬ ▬ ▬ ▬	b	见各有关专业制图标准
	中粗	━ ━ ━ ━ ━ ━	$0.7b$	不可见轮廓线
	中	─ ─ ─ ─ ─ ─	$0.5b$	不可见轮廓线、图例线
	细	- - - - - - - -	$0.25b$	图例填充线、家具线
单点长画线	粗	▬▬ ▪ ▬▬ ▪ ▬▬	b	见各有关专业制图标准
	中	── - ── - ──	$0.5b$	见各有关专业制图标准
	细	── - ── - ──	$0.25b$	中心线、对称线、轴线等
双点长画线	粗	▬▬ ▪ ▪ ▬▬ ▪ ▪ ▬▬	b	见各有关专业制图标准
	中	── - - ── - - ──	$0.5b$	见各有关专业制图标准
	细	── - - ── - - ──	$0.25b$	假想轮廓线、成型前原始轮廓线

续上表

名　称		线　型	线　宽	一般用途
折断线	细		0.25b	断开界线
波浪线	细		0.25b	断开界线

图线的宽度,宜从1.4mm、0.7mm、0.5mm、0.35mm、0.25mm、0.18mm、0.13mm线宽系列中选取。图线宽度不应小于0.1mm。每个图样,应根据复杂程度与比例大小,先选定基本线宽b,再选用表1-8中相应的线宽组。

线宽组(单位:mm)　　表1-8

线宽比	线宽组			
b	1.4	1.0	0.7	0.5
0.7b	1.0	0.7	0.5	0.35
0.5b	0.7	0.5	0.35	0.25
0.25b	0.35	0.25	0.18	0.13

②图线画法(图1-22)

在确定线型和线宽后,画图时还应注意以下几个方面:

a.同一张图纸内,相同比例的各图样,应选用相同的线宽组。

b.相互平行的图例线,其净间隙或线中间隙不宜小于0.2mm。

c.虚线、单点长画线或双点长画线的线段长度和间隔,宜各自相等。

d.单点长画线或双点长画线,当在较小图形中绘制有困难时,可用实线代替。

e.单点长画线或双点长画线的两端,不应是点,点画线与点画线交接点或点画线与其他图线交接时,应是线段交接。

f.虚线与虚线交接或虚线与其他图线交接时,应是线段交接。虚线为实线的延长线时,不得与实线相接。

g.图线不得与文字、数字或符号重叠、混淆,不可避免时,应首先保证文字等的清晰。

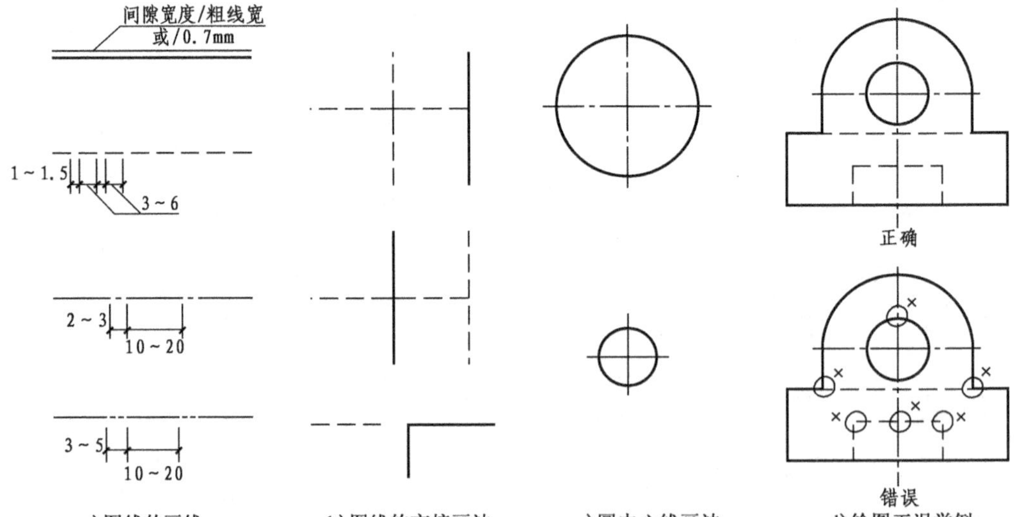

a)图线的画线　b)图线的交接画法　c)圆中心线画法　d)绘图正误举例

图1-22　图线的有关画法

(3)字体

图纸上所需书写的文字、数字或符号等,均应笔画清晰、字体端正、排列整齐;标点符号应清楚正确。文字的字高,宜从表 1-9 中选用。字高大于 10mm 的文字宜采用 TRUETYPE 字体,如需书写更大的字,其高度应按$\sqrt{2}$的倍数递增。

文字的字高(单位:mm)　　表 1-9

字体种类	中文矢量字体	TRUETYPE 字体及非中文矢量字体
字高	3.5、5、7、10、14、20	3、4、6、8、10、14、20

图样及说明中的汉字,宜采用长仿宋体(矢量字体)或黑体,同一图纸字体种类不应超过两种。长仿宋体的高度与宽度比为$\sqrt{2}$:1,字距为字高的 1/4。黑体字的高度与宽度应相等。汉字字高应不小于 3.5mm。

汉字的简化字书写应符合国家有关汉字简化方案的规定。

图样及说明中的拉丁字母、阿拉伯数字与罗马数字,宜采用单线简体或 ROMAN 字体;分直体字或 75°斜体字,但同一张图纸上应统一。阿拉伯数字、罗马数字或拉丁字母的字高应不小于 2.5mm。

(4)比例

图样的比例,应为图形与实物相对应的线性尺寸之比。

建筑工程图上常采用缩小的比例,见表 1-10。

建筑工程图选用的比例　　表 1-10

常用比例	1:1、1:2、1:5、1:10、1:20、1:50、1:100、1:200、1:500、1:1000
可用比例	1:3、1:15、1:25、1:30、1:40、1:60、1:150、1:250、1:300、1:400、1:600

比例宜注写在图名的右侧,字的基准线应取平;比例的字高宜比图名的字高小一号或二号,如图 1-23 所示。

图 1-23　比例的注写

5)基本体的投影

工程上的建筑物、构筑物及其构配件,无论形状如何复杂,都可以看成是由一些简单的几何形体组成的,这些最简单的具有一定规则的几何体称为基本体。把建筑物及其构配件的形体称为建筑形体。

基本体的大小、形状是由其表面限定的,按其表面性质的不同可分为平面立体和曲面立体。我们把表面全部为平面围成的基本体称为平面立体(简称平面体),例如长方体、棱柱和棱台等;表面全部为曲面或曲面与平面围成的基本体称为曲面立体(简称曲面体),例如圆柱、圆锥、球体和环体等,如图 1-24 所示。

a)长方体　b)五棱柱　c)四棱台　d)圆柱　e)圆锥　f)圆球

图 1-24　基本几何体

(1)棱柱

棱柱分为直棱柱(侧棱与底面垂直)和斜棱柱(侧棱与底面倾斜)。底面为正多边形的直棱柱，称为正棱柱。长方体和立方体为棱柱的特殊形体。正六棱柱三面投影图绘图方法，如图 1-25所示。

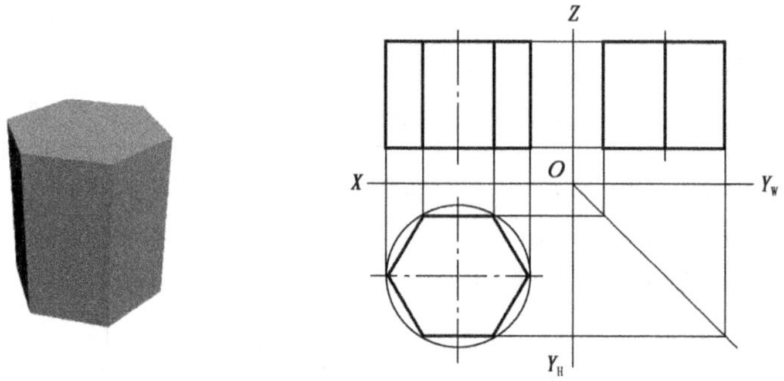

图 1-25　六棱柱及其投影

棱柱投影特征：

①反映底面实形的投影图为多边形。

②另两投影图均为矩形（或矩形的组合图形）。

即：基本几何体中柱体的投影特征可归纳为四个字“矩矩为柱”。其含义是：只要是柱体，则必有两个投影的外线框是矩形；反之，若某一物体两个投影的外线框都是矩形，则该物体一定是柱体。而第三个投影可用来判别是何种柱体。

（2）棱锥

棱锥的底面为多边形，棱线交于一点，侧面均为三角形。如果底面为正多边形，各侧面为等腰三角形的棱锥称正棱锥，其锥顶在过底面中心的垂线上，如图 1-26 所示。

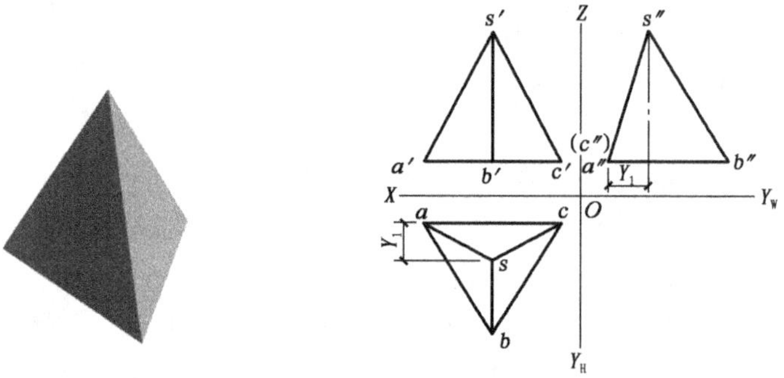

图 1-26　三棱锥及其投影

棱锥投影特征：

①反映底面实形的投影图为多边形，内含反映侧表面的几个三角形。

②另两个视图为三角形或三角形的组合图形。

即：基本几何体中锥体的投影特征可归纳为四个字“三三为锥”，即若形体有两面投影的外线框均为三角形，则该物体一定是锥体；反之，凡是锥体，则必有两面投影的外线框为三角形。同样，第三个投影可用来判别是何种锥体。

（3）圆柱

圆柱体由圆柱面和两个底面所围成。圆柱可看做是由一个矩形平面绕着它的一条边回转一周而成，所绕的边为圆柱体的轴线，用细单点长画线绘制。其投影图如图1-27所示。

圆柱体投影特征：

①反映底面实形的投影图为圆。

②另两投影图均为矩形。

即：圆柱投影也符合柱体的投影特征——“矩矩为柱”。

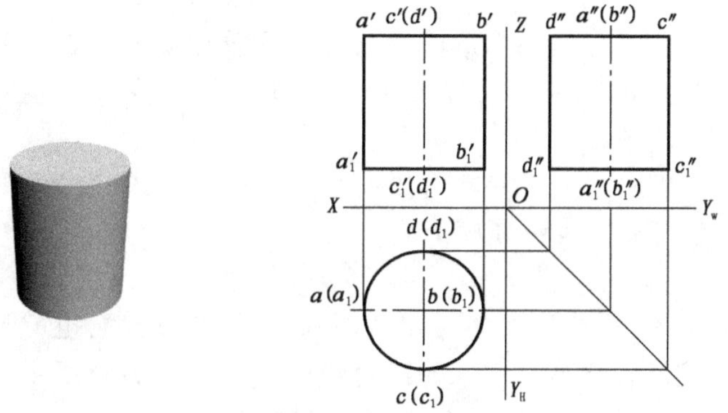

图1-27　圆柱及其投影

(4)圆锥

圆锥体由圆锥面和底面所围成。圆锥可看做是由一个直角三角形平面绕着它的一条直角边回转一周而成。所绕的直角边为圆柱体的轴线，用细单点长画线绘制。其投影图如图1-28所示。

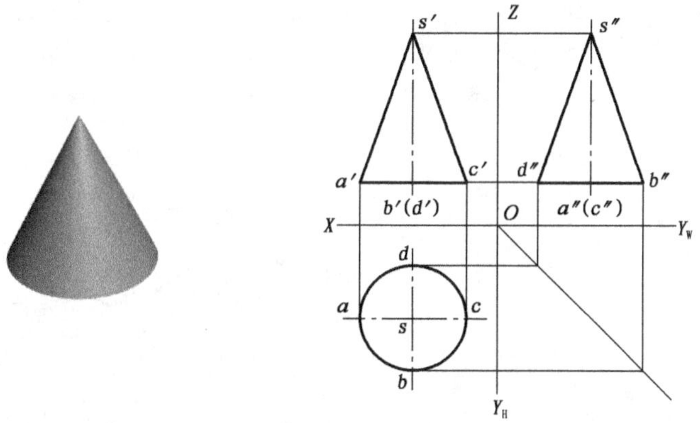

图1-28　圆锥及其投影

圆锥体投影特征：

①反映底面实形的投影图为圆。

②另两投影图均为等腰三角形。

即：圆锥体的投影特征为“三三为锥”。

1.2.2　组合体的投影绘图

由基本形体通过叠加、切割或既有叠加又有切割组合而成的立体，称为组合体。在建筑工程制图中，通常将组合体或建筑形体的投影图称为视图，将组合体的三面投影图称为三面视图或三视图。将正面投影、水平投影、侧面投影分别称为正立面图、平面图、左侧立面图。用正投影法绘制的组合体视图仍然符合投影图三等关系：正立面图与平面图长对正；正立面图与左侧立面图高平齐；左侧立面图与平面图宽相等，前后对应。

1）组合体的组合形式

（1）叠加型

组合体由两个或两个以上的基本形体按某种方式叠加而成。如图 1-29a）所示的组合体可看做是水平放置的长方体 I 和竖直放置的长方体 II，以及三棱柱 III 叠加而成。

（2）切割型

组合体由一个立体切去若干个基本形体而形成。如图 1-29b）所示的组合体可看做是由原始长方体切去三棱柱 I 和三棱柱 II 而形成。

（3）混合型

形状比较复杂的立体，常常是由叠加和切割两种形式形成的，也就是形成这样的组合体时，既用了叠加的组合形式，也用了切割的组合形式。如图 1-29c）所示的基础由底板四棱柱 I、中间四棱柱 II 挖去一楔形块 IV 和六块梯形肋板 III 组成。

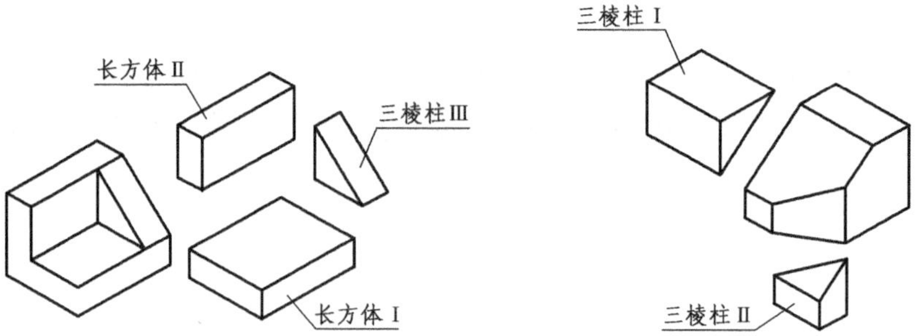

a）叠加型　　b）切割型

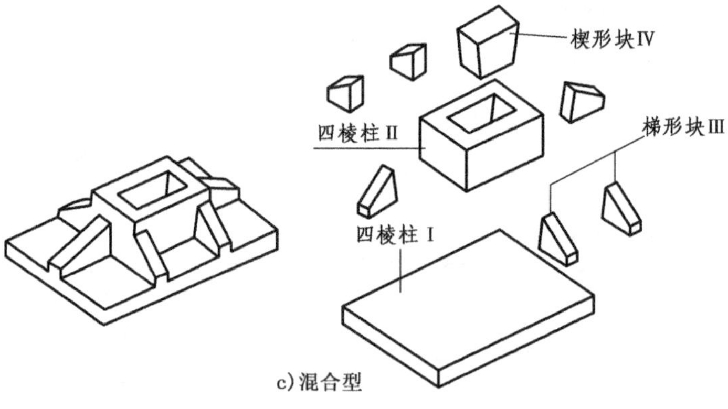

c）混合型

图 1-29　组合体的组合形式

将复杂的形体看作由基本形体通过叠加和切割方式而形成，只是一种分析形体的方法，实际上，组合体是一个整体，将它看作由若干个基本形体叠加或切割去若干个基本形体，仅是一种假设，是为了理解它的形状而采用的一种分析手段。

2)组合体视图的画法

绘制组合体的视图,首先应对组合体进行形体分析;其次选择视图;然后按一定的方法绘制底稿及校核;最后加深和复核,完成全图。

视频：绘制组合体投影图

(1)组合体的形体分析

①形体分析法

为了便于研究组合体,可以假想将组合体分解为若干简单的基本形体,然后分析它们的形状、相对位置、表面连接关系以及组合方式,这种分析方法称为形体分析法。它是组合体画图、读图和尺寸标注的基本方法之一。

②形体之间的表面连接关系

由基本形体形成组合体时,不同基本形体原来有些表面将由于互相叠加或被切割而连成一个平面或不复存在,有些表面发生相切或相交等情况。在画组合体视图时,必须注意这些表面关系,才能不多画线,不漏画线。在读图时,必须看懂基本体之间的表面连接关系,才能正确理解形体的形状。基本形体之间的表面连接关系,一般可分为平齐、不平齐、相交和相切四种情况。

a. 平齐。两个基本形体的表面共面叠加连成一个平面时,相接处不存在分界线,在视图中平齐处不画线,如图 1-30a)所示。

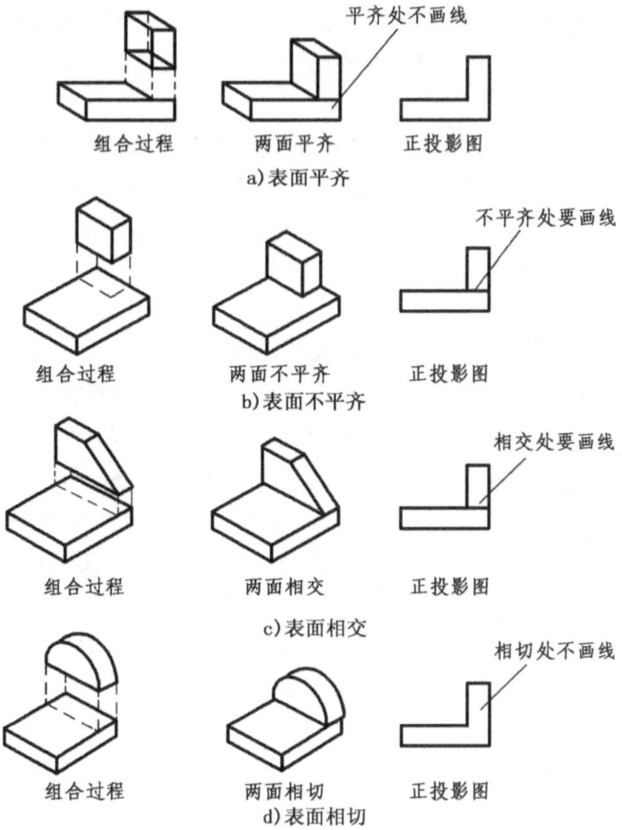

图 1-30　形体之间的表面连接关系

b. 不平齐。两个基本形体的表面不共面叠加，在视图中两个基本体之间应画出分界线，如图 1-30b）所示。

c. 相交。两个基本形体彼此相交时表面产生交线（截交线或相贯线），表面交线是它们的分界线。在视图中相交处应该画出交线，如图 1-30c）所示。

d. 相切。两个基本体的表面（平面与曲面或曲面与曲面）相切，因为相切处是光滑连接的，在视图中相切处不画线，如图 1-30d）所示。

（2）组合体视图的选择

①选择安放位置

通常将组合体安放成自然位置，即它的正常使用位置，如图 1-31 所示。

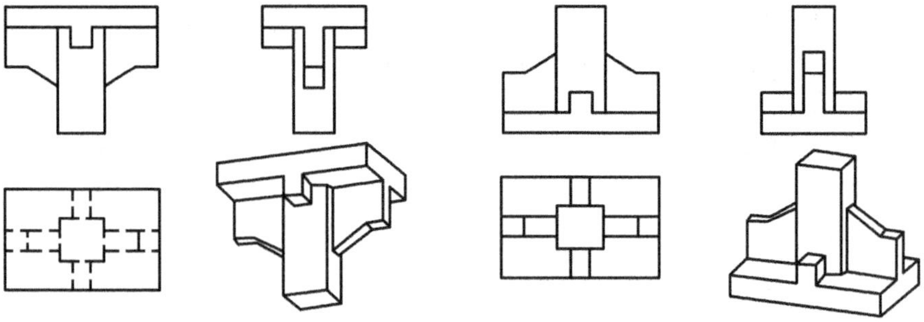

a）梁柱节点的安放位置　　b）柱及基础的安放位置

图 1-31　形体的安放位置

②选择正立面图

a. 一般用垂直于该组合体的正面方向，或能反映组合体形状特征和它们之间相对位置关系的方向，作为正立面图的投射方向。对于整幢房屋，常用主要出入口所在的立面，或艺术处理最美观的立面作为正立面。

b. 使做出的视图，虚线少，图形清楚，如图 1-32 所示。

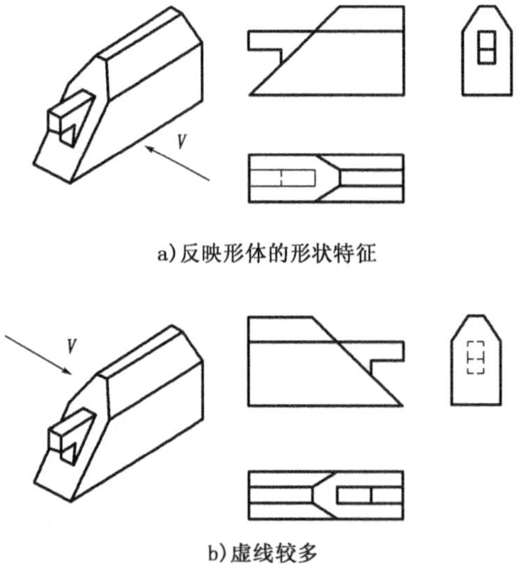

a）反映形体的形状特征

b）虚线较多

图 1-32　投影方向的选择

c. 选择投影图数量。基本原则是用最少的视图把形体表达得清楚、完整。即：清楚、完整地图示整体和各组成部分的形状及其相对位置的前提下，视图的数量越少越好。

如图 1-33a）、b）所示，圆管接头可用两个视图表示，台阶可用三面视图表示。

当房屋各向立面变化较大时，可采用四五个或更多的视图（参见附录建筑施工图）。

建筑形体的内部形状比较复杂，可考虑增加剖面图，或用剖面图代替部分视图（参见附录剖面图）。

（3）组合体视图的画图方法与步骤

组合体视图的画法主要采用形体分析法，将形体分解为若干部分，弄清各组成部分的形状、相对位置、组合方式及表面连接关系，分别画出各部分的视图。对叠加型组合体可按照叠加法画图，切割型组合体采用切割法画图。

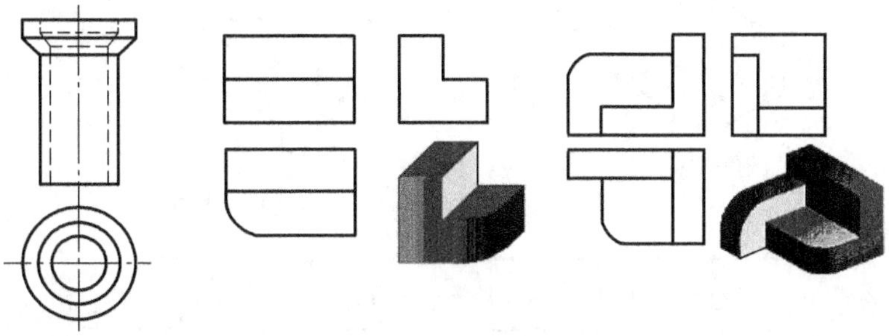

a）圆管接头　　b）台阶

图 1-33　投影图数量的选择

具体画图步骤一般为：

①选取画图比例、确定图幅

据组合体的形状、大小和复杂程度等因素，选择适当的比例和图幅。有时也可以先选定图幅的大小，再确定比例。

②布图、画基准线

先固定图纸，画出图框和标题栏；然后根据视图的数量和标注尺寸所需的位置，把各视图匀称地布置在图幅内。如果形体是对称的，应先画出各视图的基准线、对称线，并依此均匀布图。

③绘制视图的底稿

根据组合体各基本形体的投影规律，逐个画出各基本形体的投影图。一般按先大形体后小形体、先实形体后虚形体（孔、槽等）、先轮廓后细部、先曲线后直线的顺序作图。在作每个基本形体的三面视图时，三个视图应联系起来画。先画最能反映形体（基本形体）特征的视图，再画其他两视图。每叠加或切割一个基本形体，就要分析与已画的基本体的组合方式和表面连接关系，从而及时修正少画或多画的线条，提高正确率。

④检查、加深

底稿画完后，应进行仔细的检查，将三面视图与组合体进行对照。特别注意当组合体是一个完整的形体时，检查中应注意各基本体的相对位置、组合方式及表面的连接关系。检查无误后，按规定的线型进行加深。

【例 1-1】　已知台阶的轴测图，画出它的投影图。

解　先进行形体分析，该台阶由左中右三部分叠加而成，绘图时可按叠加的方法绘制。形体的摆放位置按其自然位置，选择从台阶的正面为正立面视图方向。画图时可先画出两侧栏板的视图，再画中间台阶的视图。具体画图步骤如图 1-34 所示。

1.2.3　组合体建筑形体测绘与尺寸标注

1）组合体建筑形体测绘

组合体建筑形体测绘是根据给定的建筑形体模型进行测绘，绘制其投影图的过程。建筑形体测绘是训练与提高空间想象能力的一种有效方法。其步骤为：

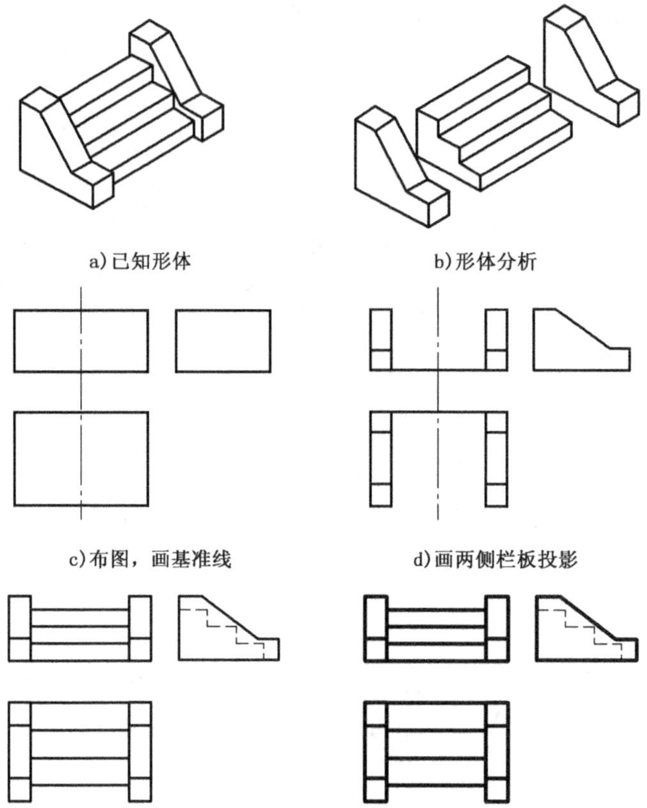

a) 已知形体　b) 形体分析

c) 布图，画基准线　d) 画两侧栏板投影

e) 画台阶的投影　f) 检查，加深

图 1-34　组合体投影图的画图步骤

①对组合体的模型进行形体分析，选择形体摆放位置及视图方向，一般选择最能反映形状特征的视图作为正面视图，再根据形体的复杂程度选取其他视图及视图数量。

例如肋式杯形基础，分析该基础由底板四棱柱、中间四棱柱挖去一楔形块、六块梯形肋板组成。形体的摆放位置按其自然位置，如图 1-35a)、b) 所示。

②对模型的实际大小进行测量，按测量出来的尺寸布置各视图的位置。

③画出各视图的基准线，用形体分析法逐步画出组合体各部分的投影图，最后完成该模型(或立体图)的视图，如图 1-35c)、d)、e)、f) 所示。

④标注视图尺寸时，要考虑各投影图的尺寸配置，避免多标或漏注，如图 1-37 所示。

2) 组合体的尺寸标注

(1) 尺寸的组成及一般标注

图样上的尺寸由尺寸界线、尺寸线、尺寸起止符号和尺寸数字四部分组成，如图 1-36a) 所示。

尺寸界线：尺寸界线应用细实线绘制，一般应与被注长度垂直，其一端应离开图样轮廓不小于 2mm，另一端宜超出尺寸线 2 ~ 3mm。图样轮廓可用做尺寸界线。

尺寸线：尺寸线应用细实线绘制，一般应与被注长度平行，图样本身的任何图线不得用做尺寸线。

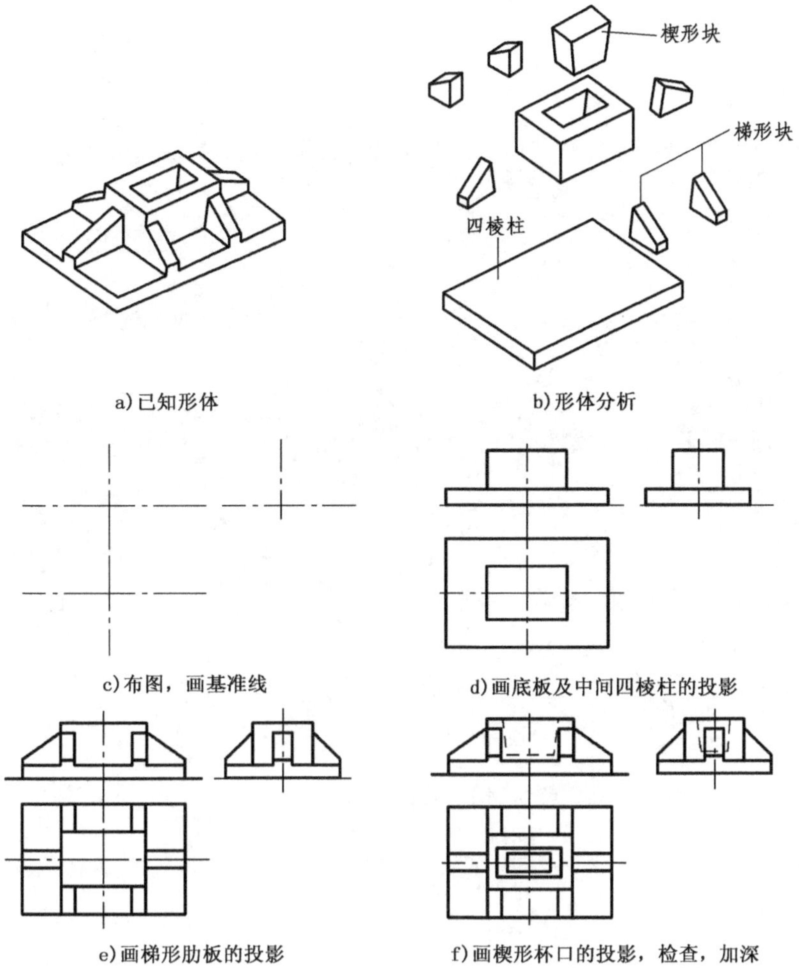

a)已知形体　b)形体分析

c)布图，画基准线　d)画底板及中间四棱柱的投影

e)画梯形肋板的投影　f)画楔形杯口的投影，检查，加深

图 1-35　绘制肋式杯形基础视图

视频：标注组合体尺寸

尺寸起止符号：一般用中粗斜短线绘制，其倾斜方向应与尺寸界线成顺时针 45°角，长度宜为 2～3mm。半径、直径、角度与弧长的起止符号宜用箭头表示，如图 1-36c）所示。

尺寸数字：国标规定，图样上标注的尺寸一律用阿拉伯数字标注图样的实际尺寸，它与绘图所用比例无关。图样上的尺寸应以尺寸数字为准，不得从图上直接量取。图样上所标注的尺寸，除标高及总平面图以米（m）为单位外，其余一律以毫米（mm）为单位，图上尺寸数字都不再注写单位。尺寸数字一般应依据其方向注写在靠近尺寸线的上方中部。水平方向的尺寸，尺寸数字写在尺寸线的上方，字头朝上；竖直方向的尺寸，尺寸数字写在尺寸线的左侧，字头朝左。

（2）尺寸类型与标注步骤

建筑形体投影图尺寸的类型有定形尺寸、定位尺寸与总尺寸之分，一般按定形尺寸→定位尺寸→总尺寸的顺序进行标注，如图 1-37 所示。

定形尺寸：确定形体各组成部分形状、大小的尺寸。

定位尺寸：确定形体各组成部分之间相对位置的尺寸。

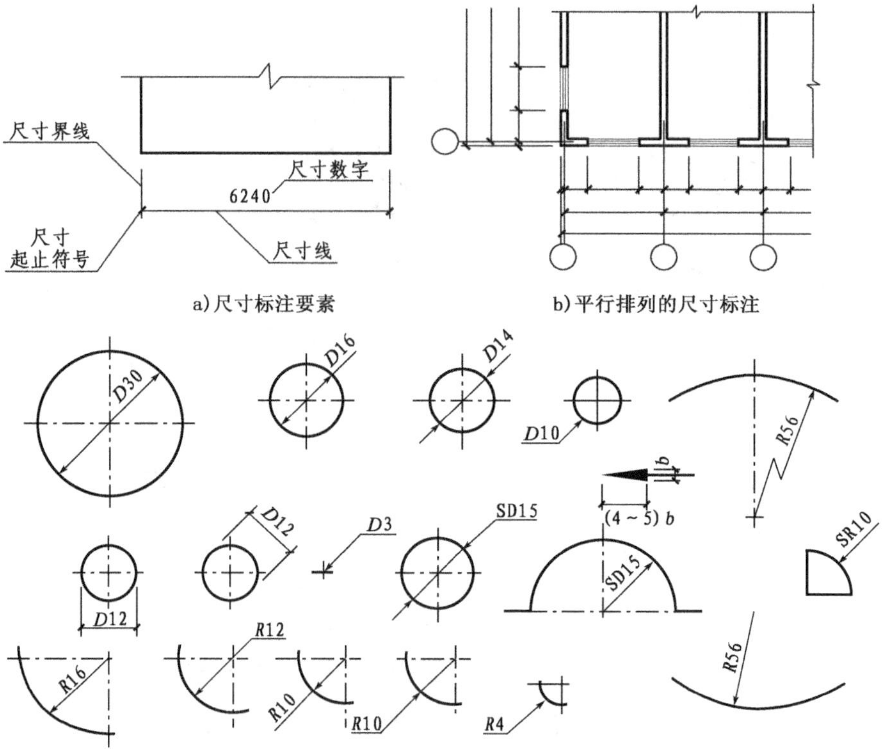

a)尺寸标注要素　　b)平行排列的尺寸标注

c)直径、半径、球的尺寸标注

图 1-36　尺寸标注

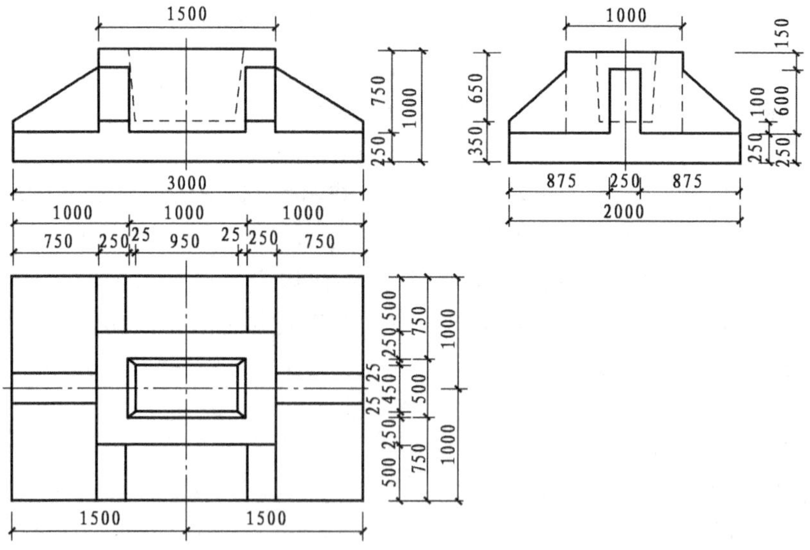

图 1-37　肋式杯形基础模型尺寸标注(尺寸单位:mm)

总尺寸:确定形体的总长、总宽和总高的尺寸。

(3)尺寸标注应注意的几个问题

①尺寸宜注写在图形轮廓之外,不宜与图线、文字及符号相交。但有些小尺寸,为了避免引出标注的距离太远,也可标注在图形之内。

②应尽可能地将尺寸标注在反映基本形体形状特征明显的视图上。

③两视图的相关尺寸,应尽量注在两视图之间;一个基本形体的定形和定位尺寸应尽量注在一个或两个视图上,以便读图。

④尺寸线的排列要整齐。互相平行的尺寸线,应从被注写的图样轮廓线由近向远整齐排列,较小尺寸应离轮廓线较近,较大尺寸应离轮廓线较远;图样轮廓线以外的尺寸线,距图样最外轮廓之间的距离,不宜小于 10mm,平行排列的尺寸线的间距,宜为 7 ~ 10mm,并应保持一致,如图 1-36b)所示。总尺寸的尺寸界线应靠近所指部位,中间的分尺寸的尺寸界线可稍短,但其长度应相等。

⑤为了使标注的尺寸清晰和明显,尽量不要在虚线上标注尺寸。

⑥一般不宜标注重复尺寸,但在需要时也允许标注重复尺寸。在建筑工程中,通常从施工生产的角度来标注尺寸,尺寸标注不仅要齐全、清晰,还要保证读图时能直接读出各个部分的尺寸,到施工现场不需再进行计算等。

1.2.4　组合体投影图识图

视频:识读建筑形体投影图

根据形体的视图想象出它的空间形状,称为读图(或称识图、看图)。组合体的读图和画图一样,仍然采用形体分析法,有时也用线面分析法。要正确、迅速地读懂组合体视图,必须掌握读图的基本方法,通过不断实践,培养空间想象能力。

1)读图的基本知识

①掌握视图的投影规律,即"长对正,高平齐,宽相等"的"三等"关系和"方位"关系,分清形体相对位置。

②掌握基本形体的视图特征,利用"三等"关系迅速地判断基本形体的形状及其与投影面的相对位置,这是看懂组合体的基本条件。

③将几个视图联系起来看。在一般情况下,只看一个视图不能确定形体的形状,有时两个视图也不能确定形体的形状,只有将几个视图联系起来看,才能弄清楚形体的形状特征。

如图 1-38 所示,虽然它们的正立面图、平面图都相同,但左侧立面图不相同,形体的形状也不相同。

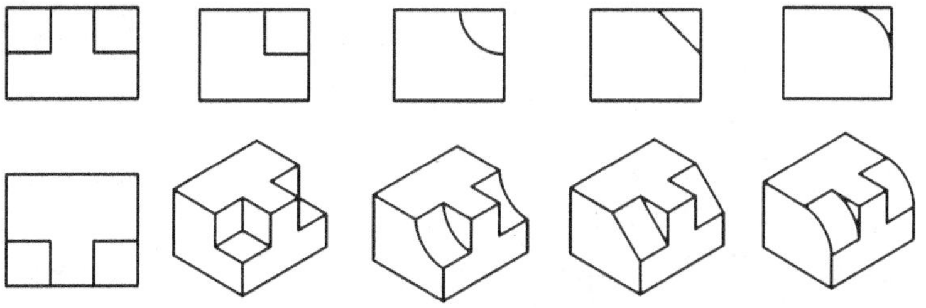

图 1-38　将已知投影联系起来看

④读图时应先从特征视图入手。特征视图就是反映形体的形状特征和位置特征最多的视图。抓住特征视图,就能在较短的时间内,对整个形体有一个大概的了解,对提高读图速度,很有帮助。如图1-39所示立面图是它的形状特征视图,而平面图则是它的位置特征视图,据平面图1-39a)可确定组合体形状为图1-39c),据平面图1-39b)可确定组合体形状为图1-39d)。

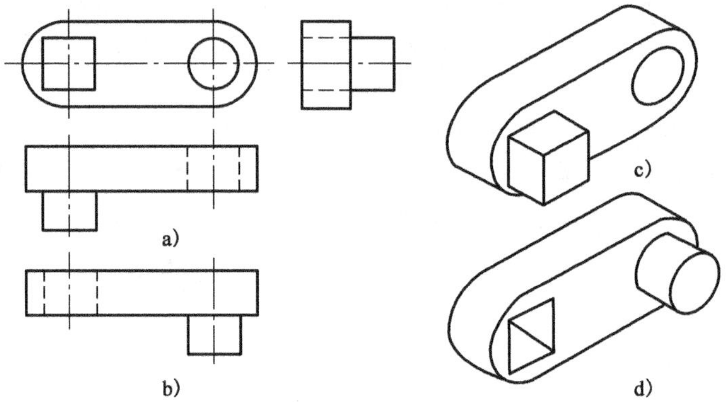

图1-39　反映形体特征的组合体视图的读图

2)读图的基本方法与步骤

(1)读图的基本方法

组合体读图的基本方法为形体分析法。

用形体分析法读图,就是在读图时,首先从反映形体形状特征明显的视图入手,将视图分解为若干部分,根据"三等"关系,找出每一部分的相关视图;然后根据各基本形体的投影特性,想象出每一部分的形状;最后根据整体视图,找出各部分之间的相互位置关系,综合起来想象出形体的空间形状。

【例1-2】　试根据图1-40a)想象出形体的形状。

解　如图1-40a)所示,分析形体的投影图,可以以正立面图为主、结合其他视图进行。将正立面图划分成1、2、3三个封闭线框(图1-40a)。线框1的三面视图都是矩形,所以它是四棱柱(图1-40b)。线框2的正立面视图上为半圆下为矩形,平面图和左侧立面图为矩形,可见它是由半圆柱和四棱柱组成(图1-40c)。线框3的正立面图是圆,平面图和左侧立面图是虚线组成的矩形,可判断它是个圆柱形通空体(图1-40d)。该组合体整体形状是:下面是一个长方形四棱柱,上面是半圆柱和四棱柱组成,中间有一圆孔,综合起来组合体的整体形状如图1-40e)所示。

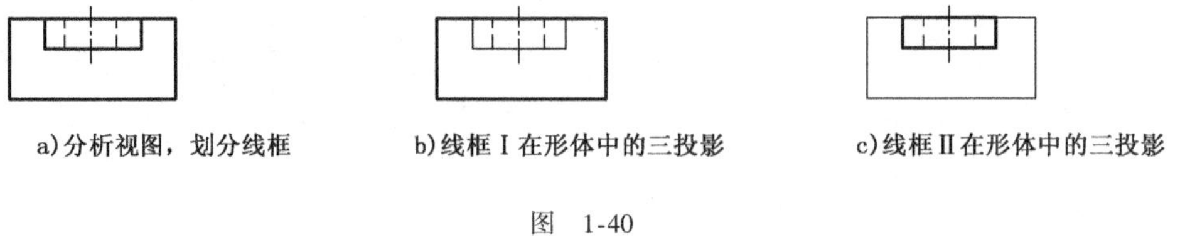

a)分析视图,划分线框　　b)线框Ⅰ在形体中的三投影　　c)线框Ⅱ在形体中的三投影

图　1-40

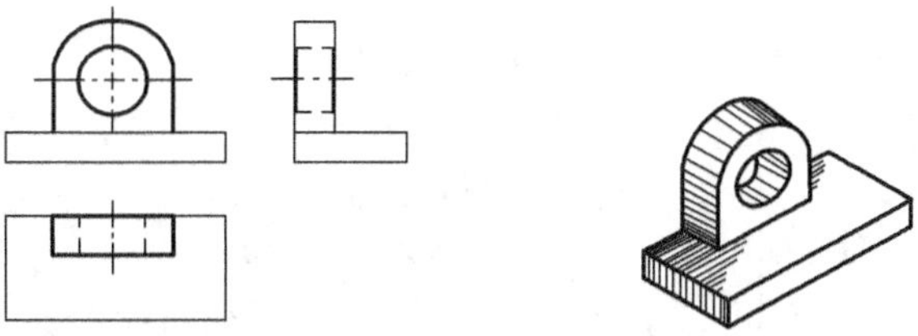

d）线框Ⅲ在形体中的三投影　　　　e）整体形状

图 1-40　组合体的投影及形体分析法

注：对于建筑工程中某些形状复杂的形体或建筑物，当用形体分析法读图有困难时，常用线面分析法帮助读图。即根据线、面投影特性，分析视图中的图线和线框的含义，想象出形体各表面的形状和相对位置关系，从而想象出形体的细部或整体形状，这种读图方法称为线面分析法，可作为形体分析法的补充。

(2)组合体的读图步骤

读组合体的视图时，一般按以下步骤进行：

①分析视图抓特征。根据组合体的视图和尺寸，初步了解组合体的大概形状和大小，找出反映形体特征的视图。

②分解形体对投影。从特征视图或正立面图入手，根据视图中的线框，适当地把它划分成几个部分，然后进一步分析各部分的形状和位置。

③综合起来想整体。通过投影分析在逐个看懂各组成部分形状的基础上，进一步分析各基本形体的组合方式、相对位置、表面连接关系等，综合起来想象整个组合体的形状。

④检查图形定结果。将已知视图与想象出的组合体进行核对，如无矛盾，形状确定；如有矛盾，进一步分析修正。

下面以图 1-41 所示的组合体投影为例，介绍读图的过程。

【例 1-3】　识读图 1-41 的组合体视图。

解　①分析视图抓住特征。如图 1-41 所示，正立面图较多反映形体特征，而平面图与侧面图则反映了该形体的位置特征。因此，将该投影图分成Ⅰ、Ⅱ两块形体。

②对投影想形状。利用形体分析法，从线框Ⅰ的正立面图出发，找到另外两个视图的对应投影，可看出这是一四棱柱；同理，可判断出Ⅱ是一以梯形为正面的四棱柱。

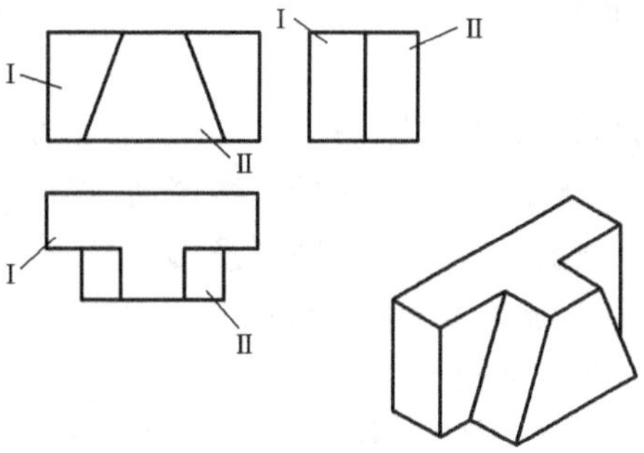

图 1-41　组合体视图的识读

③综合起来想整体。据平面图与侧面图的位置特征可知，形体Ⅰ位于形体Ⅱ的后方，且前后叠加后，上下表面平齐。想象出该组合体的整体形状，如图 1-41 所示。

3）读图技能提升训练

(1)绘制轴测图或制作形体模型

在识读建筑形体视图时，可采用绘制轴测图或制作形体模型的方法帮助识

视频：绘制轴测图

图或验证识图结果的正确性。

轴测图是用平行投影原理绘制的一种单面投影图。

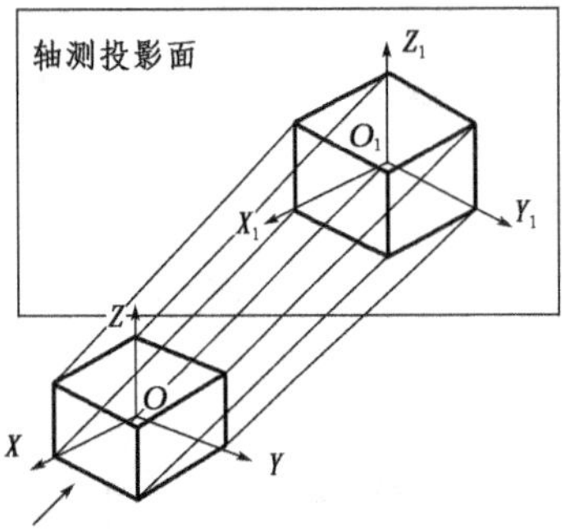

图 1-42　轴测投影图的形成示意图

选取适当的投影方向将形体连同确定其空间位置的直角坐标系,同平行投影的方法一起投影到一个投影面(轴测投影面)上所得到的投影,称为轴测投影。应用轴测投影的方法绘制的投影图叫做轴测图,如图 1-42 所示。轴测图有较强的立体感,但轴测图存在着一般不易反映形体各表面的实形(表面失真现象)、度量性差、绘图复杂等缺点,工程上只作为辅助图样。

由于轴测投影是利用平行投影原理所作的一种投影图,因而轴测投影仍具有平行投影的特性;空间平行的直线,它们的轴测投影仍然相互平行;空间相互平行的两线段之比,等于它们的轴测投影之比。应注意:只有与坐标轴平行的线段,才与轴测轴发生相同的变形。

①轴测投影术语

a. 轴测轴。表示空间形体长、宽、高三个方向的直角坐标轴 OX、OY、OZ 在轴测投影面上的投影 O_1X_1、O_1Y_1、O_1Z_1 称为轴测轴。

b. 轴间角。相邻两轴测轴之间的夹角 $\angle X_1O_1Z_1$、$\angle Z_1O_1Y_1$、$\angle Y_1O_1X_1$ 称为轴间角,三个轴间角之和为 360°。

c. 轴向伸缩系数。轴测轴上某段长度与它的实长之比称为该轴的轴向伸缩系数。X、Y、Z 轴的轴向伸缩系数分别用 p、q、r 表示,即:

$$p = O_1X_1/OX, q = O_1Y_1/OY, r = O_1Z_1/OZ$$

②常见轴测图类型

投射方向垂直于轴测投影面的轴测投影称为正轴测投影,其中常用的是正等轴测投影(简称正等测),三个轴间角都为 120°,三个轴向伸缩系数都相等($p=q=r$)。其轴向伸缩系数为 $p=q=r=0.82$,绘图可简化为 $p=q=r=1$,这样绘制出的轴测图,比实际图形约大 1.22(1/0.82)倍,但轴测图的形状并没有因此而改变。《房屋建筑制图统一标准》(GB/T 50001—2017)规定:房屋建筑的轴测图,宜采用正等测投影并用简化轴向伸缩系数绘制。

投射方向倾斜于轴测投影面的轴测投影称为斜轴测投影,其中常用的有正面斜轴测图。O_1X_1 与 O_1Z_1 成 90°,取 O_1Y_1 与 O_1X_1 成 135°或 45°,$p=r=1$;$q \neq 1$,q 常取 0.5,为正面斜二测。

③轴测投影的画法

绘制形体轴测图最基本的方法是坐标法,即根据形体表面上各顶点的空间坐标,沿轴向测定,画出它们的轴测投影,然后连成形体的轴测图。具体作图时,可根据组合体的形状特点采用不同的作图方法,如叠加法、切割法等。

画正等测图的步骤一般为:首先对形体或形体的正投影图进行形体分析,确定形体的坐标轴(即合适的观看角度);然后,画出相应的轴测轴;最后按轴测轴方向及正等测的轴向伸缩系数,确定形体各顶点及主要轮廓线的位置,画出形体的轴测图。轴测图中一般只画出可见部分,必要时才画出不可见部分。作图时切记:不平行于坐标轴的线段,不可按轴向伸缩系数量取。

【**例 1-4**】 如图 1-43a)所示,根据形体的正投影图,求作它的正等测图。

解 作图步骤如下:

a. 对已知条件进行形体分析,该形体由三个基本体(长方体、五棱柱、三棱柱)叠加而成,适合采用叠加法绘图。建立形体的空间坐标轴(图 1-43a)。

b. 如图 1-43b)所示,画轴测轴;沿 O_1X_1、O_1Y_1 方向截取底面长度与宽度,画出底面轴测图;从底面各个顶点引竖直线(平行 O_1Z_1),并截取高度,连各顶点,得下部长方体轴测图(坐标法)。

c. 在下部长方体的上表面后侧,叠加作出五棱柱的轴测图(图 1-43c)。

d. 用同样方法作出右前方三棱柱的轴测图(图 1-43d)。

e. 擦去多余图线及被遮挡线,检查、加深图线即得形体的正等测图(图 1-43e)。

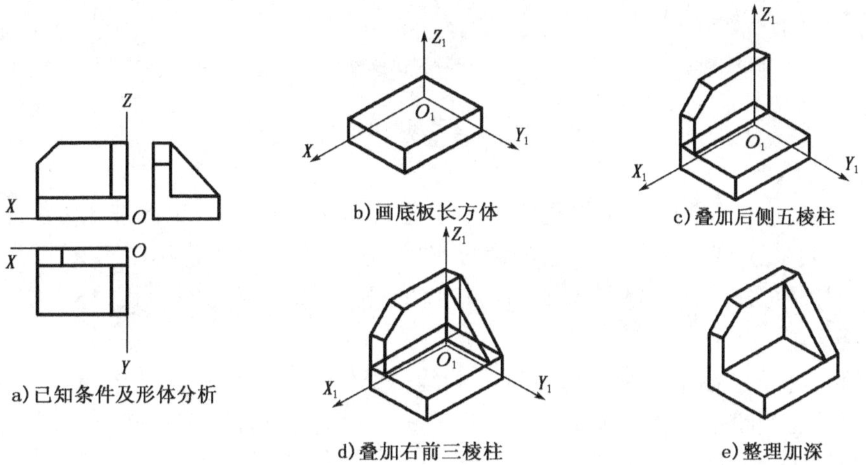

a)已知条件及形体分析　b)画底板长方体　c)叠加后侧五棱柱　d)叠加右前三棱柱　e)整理加深

图 1-43　形体的正等测图画法(叠加法)

【**例 1-5**】 如图 1-44a)所示,已知形体的正投影图,求作该形体的正等测图。

解 作图步骤如下:

a. 进行形体分析:该形体为切割式组合体。可分解为长方体切去左上方三棱柱,再在前上方切割去一四棱柱而成。建立形体的空间坐标轴,如图 1-44a)所示。

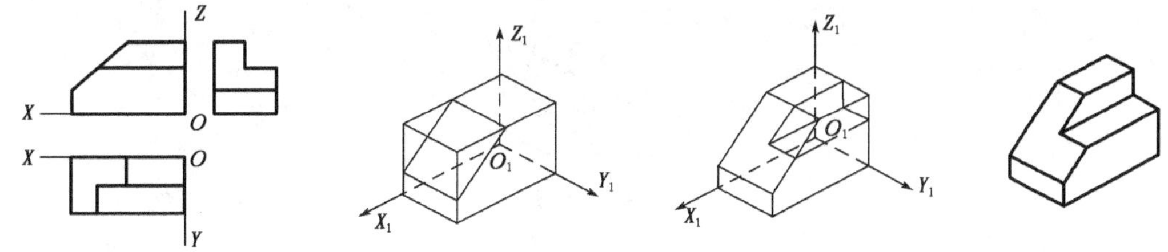

a)已知条件及形体分析　b)画原始长方体,切左上三棱柱　c)切前上方四棱柱　d)整理加深

图 1-44　形体的正等测图画法(切割法)

b. 画轴测轴;沿 O_1X_1、O_1Y_1 方向截取底面长度与宽度,画出底面轴测图;从底面各个顶点

引竖直线，并截取高度，连各顶点，即得原始长方体的轴测图。接着在长方体的左上方切去一角（三棱柱），画出斜面，如图1-44b）所示。

c. 在图1-44b）的基础上，在形体前上方切割去一四棱柱，如图1-44c）所示。

d. 擦去多余图线及被遮挡线，检查、加深图线即得形体的正等测图，如图1-44d）所示。

在作图时可根据形体具体情况，选择作轴测图时的合适投射方向。例如梁板柱节点的轴测图，相当于从左前下方向右后上方投射所得（仰视），如图1-45所示。

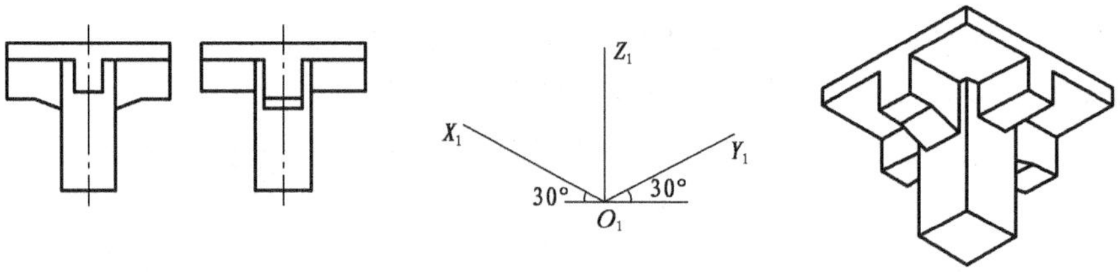

a）投影图　b）轴测轴画法　c）轴测图

图1-45　楼盖节点的正等测图

（2）补图、补线

补图、补线是训练看图的一种辅助方法。工程技术人员的综合审图能力是通过看图实践逐渐积累的。补图、补线就是根据给出的两投影图、缺线的三面投影图，依据投影规律，通过分析（形体分析或线面分析），看懂具有缺图或缺线的视图，想象形体的形状，补出所缺的视图或视图中的缺线。

【例1-6】　补绘形体平面图中所缺少的图线，如图1-46a）所示。

解　①根据已知条件、投影规律进行初步分析，该形体分前后两大部分，以正立面图为基础，将形体分成I、II两大部分，如图1-46a）所示。

②进一步分析：I形体是正面投影为直角梯形的一个四棱柱，II形体为槽形柱体。将I、II两形体前后叠加即为该形体，如图1-46b）所示。

③根据想象的立体、“三等”投影规律，补绘形体的平面图，如图1-46c）所示。

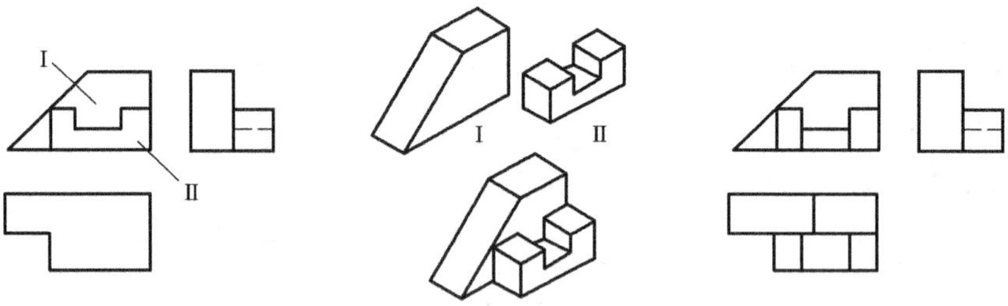

a）已知条件　b）想象立体图　c）补绘平面图

图1-46　补绘形体平面图中缺少的图线

在补图、补线练习中，分析视图中线框视图时，视图中一个封闭线框一般情况下表示一个面的投影，线框套线框，则可能有一个面是凸出的、凹下的、倾斜的，或者具有打通的孔，如图1-47a）所示。两个线框相连，表示两个面高低不平或相交，如图1-47b）所示。

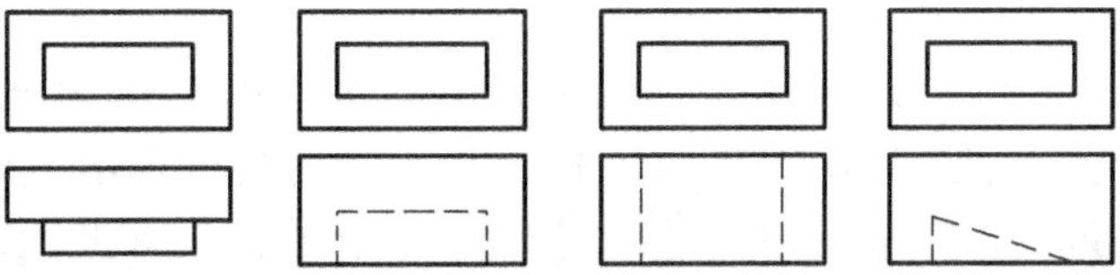
a)线框套线框

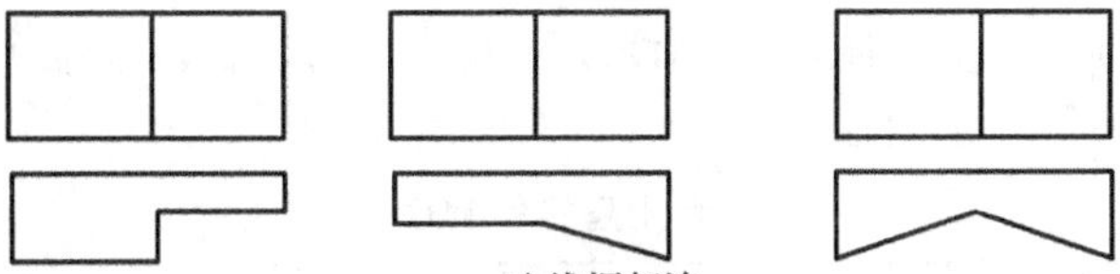
b)线框相连

图 1-47　形体表面的相对位置

1.2.5　剖面图与断面图

视频：剖面图形成及标注

1)剖面图

(1)剖面图的形成

在绘制建筑形体视图时,由于建筑物、构筑物及其构配件的内外形状比较复杂,如一幢楼房,内部有各种房间、走廊、楼梯、门窗等构配件,视图中往往有较多虚线,会使图中虚实线交错,给画图、看图及标注尺寸带来不便。为了能直接表达形体内部形状,假想用一个剖切平面,在形体的适当部位将其剖开,并将处于观察者与剖切平面之间的那部分移去,将剩余部分投射到与剖切平面平行的投影面上,这种剖切后对形体作出的视图,称为剖面图。

如图 1-48 所示为一钢筋混凝土杯形基础的视图,由于该基础有安装柱子用的杯口,在正立面图与左侧立面图上都出现了虚线,图面不清晰。假想用一个通过基础前后对称面的正平面 P,将基础剖开,移走剖切平面 P 和观察者之间的部分,将留下的后半个基础向 V 面投射,所得视图即为基础剖面图。比较原视图中的正立面图与剖面图,可见在剖面图中,基础内部的形状、大小、构造、杯口的深度和杯底的长度都表示得一清二楚。

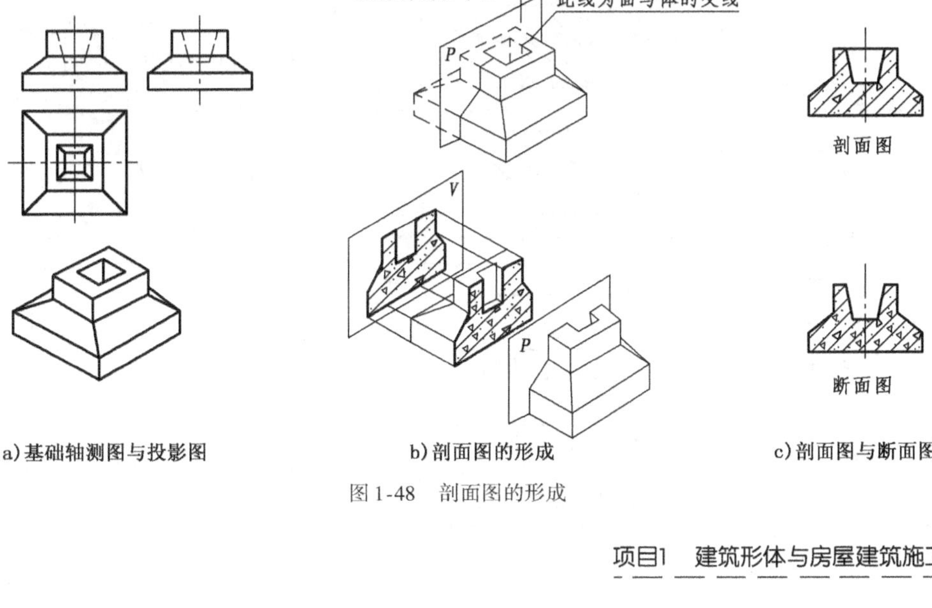

a)基础轴测图与投影图　　b)剖面图的形成　　c)剖面图与断面图

图 1-48　剖面图的形成

(2)有关规定

国家标准规定,剖面图除应画出剖切面切到部分的图形外,还应画出沿投射方向看到的部分,被剖切面切到部分的轮廓线用粗实线绘制,剖切面没有切到但沿投射方向可以看到的部分,用中实线绘制,在断面上应画出建筑材料图例,以区分断面与非断面部分。各种建筑材料图例必须遵照国家标准规定的画法,参见表1-11常用建筑材料图例。当不需要表明建筑材料的种类时,可用间隔均匀的45°细实线表示的剖面线绘制。在同一建筑形体的各个图样中,断面上的图例线应间隔相等、方向相同。

常用建筑材料图例　　　表1-11

序号	名　称	图　例	备　注
1	自然土壤		包括各种自然土壤
2	夯实土壤		
3	砂、灰土	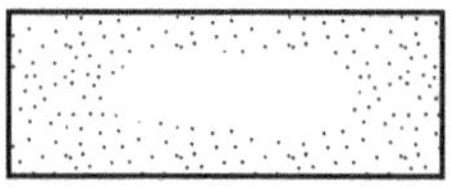	靠近轮廓线绘较密的点
4	砂砾石、碎砖三合土	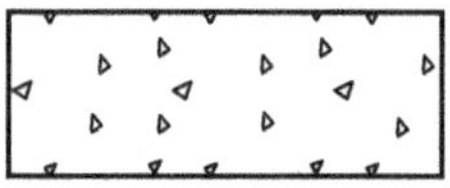	
5	石材	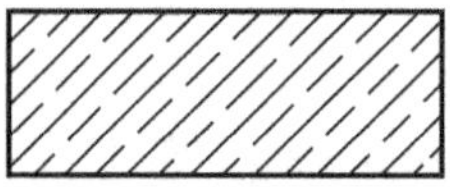	
6	毛石	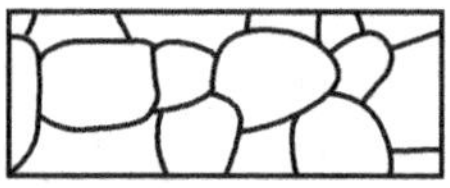	
7	普通砖	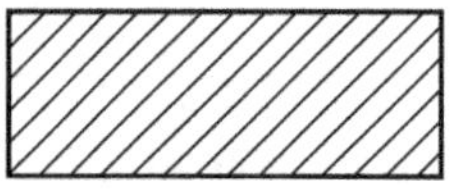	包括实心砖、多孔砖、砌块等砌体。断面较窄不易绘出图例线时,可涂红
8	耐火砖	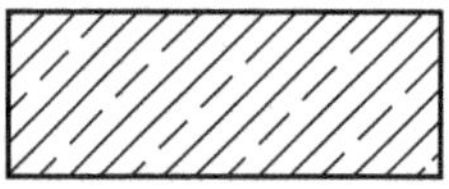	包括耐酸砖等砌体
9	空心砖	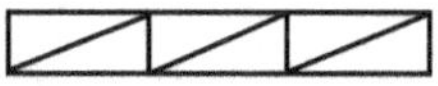	指非承重砖砌体
10	饰面砖		包括铺地砖、马赛克、陶瓷锦砖、人造大理石等
11	焦渣、矿渣	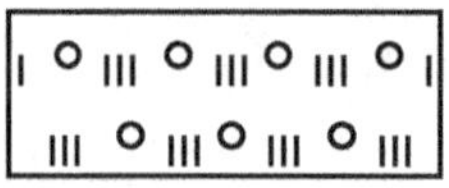	包括与水泥、石灰等混合而成的材料

续上表

序号	名　称	图　例	备　注
12	混凝土	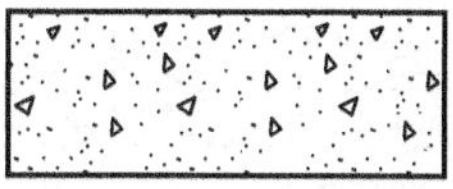	(1)本图例指能承重的混凝土及钢筋混凝土 (2)包括各种强度等级、骨料、添加剂的混凝土 (3)在剖面图上画出钢筋时,不画图例线 (4)断面图形小,不易画出图例线时,可涂黑
13	钢筋混凝土	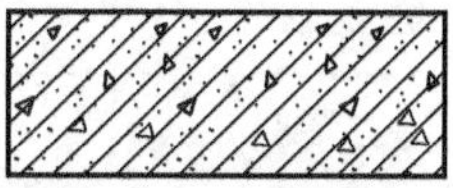	
14	多孔材料	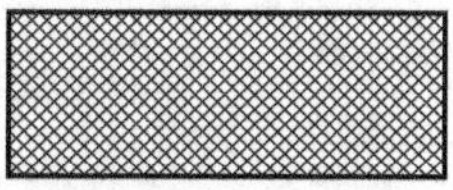	包括水泥珍珠岩、沥青珍珠岩、泡沫混凝土、非承重加气混凝土、软木、蛭石制品等
15	纤维材料	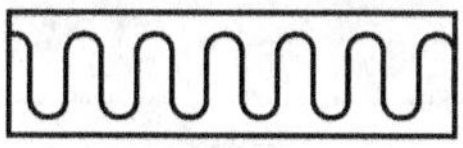	包括矿棉、岩棉、玻璃棉、麻丝、木丝板、纤维板等
16	泡沫塑料材料	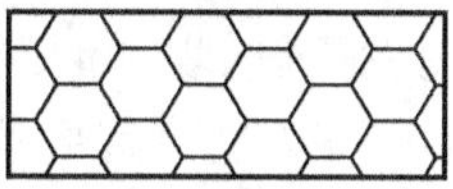	包括聚苯乙烯、聚乙烯、聚氨酯等多孔聚合物类材料
17	木材	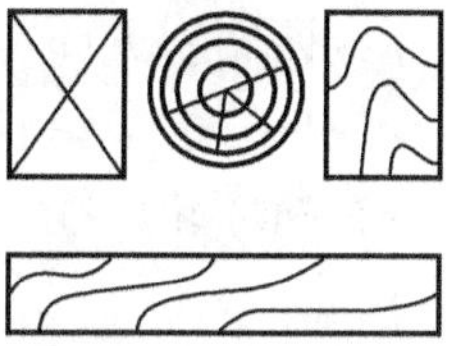	(1)上图为横断面,上左图为垫木、木砖或木龙骨 (2)下图为纵断面
18	胶合板	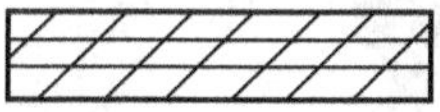	应注明为×层胶合板
19	石膏板	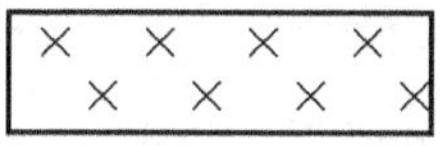	包括圆孔、方孔石膏板、防水石膏板等
20	金属	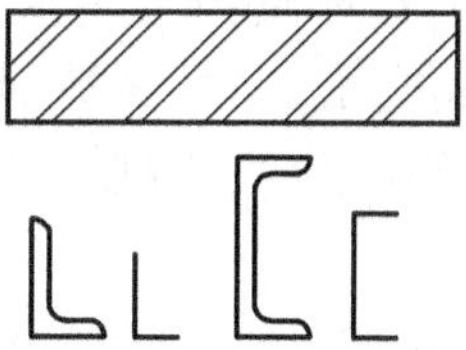	(1)包括各种金属 (2)图形小时可涂黑
21	网状材料		(1)包括金属、塑料网状材料 (2)应注明具体材料名称
22	液体	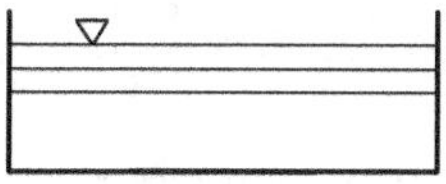	应注明具体液体名称

续上表

序号	名　称	图　例	备　注
23	玻璃		包括平板玻璃、磨砂玻璃、夹丝玻璃、钢化玻璃、中空玻璃、加层玻璃、镀膜玻璃等
24	橡胶		
25	塑料	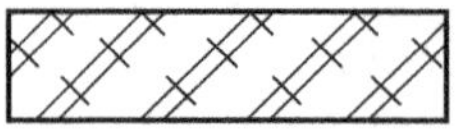	包括各种软、硬塑料及有机玻璃等
26	防水材料		构造层次多或比例大时，采用上面图例
27	粉刷		本图例采用较稀的点

根据《房屋建筑制图统一标准》(GB/T 50001—2017)的规定，图例线绘制应注意(图 1-49)：

①图例线应间隔均匀、疏密适度，做到图例正确，表示清楚。

②不同品种的同类材料使用同一图例时(如某些特定部位的石膏板必须注明是防水石膏板时)，应在图上附加必要的说明。

③两个相同的图例相接时，图例线宜错开或使倾斜方向相反。

④两个相邻的涂黑图例(如混凝土构件、金属件)间，应留有空隙，其宽度不得小于 0.7mm。

⑤需画出的建筑材料图例面积过大时，可在断面轮廓线内，沿轮廓线作局部表示。

a)相同图例相接时画法　　b)涂黑画法　　c)沿轮廓线局部画法

图 1-49　剖面图的材料图例画法

需要注意的是：剖切形体是假想的，剖开形体是为了表达其内部形状所作的假设，形体仍是一个完整的整体，没有被剖切。所以虽然剖面图是形体被剖开后所剩余部分的投影，但其他视图中仍应按完整形体画出。同一形体多次剖切时，其剖切方法和先后次序互不影响。

(3)剖面图的标注

用剖面图配合其他视图表达形体时，为了便于读图，要将剖面图中的剖切位置和投射方向在图样中加以说明，这就是剖面图的标注。

剖面图的剖切符号应符合下列规定：

①剖面图的剖切符号应由剖切位置线及投射方向线组成，均以粗实线绘制。剖切位置线的长度宜为 6 ~ 10mm；投射方向线垂直于剖切位置线，宜为 4 ~ 6mm。绘制时，剖面图的剖切符号不应与其他图线相接触，如图 1-50 所示。

②剖面图剖切符号的编号宜采用阿拉伯数字，按顺序由左至右、由下至上连续编排，并注写

在投射方向线的端部。在相应剖面图的下方或一侧，写上与该图相对应的剖切符号的编号，作为剖面图的图名，如 1-1 剖面图、2-2 剖面图等，图名下方画与之等长的粗实线，如图 1-51 所示。

③需要转折的剖切位置线，应在转角的外侧加注与该符号相同的编号，如图 1-50 所示。

④剖面图如与被剖切图样不在同一张图纸内时，可在剖切位置线的另一侧注明其所在图纸的编号，也可以在图纸上集中说明，如图 1-50 所示的“建施-8”。

⑤建(构)筑物剖面图的剖切符号宜注在底层平面图上，详见附录建筑施工图。

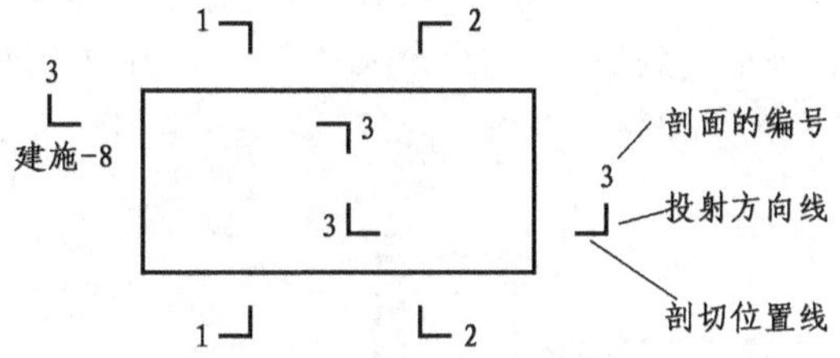

图 1-50　剖面图的剖切符号与编号

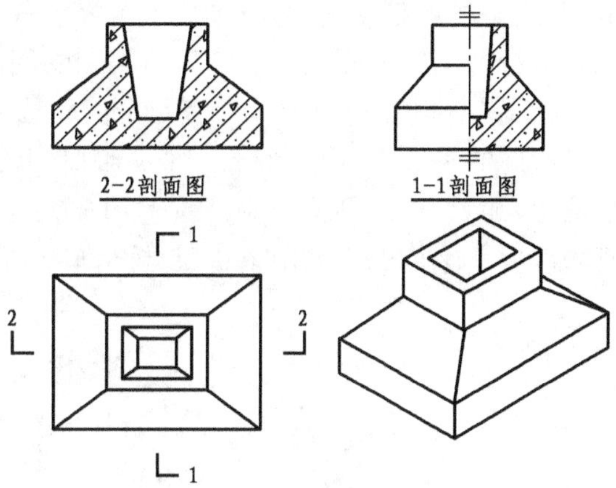

图 1-51　剖面图标注示例

对下列剖面图可以不标注剖切符号：剖切平面通过形体对称面所绘制的剖面图；习惯的剖切位置，如建筑平面图，为通过门窗洞口的水平面剖切而成。

(4)剖面图的种类

国家标准规定，剖切平面分为单一剖切面、两个或两个以上平行剖切面和两个相交的剖切面。针对建筑形体的不同特点和要求，常用的剖面图有全剖面图、半剖面图、阶梯剖面图、局部剖面图、旋转剖面图等。

①全剖面图

假想用一个剖切平面将形体全部剖开，画出形体的剖面图，这种剖面图称为全剖面图。全剖面图适用于不对称的形体、虽对称但外形较简单的形体或在其他视图中已将外形表达清楚的形体。如图 1-52b)所示的 1-1、2-2 剖面图。

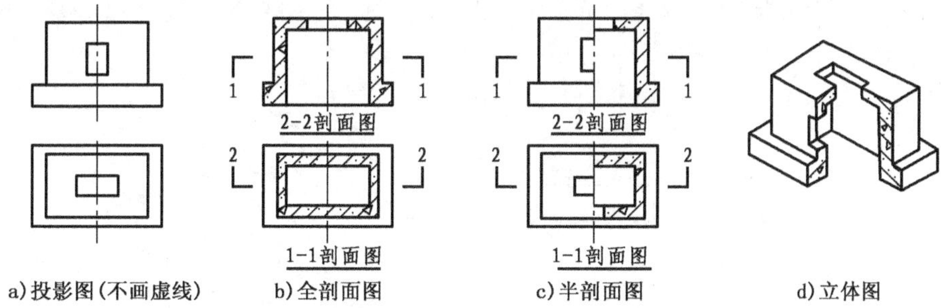

图 1-52　全剖面图与半剖面图

②半剖面图

如果形体对称，可以以对称符号为界，一半画视图(外形图)，一半画剖面图，这样组合而成的投影图叫做半剖面图。半剖面图可以同时表示形体的外形和内部构造,如图1-52c)、d)所示。

在绘制半剖面图时应注意:习惯上,当对称中心线是竖直时,半个剖面画在投影图的右侧;当对称中心线是水平时,半剖面画在投影图的下侧。由于形体的对称性,在半剖面图中,表达外形部分的视图内的虚线应省略不画。半剖面图的标注方法与全剖面图相同。

③阶梯剖面图

一个剖切平面,若不能将形体上需要表达的内部构造一起剖开时,可用两个(或两个以上)相互平行的剖切平面,将形体沿着需要表达的地方剖开,然后画出剖面图。用两个或两个以上平行的剖切平面剖开形体后所得到的剖面图,称为阶梯剖面图。

如图1-53所示,该形体上有两个前后位置不同、形状各异的孔洞,两孔的轴线不在同一平行投影面的平面内,用一个剖切平面难以同时通过两个孔洞轴线。为此采用两个互相平行的平面 P_1 和 P_2 作为剖切平面,P_1、P_2 分别过圆柱形孔和方形孔的中心,将形体完全剖开,并将剩余部分往 V 面投影就形成了阶梯剖面图。

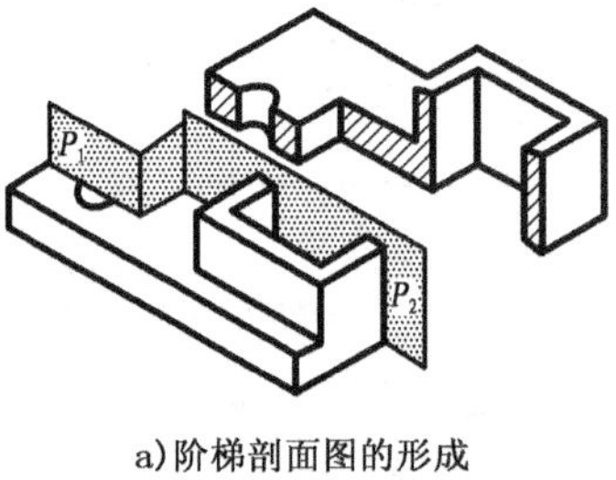

a)阶梯剖面图的形成

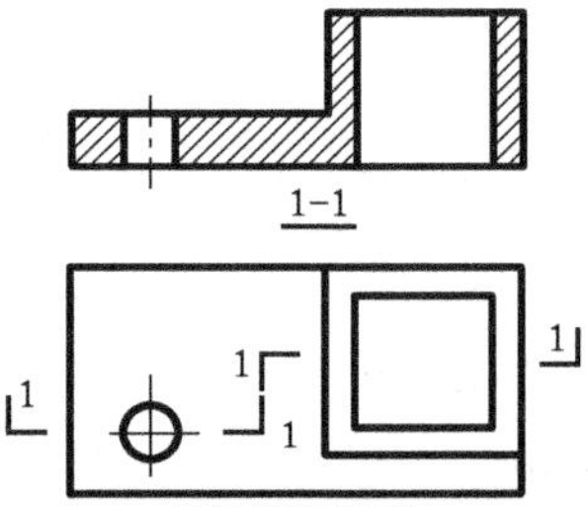

b)阶梯剖面图

图1-53　形体的阶梯剖面图

画阶梯剖面图时应该注意:由于剖切是假想的,所以在剖面图中,不应画出剖切平面所剖到的两个断面在转折处的分界线,同时,在标注阶梯剖面图的剖切符号时,应在两剖切平面转角的外侧加注与剖切符号相同的编号。当剖切位置明显,又不致引起误解时,转折处允许省略标注数字(或字母)。

④局部剖面图

当建筑形体的外形比较复杂,完全剖开后无法表达清楚它的外形时,可以保留原视图的大部分,而只将局部地方画成剖面图,这种剖面图称为局部剖面图。国家标准规定,局部剖面图与原视图之间,用徒手画的波浪线分界,波浪线不应与任何图线重合,如图1-54所示。

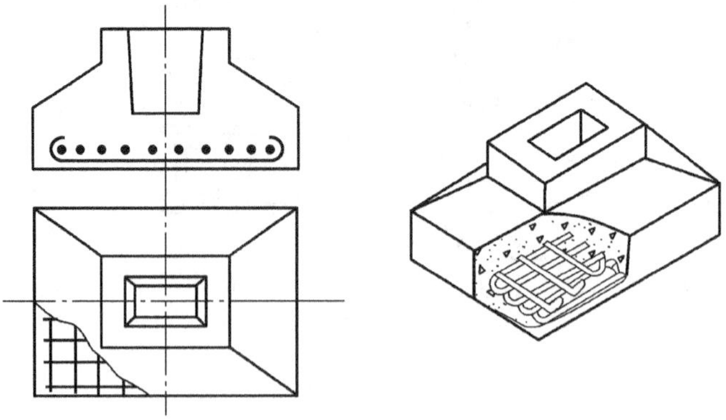

图1-54　局部剖面图

局部剖面图常用于外部形状比较复杂，仅仅需要表达局部内部的建筑形体。

建筑物的墙面、楼面及其内部构造层次较多，可用分层局部剖面来反映各层所用的材料和构造。分层剖切的剖面图，应按层次以波浪线将各层隔开，波浪线不应与任何线重合，如图1-55所示。

局部剖面图，大部分视图表达外形，局部表达内部构造，而且剖切位置都比较明显，所以一般可省略剖切符号和剖面图的图名，在视图中直接画出。

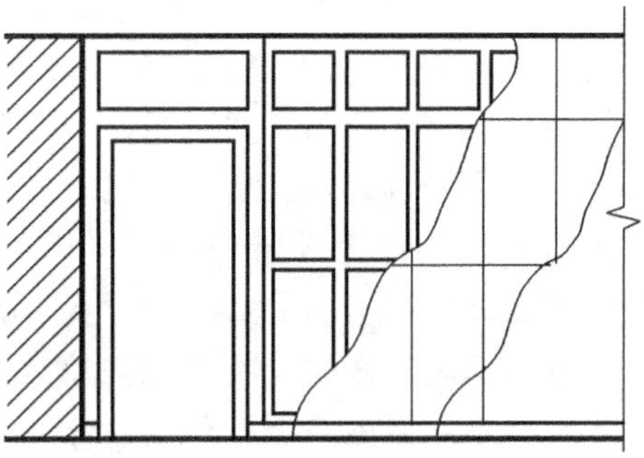

图1-55　某墙面分层局部剖面图

⑤旋转剖面图

用两个相交的剖切平面（交线垂直于基本投影面）剖开形体，将两个平面剖切得到的图形，旋转到与投影面平行的位置后再进行投影，这样得到的剖面图称为旋转剖面图。

旋转剖面图常用于建筑形体的内部结构形状用一个剖切平面剖切不能表达完全，建筑形体在整体上又具有回转轴的场合。

如图1-56所示为某建筑的旋转剖面图。左右两部分建筑为斜交，可采用相交的正平面和铅垂面作为剖切面，沿建筑对称轴线切开；再将左边铅垂剖切平面剖到的图形，旋转到正平面位置，并与右侧用正平面剖切得到的图形一起向V面投影，便得到1-1旋转剖面图。

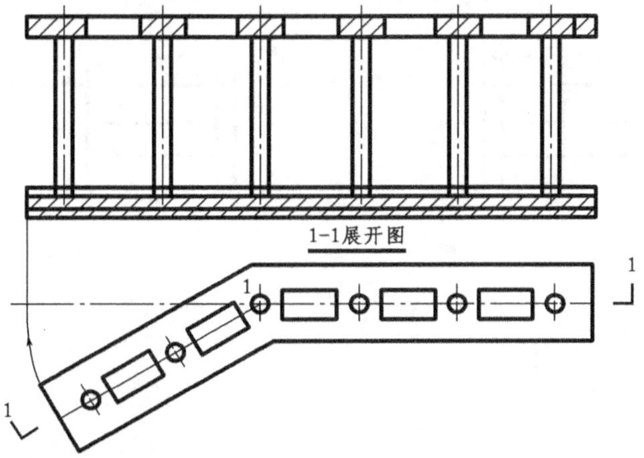

图1-56　某建筑的旋转剖面图

《房屋建筑制图统一标准》（GB/T 50001—2017）规定，旋转剖面图应在图名后加注"展开"字样，如图1-56所示。绘制旋转剖面图时应注意：在断面上不应画出两相交剖切平面的交线。画旋转剖面图时，应在剖切平面的起始及相交处，用短粗线表示剖切位置，用垂直于剖切线的短粗线表示投射方向。

视频：绘制剖面图

(5)剖面图的绘制

绘制剖面图的一般步骤：

①确定剖切平面的位置。为了更好地反映出形体的内部形状和结构，所取

的剖切平面应是投影面平行面,使断面的投影反映真形;剖切平面应尽量通过形体的孔、洞、槽等结构的轴线或对称面,使得它们由不可见变为可见,并表达得完整、清楚。

②画剖面剖切符号并进行标注。剖切平面的位置确定以后,在视图的相应位置画上剖切符号并进行编号,以方便下一步作图。

③画断面、剖开后剩余部分的轮廓线。按剖切平面的剖切位置,假想移去形体在剖切平面和观察者之间的部分,根据剩余部分的形体作出投影。

④画建筑材料图例。在断面轮廓线内画上建筑材料图例。

⑤省略不必要的虚线。剖视图中不可见的虚线投影,当配合其他图形已能表达清楚时,应该省略不画;如配合其他图形,省略后不能表达清楚,或会引起误解时,不可省略。

⑥标注剖面图名称。

2)断面图

(1)断面图的形成

假想用剖切平面将形体切开,仅画出剖切平面与形体接触部分即断面的形状,所得到的图形称为断面图,简称断面,如图 1-57 所示。断面图与剖面图一样,也是用来表达形体内部结构的。断面图常常用于表达建筑工程中梁、板、柱的某一部位的断面真形,也用于表达建筑形体的内部形状。

视频:绘制断面图

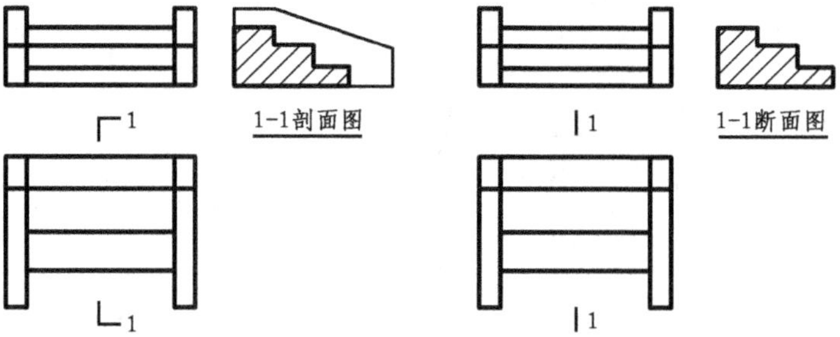

a)剖面图　　b)断面图

图 1-57　台阶的剖面图与断面图

(2)断面图的标注

①断面的剖切符号,只用剖切位置线表示,并以粗实线绘制,长度为 6 ~ 10mm。

②断面剖切符号的编号,宜采用阿拉伯数字,按顺序连续编排,并注写在剖切位置线的一侧,编号所在的一侧即为该断面的投射方向。

③断面图的正下方注写断面编号以表示图名,如 1-1 断面图、2-2 断面图等,如图 1-57、图 1-58所示。

④断面图的剖面线及材料图例的画法与剖面图相同。

由此可见,剖面图与断面图的区别在于:

①绘图范围不同。断面图只画出形体被剖开后断面的投影,是"面"的投影;而剖面图除应画出断面图形外,还应画出剩余部分形体的投影,是"体"的投影。如图 1-57、图 1-58 所示。

②剖切符号的标注不同。断面图的剖切符号只画出剖切位置线,不画投射方向线,用编号的书写位置来表示投射方向。

③剖切平面不同。剖面图中的剖切平面可转折,断面图中的剖切平面则不转折。

(3)断面图的种类

根据断面图在视图上的位置不同,可将断面图分为移出断面图、重合断面图和中断断面图。

①移出断面图

将形体某一部分剖切后所形成的断面图移画于主投影图的一侧,称为移出断面图。如图1-58c)所示为钢筋混凝土牛腿柱的正立面图和移出断面图。移出断面图一般应标注剖切位置、编号和断面名称,如图1-58的1-1、2-2断面所示。

移出断面宜画在剖切平面的延长线上或其他适当位置。移出断面图根据需要可用较大比例画出。

②重合断面图

将断面图直接画于投影图中,两者重合在一起的称为重合断面图,如图1-59所示为一角钢的重合断面。它是假想用一个垂直角钢长向棱线的剖切平面切开角钢,将断面向右旋转90°,使它与正立面图重合后画出来的。这种断面的轮廓线应画得粗些,以区别投影图;断面部分应画上相应的材料图例;视图上与重合断面轮廓线位置一致的原有轮廓线,不应断开,仍需完整地画出。这样的断面可以不加任何说明。

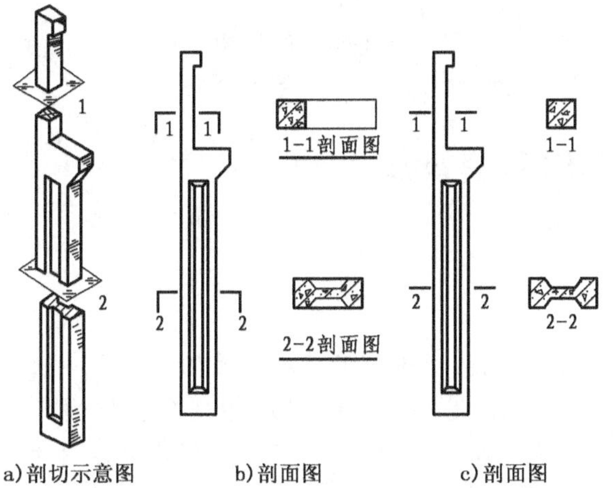

图1-58　钢筋混凝土牛腿柱剖面图与断面图

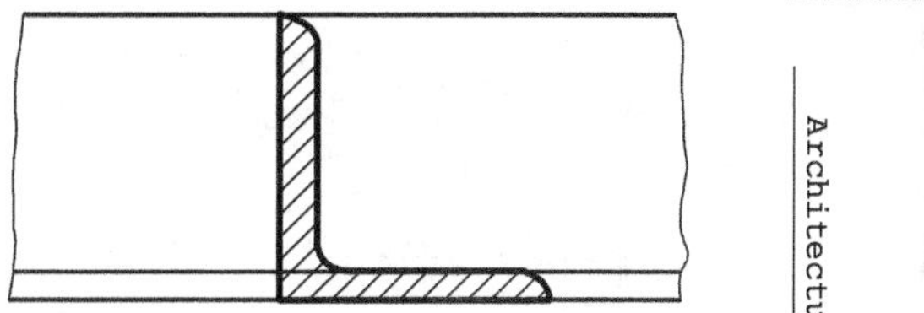

图1-59　角钢的重合断面图

图1-60为屋面结构的梁、板断面重合在结构平面图上的情况。它是用平行于侧面的剖切面剖开屋面,经旋转后重合在平面图上得到断面图。因梁、板断面图形较窄,不易画出材料图例,故以涂黑表示。图1-61为某墙壁装饰断面图。

③中断断面图

对于单一的长向构件,也可在杆件投影图的某一处用折断线断开,然后将断面图画于其中,这种绘制在视图轮廓线中断处的断面图称为中断断面图。这种断面图适合于表达等截面的细长杆件或长向构件,如图1-62所示为角钢的中断断面图。

画中断断面图时,原投影长度可缩短,但尺寸应完整地标注。这样的断面图一般不加任何说明。

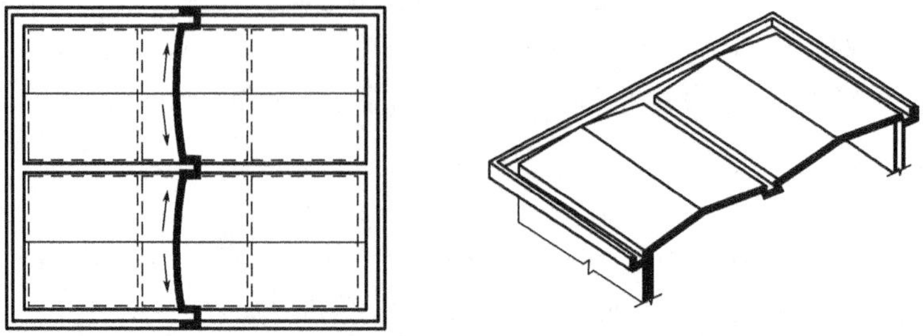

图 1-60　屋面结构的梁、板重合断面图

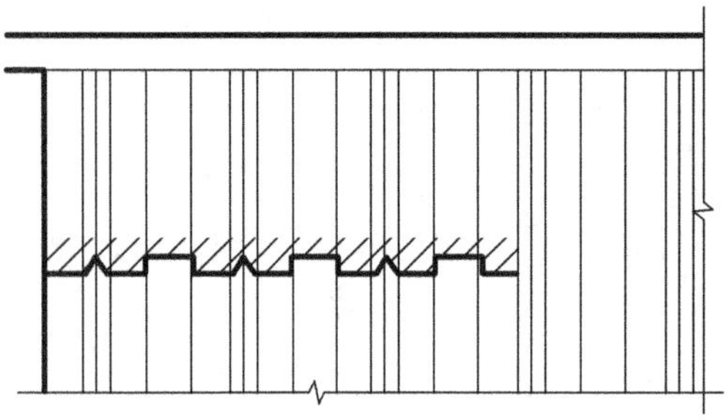

图 1-61　某墙壁装饰断面图

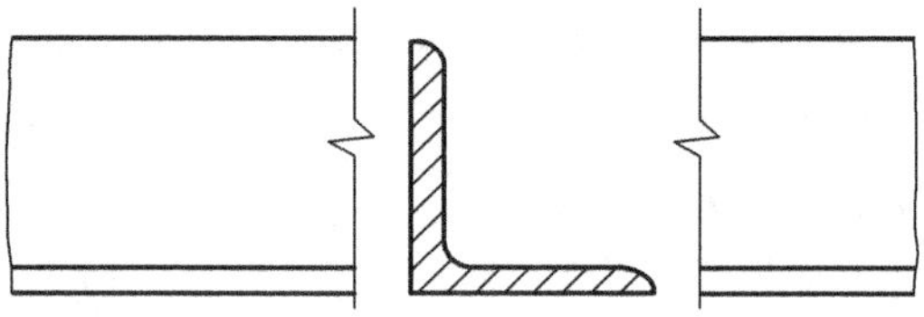

图 1-62　角钢的中断断面图

任务 1.3　初识房屋建筑施工图

【任务描述】

通过该任务的完成，能描述房屋建筑施工图的分类；能说出建筑施工图的组成及各组成图的形成与作用；能说出《房屋建筑制图统一标准》(GB/T 50001—2017)中定位轴线、标高、索引符号与详图符号、多层构造引出线等有关图示方法和有关规定，为下一章各构造详图的学习及后续建筑施工图与结构施工图识图的学习打下基础。

【能力目标】

(1)能说出房屋建筑施工图的种类、形成。

(2)能说出《房屋建筑制图统一标准》(GB/T 50001—2017)的基本规定。

【知识目标】

(1)明确房屋建筑施工图种类。

(2)理解建筑施工图各组成图的形成与作用。

(3)基本掌握《房屋建筑制图统一标准》(GB/T 50001—2017)的有关规定。

【学习性工作任务】

(1)描述房屋建筑施工图的内容和组成。

(2)补充完成建筑施工图有关图样内容。

习题：补绘建筑平面图

1.3.1 房屋建筑施工图的内容和组成

视频：建筑施工图组成及常用符号

建造一幢房屋要有施工图纸,根据房屋建筑简易或复杂程度,少则几张、十几张,多则几十张甚至上百张。一个建筑物从设计到施工要经过初步设计、技术设计及施工图绘制等阶段。而房屋建筑施工图则是土建工程各专业工种施工的依据,因此,从事建筑专业的各类人员必须掌握绘制施工图纸,熟悉和看懂施工图。

将一幢拟建房屋的内外形状和大小,以及各部分的结构、构造、装修、设备等内容,按照《房屋建筑制图统一标准》(GB/T 50001—2017)的规定,用投影法详细准确地画出的图样,称为房屋建筑图,它是用以指导施工的一套图纸,所以又称为房屋建筑施工图,简称房屋施工图。

在工作中要想看懂和画出房屋建筑施工图,首先需要了解房屋各部分的组成及作用、施工图各图的形成与作用。

1)房屋建筑施工图的内容和用途

一套完整的施工图应包括以下几方面内容:

(1)图纸目录

说明该项工程是由哪几个专业的图纸所组成,各专业图纸的名称、图号等,以便于查找图纸。

(2)设计总说明书

主要说明该项工程的概貌和总体要求。而对中、小型工程的总说明书一般放在建筑施工图内。

(3)建筑施工图(简称:建施)

主要表达建筑物的内外形状、尺寸、建筑构造、材料做法和施工要求等,包括:总平面图、建筑平面图、立面图、剖面图和建筑详图。

建筑施工图是房屋施工时定位放线,砌筑墙身,制作楼梯、安装门窗、固定设施以及室内外装饰的主要依据,也是编制工程预算和施工组织计划等的主要依据。

(4)结构施工图(简称:结施)

主要表达各种承重构件的平面布置,构件的类型、大小、做法以及其他专业对结构设计的要求等,包括结构说明书、基础图、结构平面图和构件详图。

结构施工图是房屋施工时开挖地基,制作构件,绑扎钢筋,设置预埋件,安装梁、板、柱等构件的主要依据,也是编制工程预算和施工组织计划等的主要依据。

(5)设备施工图(简称:设施)

设备施工图包括建筑给水排水施工图、采暖通风施工图、电气照明施工图。

建筑给水排水施工图:主要表达给水、排水管道的布置和设备安装。

建筑采暖通风施工图:主要表达供暖、通风管道的布置和设备安装。

建筑电气照明施工图：主要表达电气线路布置和接线原理图。

设备施工图是室内布置管道或线路，安装各种设备、配件或器具的主要依据，也是编制工程预算的主要依据。

一幢房屋全套施工图的编排，一般应为：图纸目录、施工总说明、总平面图、建筑施工图、结构施工图、给水排水施工图、采暖通风施工图、电气施工图等。

2）房屋建筑施工图的特点

房屋建筑施工图主要有以下特点：

（1）房屋建筑施工图中的各图样，除效果图、设备施工图中的管道系统图外，其余采用正投影原理绘制，因此，所绘图样符合正投影特性。

（2）由于房屋形体大而图纸幅面有限，所以房屋建筑施工图一般用缩小比例绘制；反映建筑物的细部构造及具体做法，常配有较大比例绘制的详图，并用文字和符号详细说明。

（3）许多构配件无法如实画出，需采用国标中规定的图例符号画出；图标中未作规定的，需自行设计，并加以说明。

3）阅读建筑施工图的一般方法

一幢房屋从施工到建成，需要有全套房屋建筑施工图作指导。阅读施工图时应按图纸目录顺序即总说明、建施、结施、设施的顺序看图，一般先整体后局部；先文字说明后图样；先基本图样后详图，先图形后尺寸等依次仔细阅读，并注意各专业图样之间的联系。

1.3.2 房屋建筑施工图中常用的符号及画法规定

房屋建筑施工图应按《房屋建筑制图统一标准》（GB/T 50001—2017）等标准的有关规定绘制。

视频：房屋建筑施工图常用符号

1）定位轴线及其编号

定位轴线是确定建筑物主要结构构件位置及其标志尺寸的基准线，同时是施工放线、砌筑墙身、浇筑梁柱、安装构件等的依据。用于平面时称平面定位轴线，用于竖向时称竖向定位轴线。

平面定位轴线的画法及编号：根据《房屋建筑制图统一标准》（GB/T 50001—2017）的规定，定位轴线应用细单点长画线绘制。定位轴线一般应编号，编号应注写在轴线端部的圆内，圆用细实线绘制，直径为 8～10mm。定位轴线圆的圆心，应在定位轴线的延长线上或延长线的折线上。平面图上定位轴线的编号，宜标注在图样的下方与左侧。横向编号应用阿拉伯数字，从左至右顺序编写，竖向编号应用大写拉丁字母，从下至上顺序编写，拉丁字母的 I、O、Z 不得用做轴线编号，如图 1-63 所示。

对非承重墙或次要承重构件，编写附加定位轴线。附加定位轴线的编号采用分数表示，分母表示前一轴线的编号；分子表示附加轴线编号，并用阿拉伯数字顺序注写，①轴或Ⓐ轴前的附加轴线分母以 01 或 0A 表示。如图 1-64 所示。

当一个详图适用几根定位轴线时，应同时注明各有关轴线的编号，通用详图的定位轴线，应只画圆，不注写定位轴线的编号，如图 1-65 所示。

2）标高符号

标高是标注建筑物高度方向的一种尺寸形式，可分为绝对标高和相对标高。以我国黄海平均海平面为基准面(标高零点),而得出的标高称为绝对标高。凡标高的基准面是根据工程需要而自行选定的,这类标高称为相对标高。在建筑上一般都用相对标高,即把房屋底层主要层间室内地坪定为相对标高的零点(±0.000)。

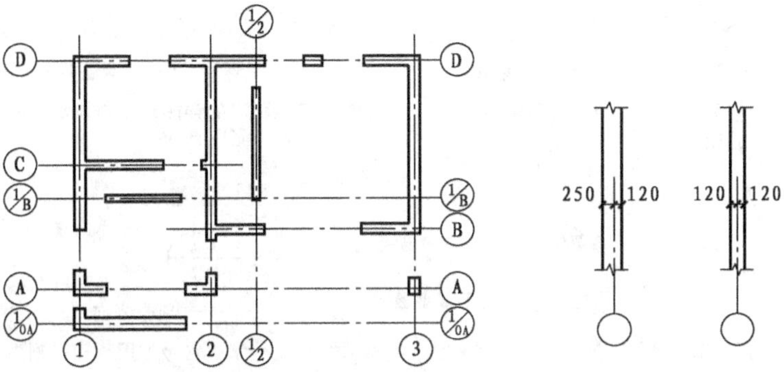

图 1-63 定位轴线的编号及顺序(尺寸单位:mm)

a)表示2号轴线后附加的第1根轴线　　b)表示A号轴线前附加的第1根轴线

图 1-64 附加定位轴线

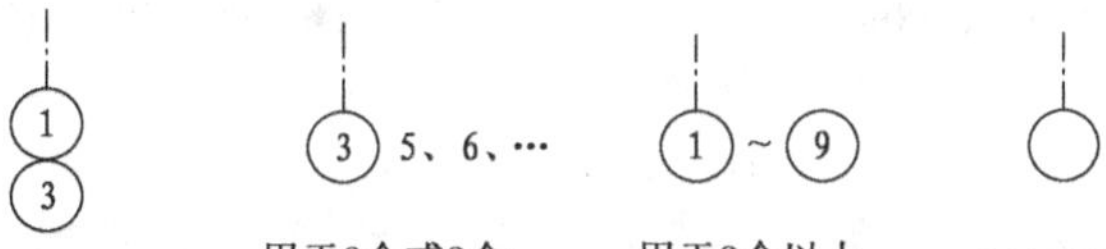

用于2个轴线　　用于3个或3个以上轴线　　用于3个以上连续编号的轴线　　通用详图

图 1-65 详图的轴线编号

标高符号应以直角等腰三角形表示,用细实线绘制。标高符号的尖端应指至被注高度的位置,标高数字应注写在标高符号的左侧或右侧,图 1-66 给出了不同情况下标高的标注。标高数字应以米为单位,注写到小数点以后第三位,在总平面图中可注写到小数点以后第二位。

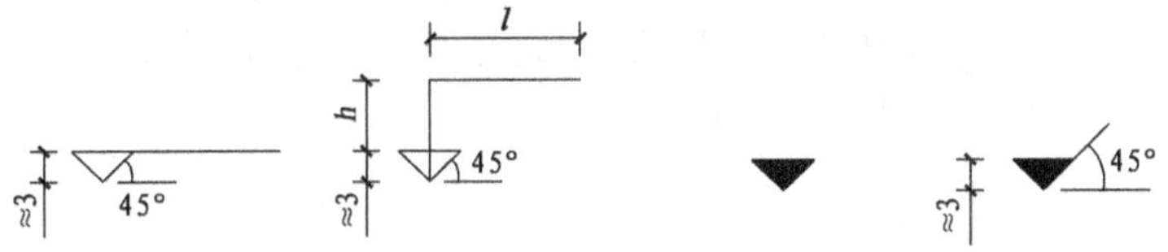

a)个体建筑标高符号　　b)总平面图室外地坪标高符号

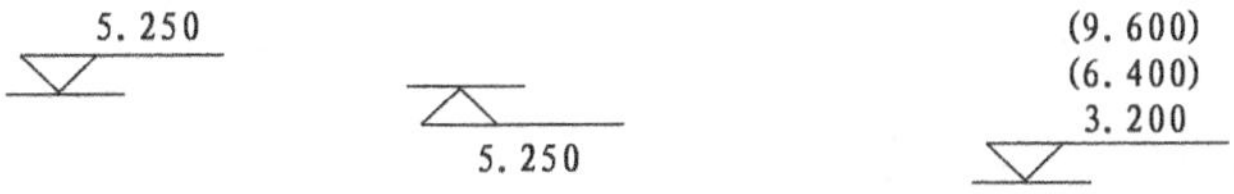

c)标高的指向　　d)同一位置标注多个标高符号

图 1-66 标高符号

3)索引符号和详图符号

图样中的某一局部或构件,如需另见详图,应以索引符号索引,索引符号是由直径为10mm 的圆和水平直径组成,圆及水平直径均应以细实线绘制,如图 1-67 所示。

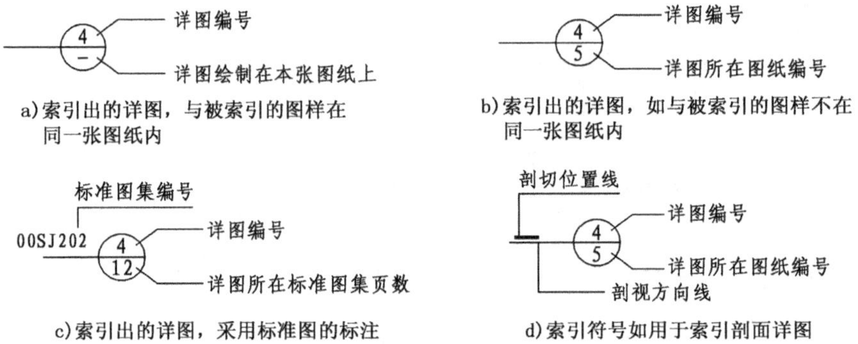

图 1-67 索引符号

详图的位置和编号,应以详图符号表示,详图符号为一直径 14mm 的粗实线圆,如图 1-68 所示。

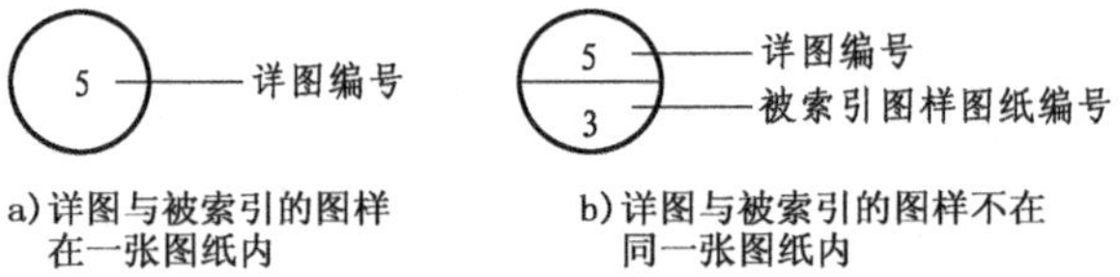

图 1-68 详图符号

4)多层构造引出线

引出线应以细实线绘制,采用水平方向直线、与水平方向成 30°、45°、60°、90°的直线。文字说明注写在横线的上方或横线的端部,如图 1-69 所示。

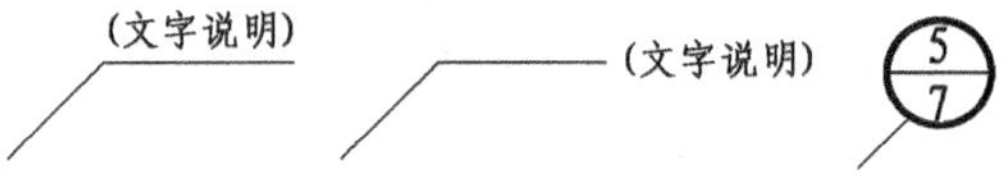

图 1-69 引出线

多层构造共用引出线,应通过被引出的各层,文字说明注写在横线的上方或横线的端部,说明的顺序应由上至下,并应与被说明的层次一致;如层次为横向排序,则由上至下的说明顺序应与由左至右的层次相一致,如图 1-70 所示。

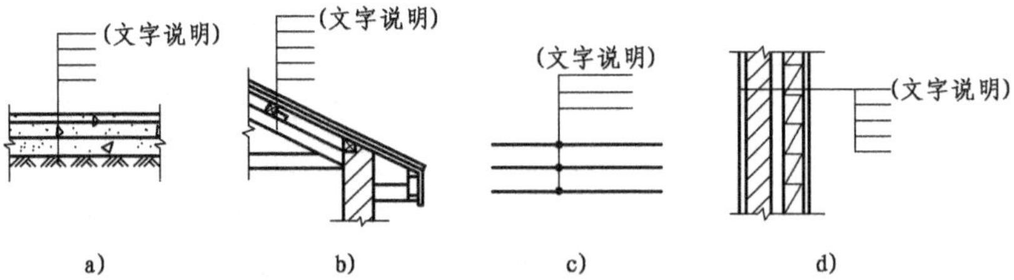

图 1-70 多层构造引出线

5)指北针与风向频率玫瑰图

总平面图用指北针或风向频率玫瑰图表示建筑物的朝向,指北针宜用细实线绘制,圆的直径宜为24mm，指北针的尾部宽度宜为3mm，如图1-71所示。风向频率玫瑰图中实线为全年风向玫瑰图，虚线为夏季风向玫瑰图。

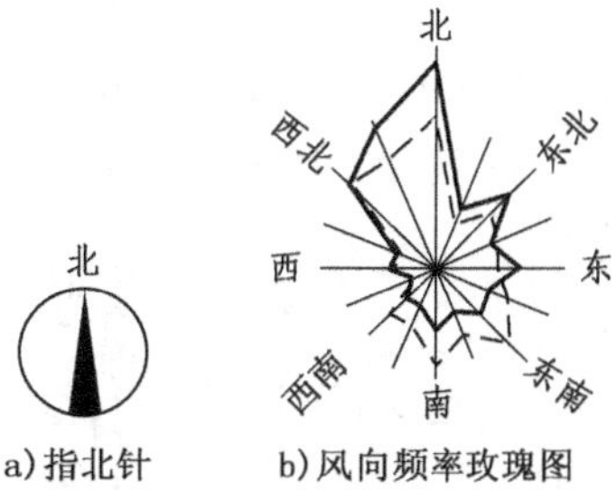

图1-71　指北针与风向频率玫瑰图

1.3.3　建筑施工图各图的形成与作用

1)总平面图和施工总说明

(1)施工总说明

施工总说明一般包括：工程概况、设计依据、结构类型、主要结构的施工方法，以及对图纸上未能详细注写的用料、做法或需统一说明的问题进行详细说明，构件使用或套用标准图的图集代号等。

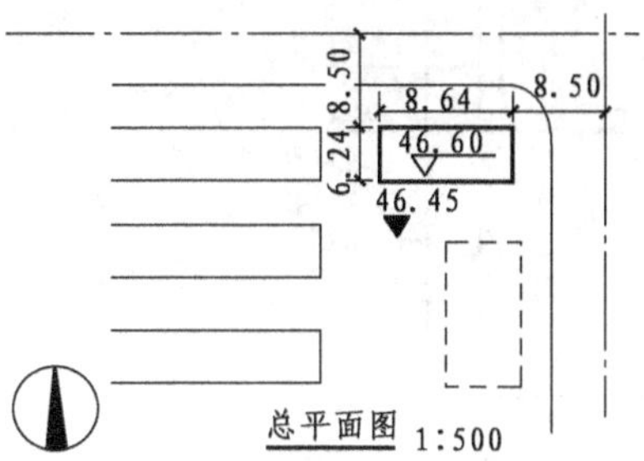

图1-72　总平面图1:500

(2)总平面图图示方法和用途

建筑总平面图是采用俯视投影的图示方法，绘制新建房屋所在基地范围内的地形、地貌、道路、建筑物、构筑物等的水平投影图，比例常用1:500、1:1000、1:2000，如图1-72所示。其用途有两个：

①反映新建、拟建工程的总体布局以及原有建筑物和构筑物的情况。

②是进行房屋定位、施工放线、填挖土方等的主要依据。

2)建筑平面图

建筑平面图是假想用一水平的剖切面沿门窗洞位置将房屋剖切后，对剖切面以下部分所作的水平投影图剖视图，比例常用1:50、1:100、1:200，如图1-73、图1-74所示。

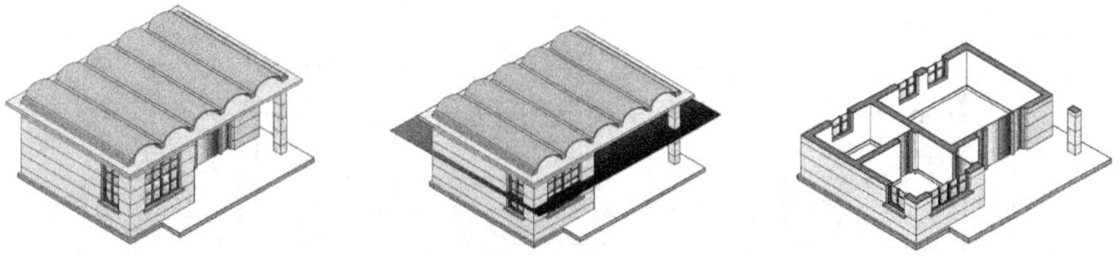
图1-73　平面图的形成示意图

对于多层建筑，原则上每一楼层均要绘制一个平面图，并在平面图下方注写图名(如底层平面图、二层平面图等)；若房屋某几层平面布置相同，可用同一平面图表示，并在图样下方注写相应的楼层图名(如三、四、五层平面图)。若房屋对称，可利用其对称性，在对称符号的两侧各画半个不同楼层平面图。

建筑平面图主要用于表达建筑物的平面形状、平面布置、墙身厚度、门窗的位置、尺寸大小及其他建筑构配件的布置。

建筑平面图是施工时定位放线、砌筑墙体、门窗安装、室内装修、编制预算、施工备料等的重要依据。

3)建筑立面图

建筑立面图是在与房屋立面相平行的投影面上投影所得到的正投影图，简称立面图，比例与平面图相同,常用1:50、1:100、1:200,如图1-75所示。建筑立面图的命名方法有:按朝向命名、按首尾定位轴线命名或按立面的主次命名。

建筑立面图是外墙面装饰、安装门窗的主要依据。

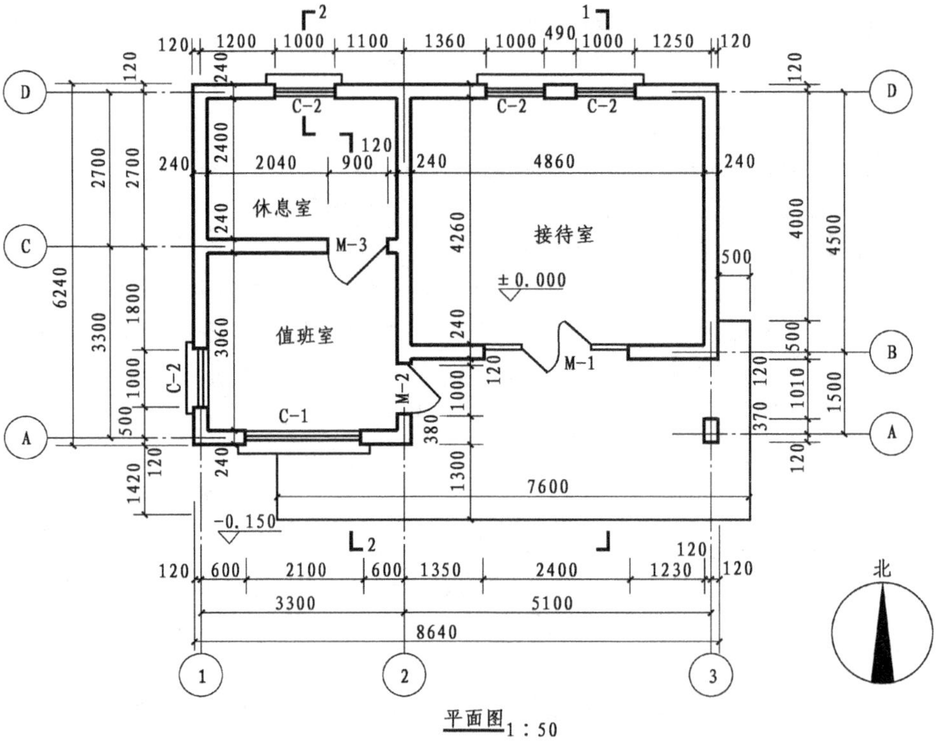

图1-74 传达室平面图1:50(尺寸单位:mm)

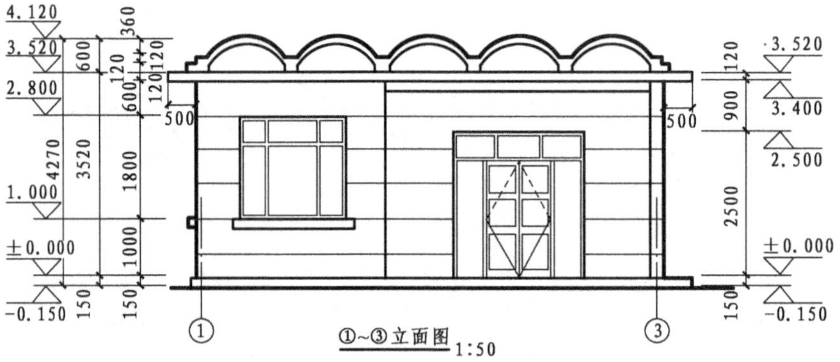

图1-75 传达室立面图1:50(尺寸单位:mm)

4)建筑剖面图

建筑剖面图是假想用一个或一个以上的铅垂剖切平面剖切建筑物,所绘制的剖面图称为建筑剖面图,简称剖面图,比例与平面图、立面图相同,常用1:50、1:100、1:200,如图1-76所示。

剖切位置一般选择在房屋构造比较复杂和典型的部位,如通过楼梯间梯段、门窗洞口等。剖切位置符号应在底层平面图中标出。

剖面图的名称应与建筑平面图中剖切编号相一致,如1-1剖面图、2-2剖面图、A-A剖面图等。如图 1-78 所示。

建筑剖面图主要用于表达房屋内部高度方向构件布置、上下分层情况、层高、门窗洞口高度,以及房屋内部的结构形式。

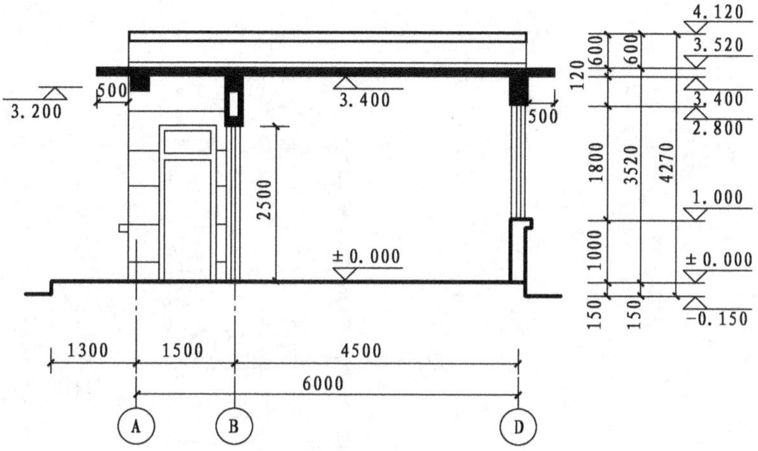

图 1-76 传达室剖面图 1:50(尺寸单位:mm)

5)建筑详图

建筑平面图、立面图、剖面图是建筑施工图中表达房屋的最基本的图样,由于其比例小,无法把所有详细内容表达清楚。建筑详图可以用较大比例详尽表达局部的详细构造,如形状、尺寸大小、材料和做法。也可以说,建筑详图是建筑平面图、立面图、剖面图的补充图样。

详图主要包括墙身详图、楼梯详图、门窗详图、室内固定设备布置(卫生间、厨房等)的详图等。另外,还有大量的建筑构配件采用了标准图集说明详图构造,在施工图中可以简化或用代号表示,而在施工中必须配合相应标准图集才能阅读清楚。

建筑详图应做到图形清晰、尺寸标注齐全、文字注释详尽,建筑详图绘制比例常用 1:1、1:2、1:5、1:10、1:20 等较大比例,如图 1-77、图 1-78 所示。

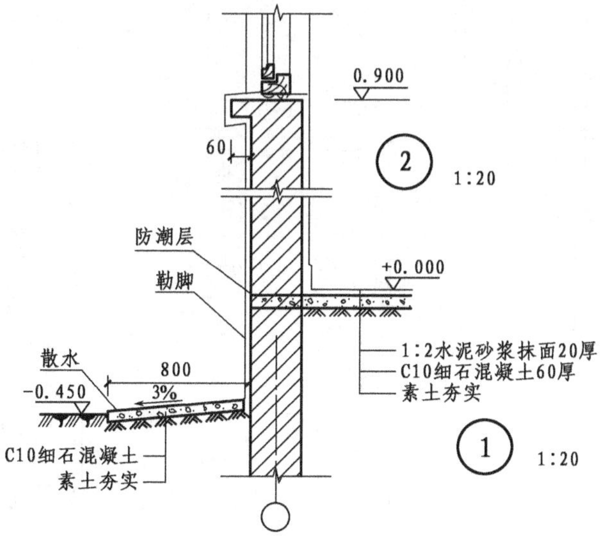

图 1-77 墙身节点详图 1:20(尺寸单位:mm)

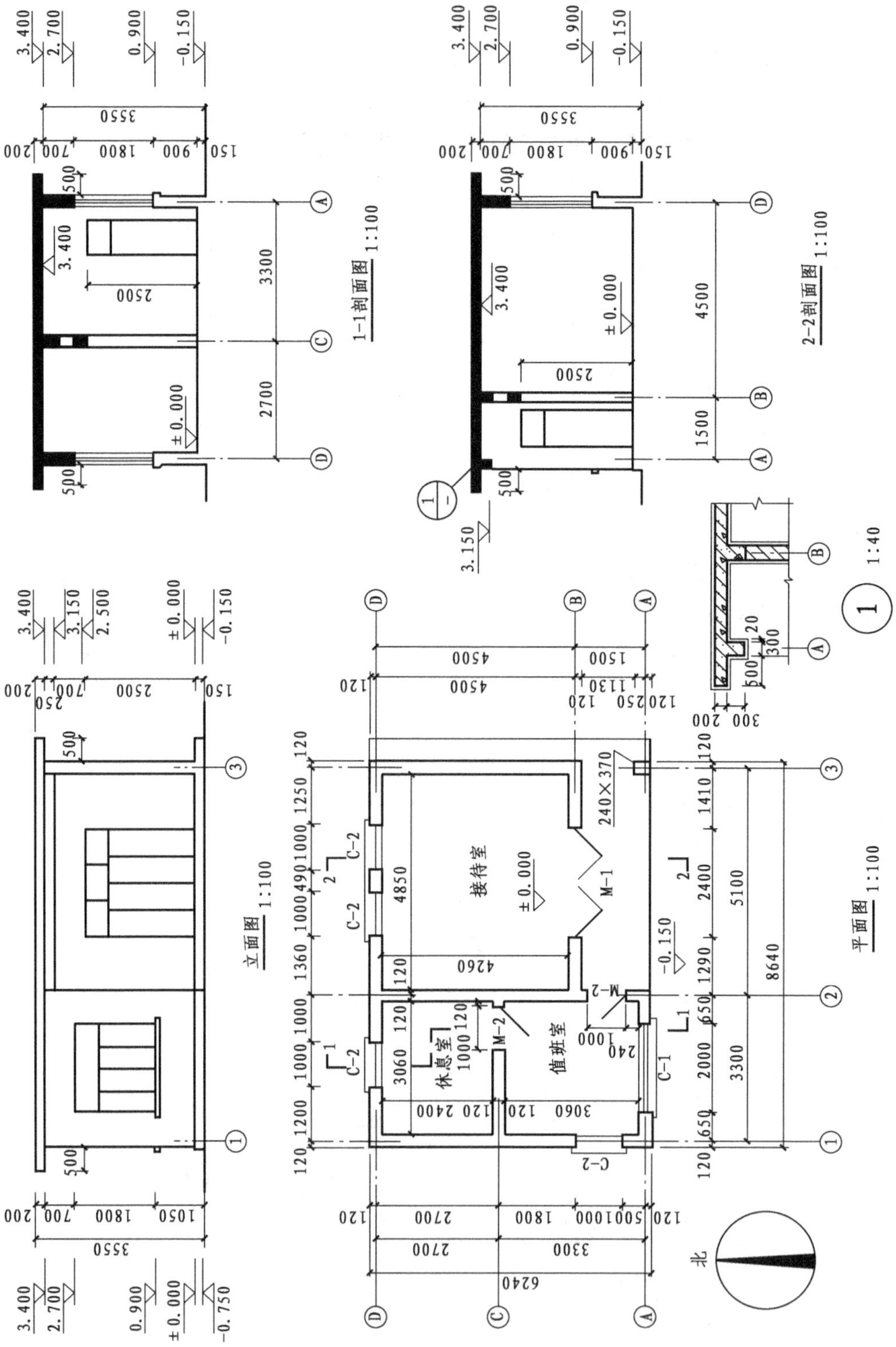

图1-78 某传达室建筑施工图（尺寸单位：mm）

项目2
建筑构造节点识图

【项目描述】

通过本项目学习，认识建筑物各建筑节点构造名称及作用，掌握建筑节点构造组成及常见构造做法，能正确设计和处理各建筑构造节点。

任务2.1　识读地下室防水防潮构造图

【任务描述】

(1)通过学习基础构造与绘制基础断面图，认识常见基础类型及基础构造做法，理解基础的图示方法。

(2)通过学习地下室防水防潮构造，认识地下室的类型、组成和构造要求，掌握地下室防水防潮构造做法。

【能力目标】

(1)能说出常见基础类型、基础构造处理方法；能绘制基础断面图。

(2)能说出地下室的类型及基本构造组成。

(3)能查阅相关规范。

(4)能识读和绘制地下室防水防潮构造图。

(5)能应用常见地下室防水防潮做法。

【知识目标】

(1)掌握地基与基础的概念、作用及设计要求，了解人工加固地基的方法；掌握基础埋深的概念及其影响因素；掌握基础的分类，熟悉基础的构造做法。

(2)认识常见地下室构造，熟悉地下室常见防水防潮形式，掌握防水防潮构造做法和构造处理。

【学习性工作任务】

(1)绘制基础断面图。

(2)识读和绘制地下室防水防潮构造图。

视频：地基和基础的概念与分类

2.1.1 基础与地基

基础是建筑物的墙或柱深入土中的扩大部分，是建筑物的一部分，它承受建筑物上部结构传来的全部荷载，并将这些荷载连同本身的自重一起传到地基上，地基因此而产生应力和应变。

地基是基础下部的土层，它不属于建筑物，地基承受建筑物荷载而产生的应力和应变是随着土层深度的增加而减小，在达到一定深度后就可以忽略不计。直接承受荷载的土层称为持力层，持力层以下的土层称为下卧层，如图2-1所示。

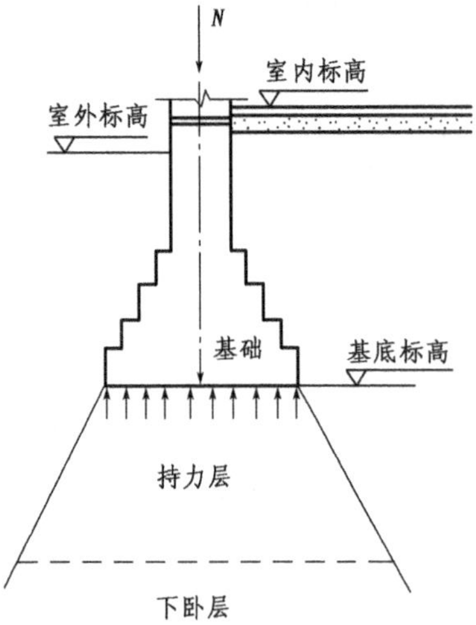

图2-1　基础与地基

2.1.2 地基的分类及要求

1)天然地基

凡具有足够的承载力和稳定性，不需经过人工加固，可直接在其上建造房屋的土层称为天然地基。岩石、碎石土、砂土、黏性土等，一般可作为天然地基。

2)人工地基

当土层的承载能力较低或虽然土层较好，但因上部荷载较大，必须对土层进行人工加固，以提高其承载能力，并满足变形的要求。这种经人工处理的土层，称为人工地基。

人工加固地基的方法有换填法、预压法、强夯法、振冲法(振冲法分为振冲密实法和振冲置换法)、深层搅拌法等。

3)地基与基础的要求

为保证建筑物的安全和正常使用，使基础工程做到安全可靠、经济合理、技术先进和便于施工，对地基和基础提出以下要求。

(1)对地基的要求

①地基应具有足够的强度和较低的压缩性。

②地基的承载力要均匀。

③地基应有较好的持力层和下卧层。

④应尽可能采用天然地基。

(2)对基础的要求

①基础应具有足够的强度和耐久性，以便有效地传递荷载和保证使用年限要求。

②基础属于隐蔽工程，要确保按设计图纸和验收规范施工和验收。

③经济要求。在选材上尽量就地取材，以降低工程造价。

2.1.3 基础的埋置深度及影响因素

1)基础的埋置深度

由室外设计地面到基础底面的垂直距离,称为基础的埋置深度,简称基础埋深,如图 2-2 所示。

基础根据埋深的不同可分为深基础和浅基础。当埋置深度大于 5m 的称为深基础,一般情况下埋深小于 5m 的为浅基础。基础埋深过浅,易受外界的影响而破坏,所以基础埋深一般不应小于 500mm。

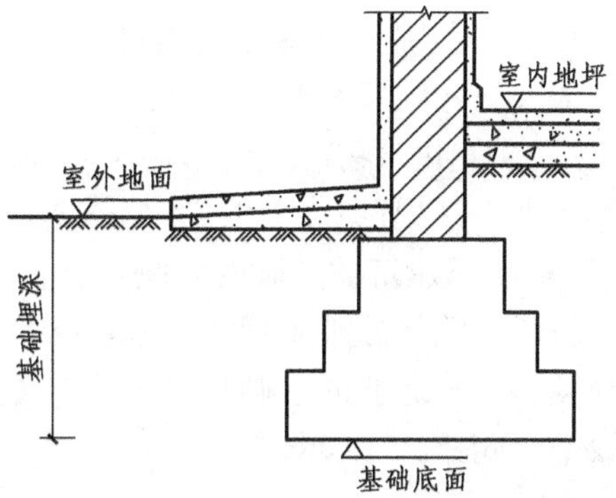

图 2-2 基础埋深

2)基础埋深的影响因素

基础埋深关系到地基是否可靠、施工难易、造价的高低。影响基础埋深的因素很多,其主要影响因素如下:

(1)建筑物的使用性质及上部荷载大小

当建筑物设置地下室、设备基础或地下设施时,基础埋深应满足其使用要求。高层建筑基础埋深随建筑高度增加适当增大,才能满足稳定性要求;荷载大小和性质也影响基础埋深,一般荷载较大时应加大埋深。

(2)土层构造情况

基础应建造在常年未经扰动而且坚实平坦的土层或岩石上,不能设置在承载力低、压缩性高的软弱土层上。地基土通常由多层土组成,直接支承基础的土层称为持力层,下部各层土为下卧层。在满足地基稳定和变形的前提下,基础应尽量浅埋。

(3)地下水位的影响

存在地下水时,在确定基础埋深时一般应尽量将基础埋于最高地下水位以上,这样可不需要进行特殊防水处理,降低造价。当地下水位较高,基础不能埋置在地下水位以上时,宜将基础埋置在全年最低地下水位以下,且不少于 200mm,如图 2-3 所示。

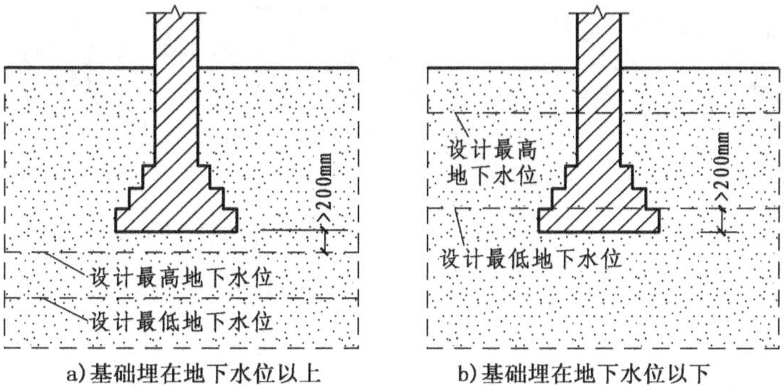

图 2-3 地下水位对基础埋深的影响

(4)冰冻深度的影响

冻结土与非冻结土的分界线称为冰冻线,冰冻线的深度为冻结深度。各地气候不同,低温持续时间不同,冰冻深度也不相同,如哈尔滨为2m,沈阳为1.5m,北京为0.85m。当冻土深度小于0.5m时,基础埋深不受其影响。

地基土冻结后对建筑物会产生不良影响,冻胀力将基础向上拱起,解冻后,基础又下沉,长年累月,会使建筑物产生变形甚至破坏。因此,一般要求基础埋置在冰冻线以下200mm,即置于不冻土中,以避免冻害发生,如图2-4所示。

(5)相邻建筑物基础的影响

新建建筑物的基础埋深不宜深于相邻的原有建筑物的基础,宜埋置在同一深度上,并设置沉降缝,若新建建筑基础比原有基础深时,两基础之间的水平距离应取两基础底面高差的1~2倍,如图2-5所示。

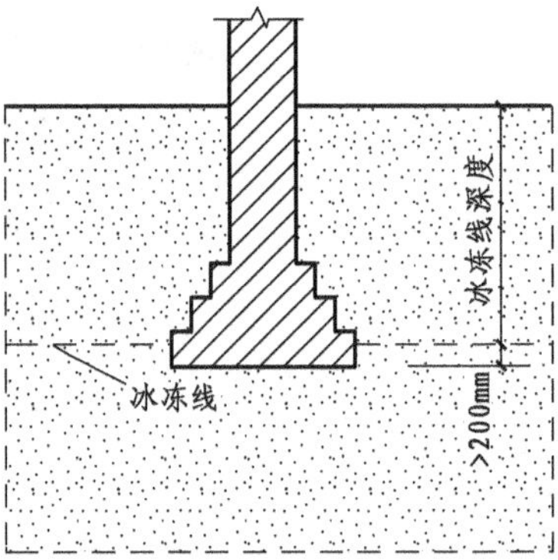

图2-4 冰冻深度对基础埋深的影响

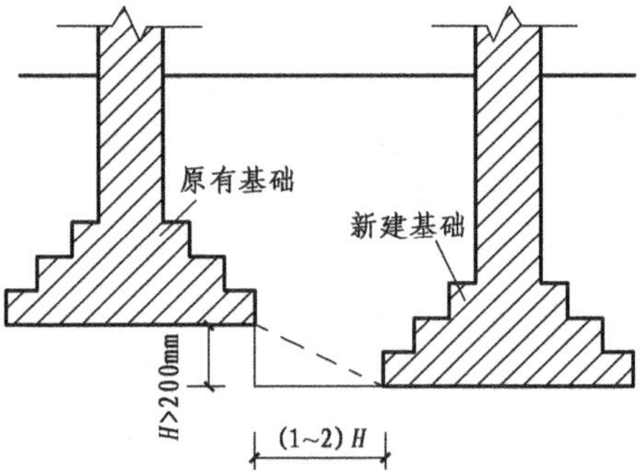

图2-5 相邻建筑物基础的影响

当不能满足上述要求时,应采取临时加固支撑、打板桩、地下连续墙或加固原有建筑物地基等措施,以保证原有建筑物的安全和正常使用。

2.1.4 基础的类型和构造

1)按构造形式分类

按构造形式分为条形基础、独立基础、井格基础、片筏基础、箱形基础和桩基础等。

(1)条形基础

条形基础是指基础长度远远大于宽度的一种基础形式。按上部结构分为墙下条形基础和柱下条形基础,如图2-6所示。

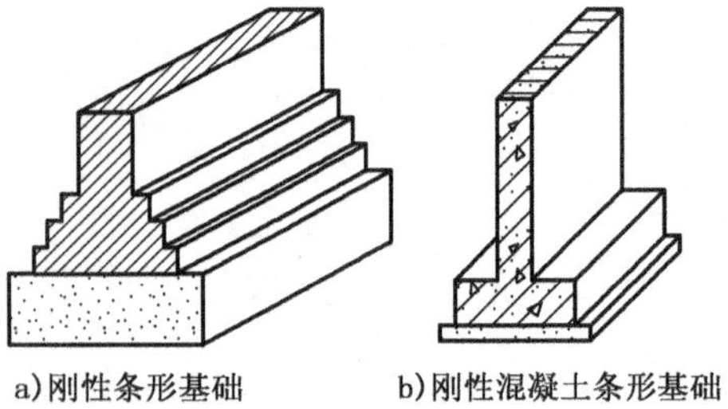

图2-6 条形基础

(2)独立基础

当建筑物上部结构为梁、柱构成的框架、排架及其他类似结构时,其基础常采用方形或矩形的单独基础,称独立基础。独立基础的形式有阶梯形、锥形、杯形等,如图2-7所示。

(3)井格基础

当建筑物上部荷载不均匀,地基条件较差时,为了提高建筑物的整体性,防止柱子间产生不均匀沉降,常将柱下基础纵横相连组成井字格状,称井格基础,如图2-8所示。

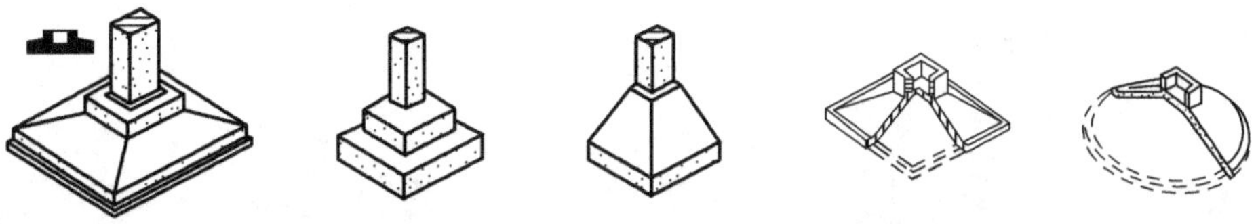

a)独立式杯形基础 b)独立式阶梯形基础 c)独立式锥形基础 d)独立式折壳基础 e)独立式圆锥壳基础

图 2-7 独立基础

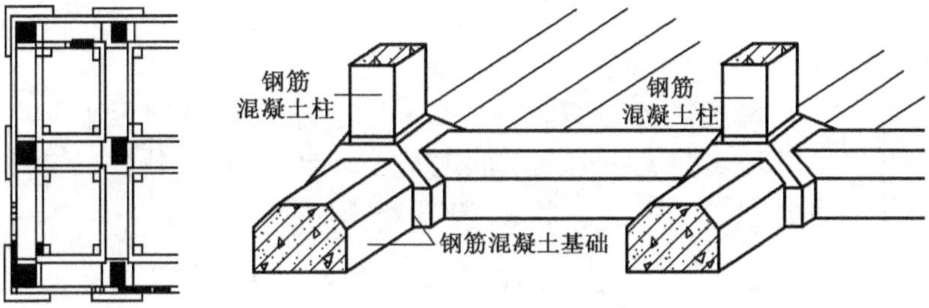

图 2-8 井格基础

(4)片筏基础

当建筑物上部荷载很大或地基的承载力很小时,可由整片的钢筋混凝土板承受整个建筑的荷载并传给地基,这种基础形似筏子,故称片筏基础,也称满堂基础。其形式有梁板式和板式两种,如图 2-9 所示。

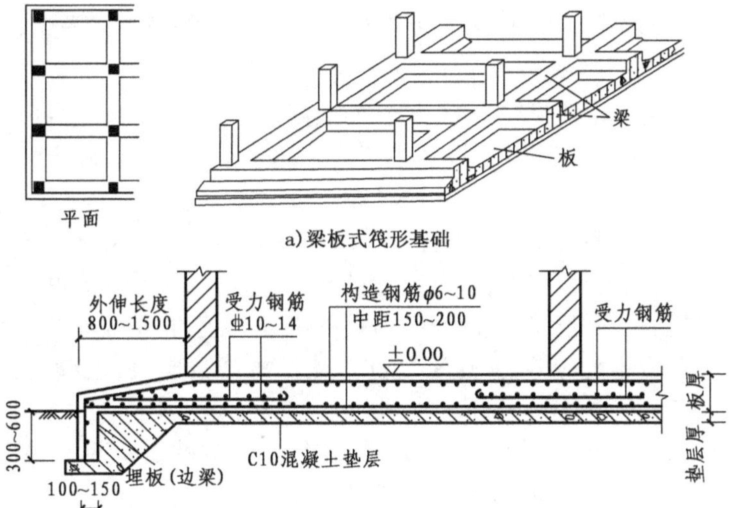

图 2-9 筏形基础(尺寸单位:mm)

(5)箱形基础

当钢筋混凝土基础埋置深度较大,为了增加建筑物的整体刚度,有效抵抗地基的不均匀沉降,常采用由钢筋混凝土底板、顶板和若干纵横墙组成的箱形整体来作为房屋的基础,这种基础称为箱形基础,如图 2-10 所示。

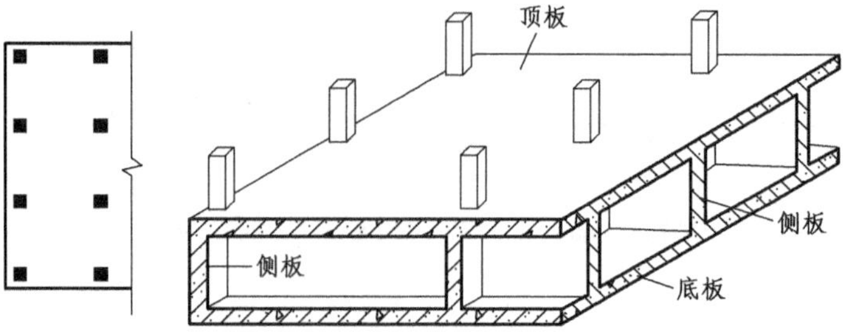

图 2-10　箱形基础

(6)桩基础

桩基础是常用的一种深基础,当地基浅层土质不良,采用浅基础无法满足结构物地基强度、变形及稳定性方面的要求,且又不适宜采取地基处理措施时,往往需要考虑桩基础。它由若干个沉入土中的桩和连接桩顶的承台组成,如图 2-11 所示。

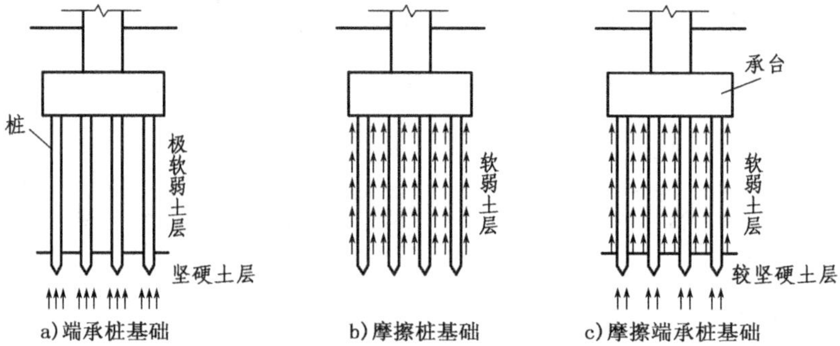

图 2-11　桩基础

承台是在桩顶现浇的钢筋混凝土梁或板,如上部结构是砖墙时为承台梁,上部结构是钢筋混凝土柱时为承台板,承台的厚度一般不小于 300mm,由结构计算确定,桩顶嵌入承台不小于 50mm。

桩基按受力状态可分为端承桩和摩擦桩。端承桩是将柱状的桩通过打压穿过软弱土层,将桩端直接支承在坚硬的岩石层上,所以这种桩又称为柱桩,这种桩适用于坚硬土层较浅、荷载较大的工程。当软弱土层很厚,坚硬土层离基础底面很远时,桩是借助土的挤实,利用土与桩的表面摩擦力来支承建筑荷载的,这种桩称为摩擦桩或挤实桩,这种桩适用于坚硬土层较深、总荷载较小的工程,如图 2-11 所示。

桩按材料分有木桩、钢桩、钢筋混凝土桩等,我国采用最多的为钢筋混凝土桩。钢筋混凝土桩按施工方法可分为预制桩、灌注桩和爆扩桩。

2)按材料分类

按材料分为砖基础、毛石基础、混凝土基础、毛石混凝土基础、灰土基础和钢筋混凝土基础等。

由砖、毛石、混凝土或毛石混凝土、灰土和三合土等材料制成的墙下条形基础或柱下独立基础又称为无筋扩展基础(刚性基础),适用于低层和多层民用建筑。

由钢筋混凝土制成的柱下独立基础和墙下条形基础称为扩展基础,多用于地基承载力差、荷载较大、地下水位较高等条件下的大中型建筑。

3)按基础的受力特点分类

按基础的受力特点分类可分为刚性基础和柔性基础。

(1)刚性基础(无筋扩展基础)

凡是由刚性材料建造、受刚性角(即基础台阶高宽比)限制的基础,称为刚性基础,其受力传力特点如图2-12所示。刚性材料一般是指抗压强度高、抗拉和抗剪强度较低的材料。如砖、石、混凝土、灰土等材料建造的基础,属于刚性基础。材料不同,其刚性角不同,即基础台阶允许的高宽比也不同。

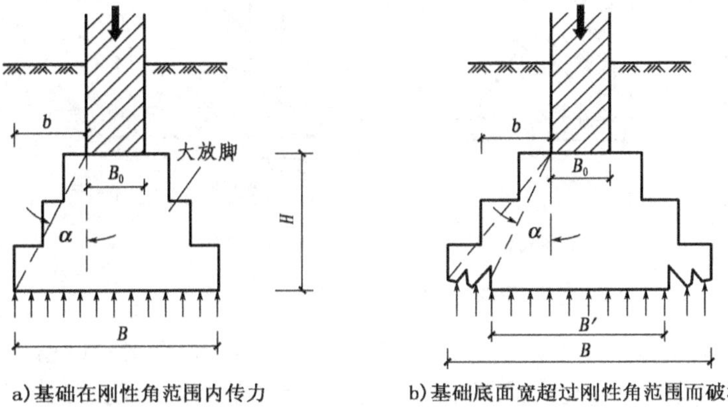

图2-12 刚性基础的受力、传力特点

刚性基础中的压力分布角,称为刚性角。$\tan\alpha = b/H$,α为压力分布角。在设计中,应尽力使基础大放脚与基础材料的刚性角相一致,以确保基础底面不产生拉应力,最大限度地节约基础材料。构造上通过限制刚性基础宽高比,来满足刚性角的要求。常用材料刚性角取值见表2-1。

无筋扩展基础台阶宽高比的允许值 表2-1

基础材料	质量要求	台阶宽高比的允许值		
		$p_k \leqslant 100$	$100 < p_k \leqslant 200$	$200 < p_k \leqslant 300$
混凝土基础	C15 混凝土	1:1.00	1:1.00	1:1.25
毛石混凝土基础	C15 混凝土	1:1.00	1:1.25	1:1.50
砖基础	砖不低于MU10、砂浆不低于M5	1:1.50	1:1.50	1:1.50
毛石基础	砂浆不低于M5	1:1.25	1:1.50	—
灰土基础	体积比为3:7或2:8的灰土,其最小干密度: 粉土1.55t/m^3 粉质黏土1.50t/m^3 黏土1.45t/m^3	1:1.25	1:1.50	—
三合土基础	体积比1:2:4~1:3:6(石灰:砂:骨料),每层约虚铺220mm,夯至150mm	1:1.50	1:2.00	—

注:1. p_k为荷载效应标准组合基础底面处的平均压力值(kPa)。

2. 阶梯形毛石基础的每阶伸出宽度,不宜大于200mm。

3. 当基础由不同材料叠合组成时,应对接触部分作抗压验算。

4. 基础底面处的平均压力值超过300kPa的混凝土基础,尚应进行抗剪验算。

①砖基础。砖基础断面一般都做成阶梯形，这个阶梯形通常称为大放脚。大放脚从垫层上开始砌筑，其台阶宽高比允许值为 $b/h \leqslant 1/1.5$。为保证大放脚的刚度，应为“二皮一收”（等高式）或“二皮一收”与“一皮一收”相间（间隔式），但其最底下一级必须用二皮砖厚，如图2-13所示。

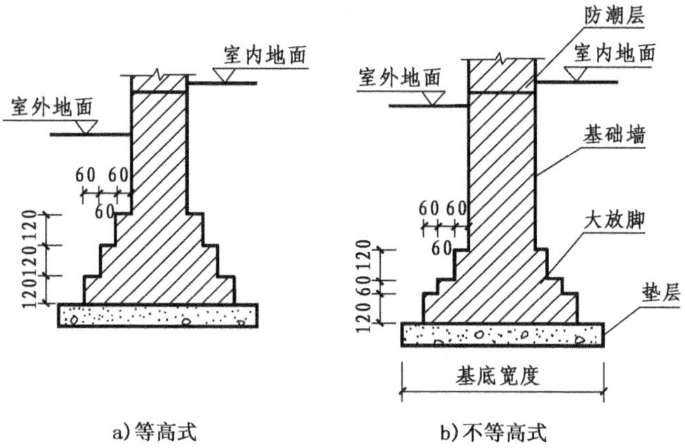

图 2-13　砖基础（尺寸单位：mm）

②毛石基础。毛石基础断面形式一般为阶梯形，其台阶宽高比允许值为 $b/h \leqslant 1/1.5$。为了便于砌筑和保证砌筑质量，基础顶部宽度不宜小于500mm，且要比墙或柱每边宽出100mm。每个台阶的高度不宜小于400mm，退台宽度不应大于200mm。当基础底面宽度小于700mm时，毛石基础应做成矩形截面，如图2-14所示。

③灰土基础。灰土是用经过消解后的石灰粉和黏性土按一定比例加适量的水拌和夯实而成。其配合比为3:7或2:8，一般采用3:7，即3分石灰粉，7分黏性土（体积比），通常称“三七灰土”，如图2-15所示。

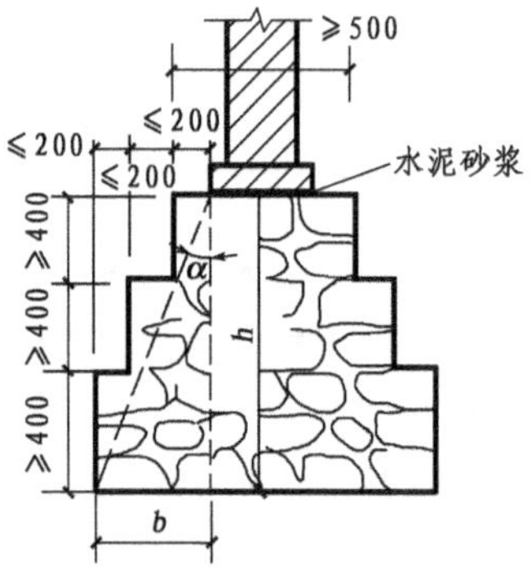

图 2-14　毛石基础（尺寸单位：mm）

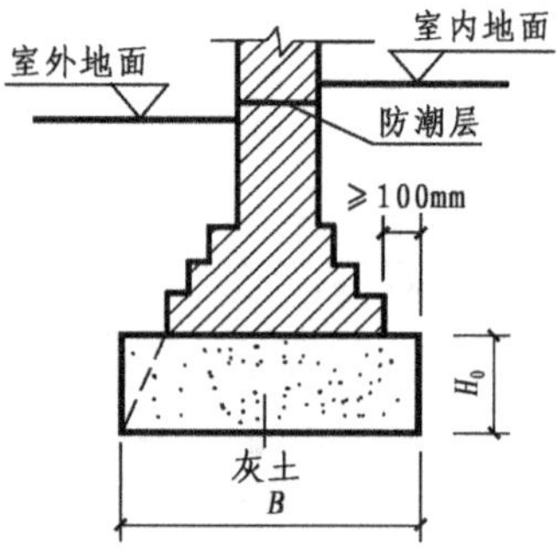

图 2-15　灰土基础

④三合土基础。在砖基础下用石灰、砂、骨料（碎砖、碎石或矿渣）组成的三合土做垫层，形成三合土基础。这种基础具有施工简单、造价低廉的优点。但其强度较低，只适用于四层及四层以下的建筑，且基础应埋置在地下水位以上，如图2-16所示。

⑤混凝土和毛石混凝土基础。这种基础多采用C15或C20混凝土浇筑而成，它坚固耐久、抗水、抗冰，多用于地下水位较高或有冰冻情况的建筑。它的断面形式和有关尺寸，除满足

刚性角外，不受材料规格限制，按结构计算确定。其基本形式有梯形、阶梯形等，如图 2-17 所示。

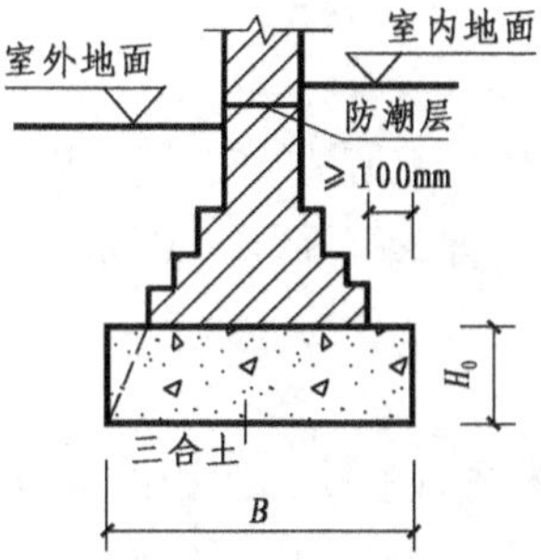

图 2-16　三合土基础

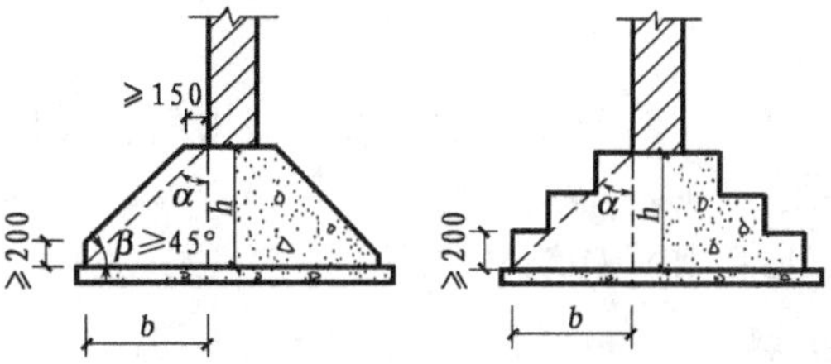

a) 梯形　　b) 阶梯形

图 2-17　混凝土基础（尺寸单位：mm）

（2）柔性基础（扩展基础）

柔性基础主要是指钢筋混凝土基础，它是在混凝土基础的底部配以钢筋，利用钢筋来抵抗拉应力，使基础底部能够承受较大的弯矩。这种基础不受材料刚性角的限制，故称为柔性基础。柔性基础属受弯构件，混凝土的强度等级不宜低于 C20，钢筋需进行计算求得，但受力筋直径不宜小于 10mm，间距不宜大于 200mm，也不宜小于 100mm。当用等级较低的混凝土作垫层时，为使基础底面受力均匀，垫层厚度一般为 80 ~ 100mm。为保护基础钢筋，当有垫层时，保护层厚度不宜小于 40mm，不设垫层时，保护层厚度不宜小于 70mm，如图 2-18 所示。

2.1.5　地下室

在建筑物首层下面的房间叫做地下室。它是在限定的占地面积中争取到的使用空间。在城市用地比较紧张的情况下，把建筑向上下两个空间发展，是提高土地利用率的手段之一，如图 2-19 所示。

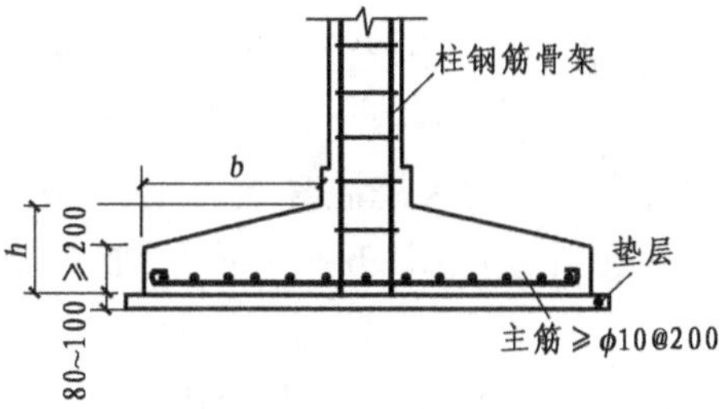

图 2-18　柔性基础（尺寸单位：mm）

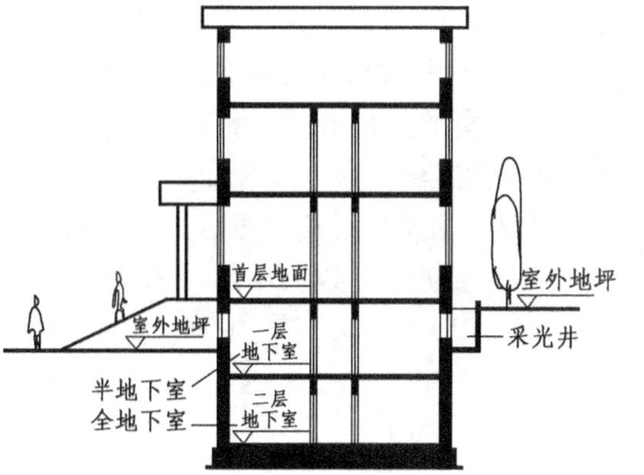

图 2-19　地下室示意图

1）地下室的类型

地下室按使用功能可分为普通地下室和人防地下室，按埋置深度可分为全地下室和半地下室，按结构材料可分为砖混结构地下室和钢筋混凝土地下室等。

全地下室是指地下室地面低于室外地坪的高度超过该房间净高的 1/2；半地下室是指地

下室地面低于室外地坪的高度超过该房间净高的1/3,但不超过净高的1/2。

2)地下室的构造组成

地下室一般由墙体、顶板、底板、门窗和楼梯五大部分组成。

(1)墙体

地下室的外墙应按挡土墙设计,如用钢筋混凝土或素混凝土墙,应按计算确定,其最小厚度除应满足结构要求外,还应满足抗渗厚度的要求。其最小厚度不低于300mm,外墙应作防潮或防水处理,如用砖墙其厚度不小于490mm。

(2)顶板

可用预制板、现浇板或者预制板上作现浇层(装配整体式楼板)。如为防空地下室,必须采用现浇板,并按有关规定决定厚度和混凝土强度等级,在无采暖的地下室顶板上,即首层地板处应设置保温层,以利首层房间的使用舒适。

(3)底板

底板处于最高地下水位以上,并且无压力产生作用的可能时,可按一般地面工程处理,即垫层上现浇混凝土60~80mm厚,再做面层;如底板处于最高地下水位以下时,底板不仅承受上部垂直荷载,还承受地下水的浮力荷载,因此应采用钢筋混凝土底板,并双层配筋,底板下垫层上还应设置防水层,以防渗漏。

(4)门窗

普通地下室的门窗与地上房间门窗相同,地下室外窗如在室外地坪以下时,应设置采光井和防护篦,以利室内采光、通风和室外行走安全。防空地下室一般不允许设窗,如需开窗,应设置战时堵严措施。防空地下室的外门应按防空等级要求,设置相应的防护构造。

(5)楼梯

可与地面上房间结合设置,层高小或用做辅助房间的地下室,可设置单跑楼梯,防空要求的地下室至少要设置两部楼梯通向地面的安全出口,并且必须有一个是独立的安全出口。这个安全出口周围不得有较高建筑物,以防空袭倒塌堵塞出口影响疏散。

3)地下室采光井构造

地下室的外窗处,可按其与室外地面的高差情况设置采光井。采光井可以单独设置,也可以联合设置,视外窗的间距而定。

采光井由侧墙、底板和防护篦组成。侧墙可用砖砌,底板多为现浇混凝土。底板面应比窗台低250~300mm,以防雨水溅入和倒灌。井底部抹灰应向外侧倾斜,并在井底低处设置排水管,如图2-20所示。

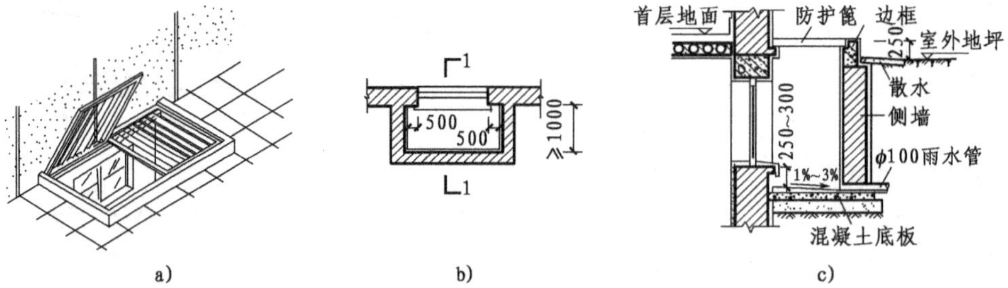

图2-20　地下室采光井(尺寸单位:mm)

2.1.6 地下室防水防潮构造

1)地下室防潮

当地下室周围土层为强透水性的土,设计最高地下水位低于地下室底板,且无形成上层滞水可能时,地下室底板和外墙可以做防潮处理,地下室防潮只适用于防无压水,如图 2-21a)所示。

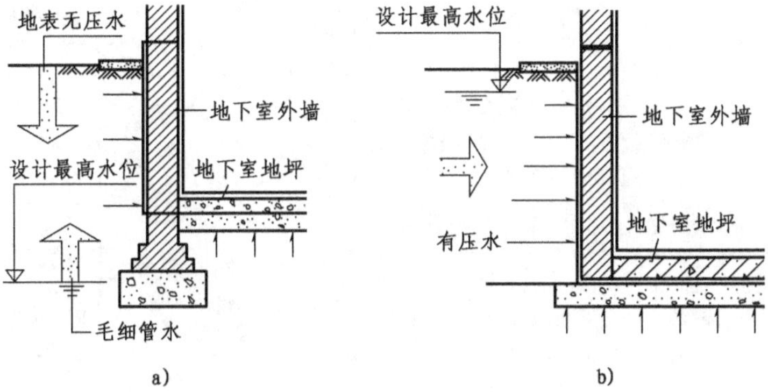

图 2-21 地下室防水、防潮与地下水位的关系

视频：地下室防潮

地下室防潮的构造要求:砖墙体必须采用水泥砂浆砌筑,灰缝必须饱满;在外墙外侧设垂直防潮层,防潮层做法一般为 1:2.5 水泥砂浆找平、刷冷底子油一道、热沥青两道,防潮层做至室外散水处,然后在防潮层外侧回填低渗透性土壤如黏土、灰土等,并逐层夯实,底宽 500mm 左右。此外,地下室所有墙体,必须设两道水平防潮层,一道设在底层地坪附近,一般设置在结构层之间。另一道设在室外地面散水以上 150 ~ 200mm 的位置。构造做法如图 2-22 所示。

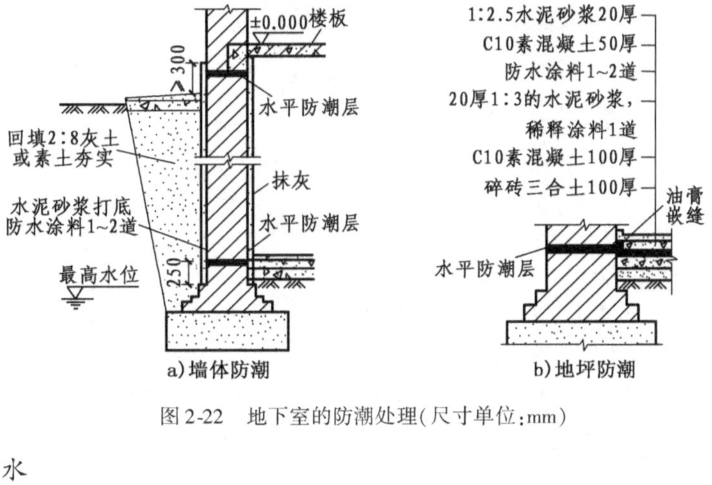

图 2-22 地下室的防潮处理(尺寸单位:mm)

2)地下室防水

当设计最高地下水位高于地下室底板,或地下室周围土层属弱透水性土存在滞水可能,应采取防水措施,如图 2-21b)所示。

(1)地下室防水等级

地下室防水工程分为四个等级,各地下工程的防水方案应根据工程的重要性和使用要求按表 2-2 选定。

视频：地下室防水

地下室防水工程设防表 表 2-2

防水等级	适用范围	标准	设防做法	选择要求
一级	人员长期停留的场所；因有少量湿渍会使物品变质、失效的储物场所及严重影响设备正常运转和危及工程安全运营的部位；极重要的战备工程	不允许漏水，结构表面无湿渍	多道设防，其中应有一道钢筋混凝土结构自防水和一道柔性防水，其他各道可采取其他防水措施	1. 自防水钢筋混凝土 2. 优先选用合成高分子卷材（一般三道或以上） 3. 增加其他防水措施，如架空层或夹壁墙等
二级	人员经常活动的场所；在有少量湿渍的情况下不会使物品变质、失效的储物场所及基本不影响设备正常运转和工程安全运营的部位；重要战备工程	不允许漏水结构表面有少量湿渍；工业与民用建筑总湿渍面积不应大于总防水面积（包括顶板、墙面、地面）的 1/1000；任意 $100m^2$ 防水面积上的湿渍不超过 1 处，单个湿渍面积不大于 $0.1m^2$；其他地下工程总湿渍面积不应大于总防水面积的 6/1000；任意 $100m^2$ 防水面积上的湿渍不超过 4 处，单个湿渍面积不大于 $0.2m^2$	两道设防，一般为一道钢筋混凝土结构自防水和一道柔性防水	1. 自防水钢筋混凝土 2. 合成高分子卷材一层，或高聚物改性沥青防水卷材
三级	人员临时活动场所，一般战备工程	有少量漏水点，不得有线流和漏泥砂；任意 $100m^2$ 的防水面积上的漏水点数不超过 7 处，单个漏水点的最大漏水量不大于 $2.5L/(m^2 \cdot d)$，单个湿渍面积不大于 $0.3m^2$	可采用一道设防或两道设防；也可对结构做抗水处理，外做一道柔性防水层	合成高分子卷材一层或高聚物改性沥青防水卷材
四级	对漏水无严格要求的工程	有漏水点，不得有线流和漏泥砂；整个工程平均漏水量不大于 $2L/(m^2 \cdot d)$，任意 $100m^2$ 防水面积上的平均漏水量不大于 $4L/(m^2 \cdot d)$	一道设防，也可做一道外防水层	高聚物改性沥青防水卷材

（2）地下室防水

目前我国地下工程防水常用的措施有卷材防水、混凝土构件自防水、涂料防水、塑料防水板防水、金属防水层等。选用何种材料防水，应根据地下室的使用功能、结构形式、环境条件等因素合理确定。一般处于侵蚀介质中的工程，应采用耐腐蚀的防水混凝土、防水砂浆或卷材、涂料；结构刚度较差或受振动影响的工程，应采用卷材、涂料等柔性防水材料。

①卷材防水

卷材防水按防水层位置不同分为外防水和内防水。

卷材铺贴在地下室外墙外表面（即迎水面）的做法称为外防水（又称外包防水）。

将防水卷材铺贴在地下室外墙内表面（即背水面）的做法称为内防水（又称内包防水）。

内包防水方案对防水不太有利，但施工简便，易于维修，多用于修缮工程。一般多采用外防水。

卷材外防水构造做法：

底板：浇筑混凝土垫层，在垫层上抹 20～30mm 厚水泥砂浆找平层，粘贴卷材防水层，在防水层上抹 20～30mm 厚水泥砂浆保护层，再在保护层上浇筑钢筋混凝土板。

墙体：先在外墙外侧抹 20mm 厚 1∶3 水泥砂浆，并刷冷底子油一道，然后粘贴卷材防水层。在垂直防水层外侧砌半砖厚保护墙。保护墙下应干铺油毡一层，并沿保护墙长度方向每隔 8～10m 设垂直通缝，以便使保护墙在水压、土压作用下，能紧贴防水层。垂直防水层和保护墙要做到散水处，邻近保护墙 500mm 范围内的回填土，应选用弱透水性土，并逐层夯实，如图 2-23 所示。

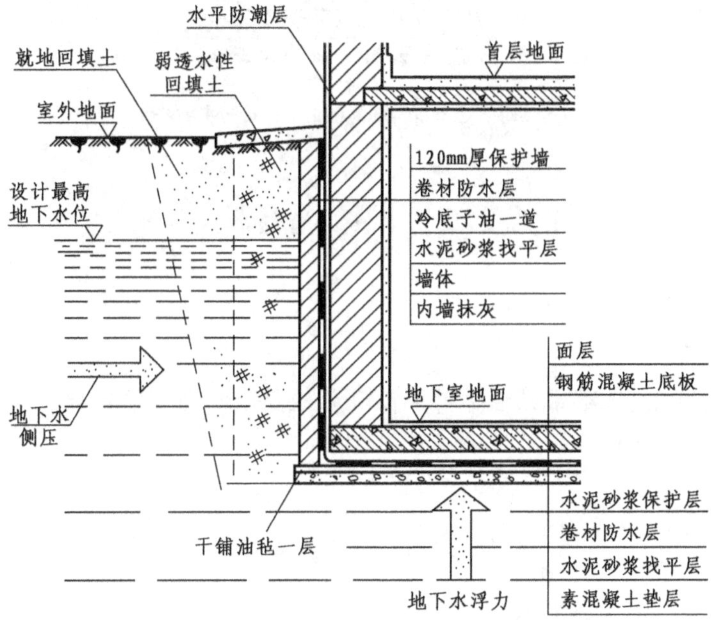

图 2-23　地下室卷材外防水做法

②混凝土防水（刚性防水）

当地下室的墙和底板均采用钢筋混凝土时，通过调整混凝土的配合比或在混凝土中掺入外加剂等手段，改善混凝土的密实性，提高混凝土的抗渗性能，使得地下室结构构件的承重、围护、防水功能三者合一。防水混凝土结构底板的混凝土垫层，强度等级不应小于 C15，厚度不应小于 100mm，在软弱土层中不应小于 150mm。防水混凝土墙结构，应符合下列规定：结构厚度不应小于 250mm；裂缝宽度不得大于 0.2mm，并不得贯通；钢筋保护层厚度应根据结构的耐久性和工程环境选用，迎水面钢筋保护层厚度不应小于 50mm。为防止地下水对钢筋混凝土构件的侵蚀，在墙外侧应抹水泥砂浆，然后涂刷热沥青，如图 2-24 所示。

③涂料防水

涂料防水是指在施工现场以刷涂、刮涂或滚涂等方法，将无定型液态冷涂料在常温下涂敷在地下室结构表面的一种防水做法，一般为多层敷设。为增强其抗裂性，通常还夹铺 1～2 层纤维制品。

涂料防水层的组成有底涂层、多层基本涂膜和保护层，做法有外防外涂和外防内涂两种。

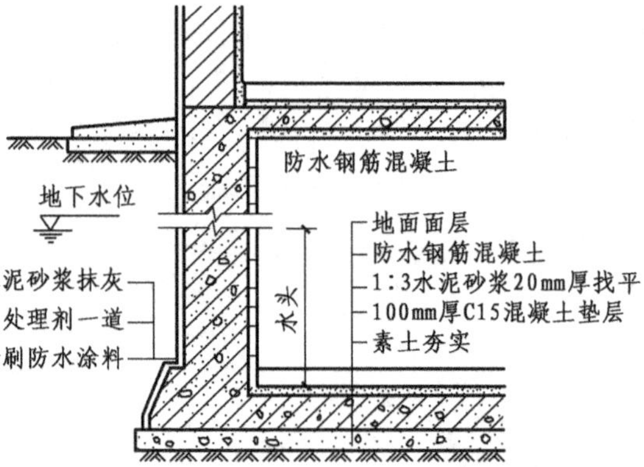

图 2-24　地下室钢筋混凝土结构自防水做法

任务 2.2　识读墙身构造图

【任务描述】

通过学习墙身构造,了解常见墙体的类型和构造要求。通过绘制墙身大样图,熟悉砖墙墙身细部构造名称,掌握砖墙细部构造做法。

【能力目标】

(1)能说出常见的墙体类型。
(2)能说出砖墙细部构造名称。
(3)能绘制墙身节点构造图。
(4)能查阅相关规范。

【知识目标】

(1)熟悉常见墙体的类型。
(2)熟悉砖墙细部构造组成。
(3)掌握砖墙细部构造做法和要求。

【学习性工作任务】

识读和绘制墙身构造图。

建筑物墙体应满足下列要求:具有足够的强度和稳定性,其中包括合适的材料性能、适当的截面形状和厚度以及连接的可靠性;具有必要的保温、隔热等方面的性能;选用的材料及截面厚度,都应符合防火规范中相应燃烧性能和耐火极限所规定的要求;满足隔声、防潮、防水以及经济等方面的要求。

2.2.1 墙体的类型

1）按墙体所处的位置及方向分类

按墙体所处位置分为外墙和内墙。外墙位于建筑物的四周，能抵抗大气侵袭，保证内部空间舒适，故又称外围护墙；内墙位于房屋内部，主要起分隔内部空间的作用，保证各房间的正常使用。

按墙的方向又可分为纵墙和横墙。沿建筑物长轴方向布置的墙称为纵墙，沿建筑物短轴方向布置的墙称为横墙，房屋有内横墙和外横墙，外横墙通常称为山墙，如图2-25所示。

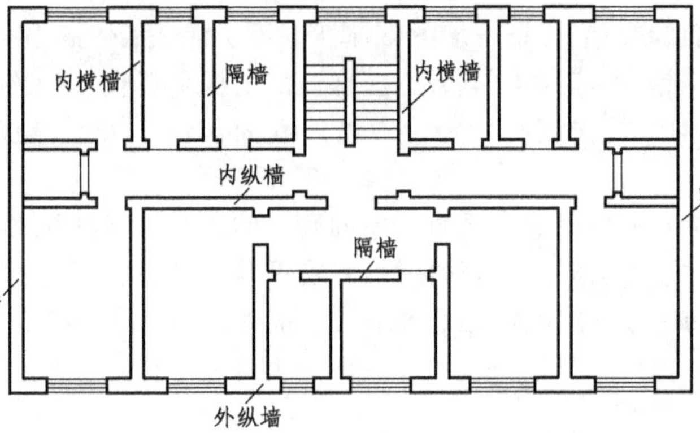

图2-25 墙体名称

2）按墙体受力情况分类

在砌体结构建筑中墙按结构受力情况分为承重墙和非承重墙两种，承重墙直接承受楼板、屋顶等上部构件传来的荷载、水平风荷载及地震作用。非承重墙不承受外来荷载，它可以分为自承重墙和隔墙。自承重墙仅承受本身重量，并把自重传给基础；隔墙则把自重传给楼板层。在框架结构中，墙不承受外来荷载，自重由框架承受，墙仅起分隔作用，称为框架填充墙。

3）按墙体材料及构造方式分类

按构造方式可以分为实体墙、空体墙和组合墙三种。

实体墙由单一材料组成，如普通砖墙、实心砌块墙等；空体墙是由单一材料砌成内部空腔，例如空斗砖墙，也可用具有孔洞的材料砌墙，如空心砌块墙、空心板材墙等；组合墙则由两种以上材料组合而成。

4）按墙体施工方法分类

按施工方法可分为块材墙、板筑墙及板材墙三种。

块材墙是用砂浆等胶结材料将砖石块材等组砌而成。

板筑墙是在现场立模板，现浇而成的墙体，例如现浇混凝土墙等。

板材墙是预先制成墙板，施工时安装而成的墙，例如预制混凝土大板墙、各种轻质条板内隔墙等。

2.2.2 墙体构造

1)墙体材料

(1)块材

砌体墙所用块材多为刚性材料,其抗压强度高,但抗弯、抗剪性能较差,常用块材主要有实心黏土砖、多孔黏土砖、混凝土空心砌块、粉煤灰硅酸盐砌块等。

(2)砂浆

砌墙砂浆常用水泥砂浆、水泥石灰砂浆(混合砂浆)等。

2)墙体的砌筑

组砌是指砌块在砌体中的排列,砌筑砂浆是砌体墙中的薄弱环节,组砌的关键是错缝搭接,使上下皮砖的垂直缝交错,保证砖墙的整体性。为了保证墙体的强度,以及保温、隔声等要求,砌筑时砖缝砂浆应饱满,厚薄均匀,并且应保证砖缝横平竖直、上下错缝、内外搭接、避免形成竖向通缝,影响砖砌体的强度和稳定性。当外墙面作清水墙时,组砌还应考虑墙面图案美观。

在砖墙的组砌中,把砖的长方向垂直于墙面砌筑的砖叫丁砖,把砖长方向平行于墙面砌筑的砖叫顺砖。上下皮之间的水平灰缝称横缝,左右两块砖之间的垂直缝称竖缝。实体砖墙通常采用一顺一丁、多顺一丁、十字式(也称梅花丁)等砌筑方式,如图2-26所示。

a)240砖墙(一顺一丁式)　b)240砖墙(多顺一丁式)　c)240砖墙(十字式)

d)120砖墙　e)180砖墙　f)370砖墙

图2-26　砖墙的组砌方式

对空心砌块来说,砌墙要做到砂浆饱满较难,因砌上皮砌块时会将砂浆挤入砌块孔洞内,对此,可作成配筋砌体,在错缝后上下仍对齐的孔洞中插入钢筋,在每皮或隔皮砌块间的灰缝中放入钢筋网片,每砌筑若干皮后在孔洞中灌入细石混凝土。如图2-27所示为某中型砌块砌体的错缝搭接示例。

(1)墙厚

普通实心黏土砖是使用最普遍的砖,其规格全国统一,尺寸为240mm×115mm×53mm。长宽厚之比为4:2:1(包括10mm灰缝)。标准砖砌筑墙体时以砖宽度的倍数(115+10=125mm)为模数,砖墙的尺度包括墙体厚度、墙段长度和墙体高度等,如图2-28所示。其他砌块墙一般与砌块材料相适应。

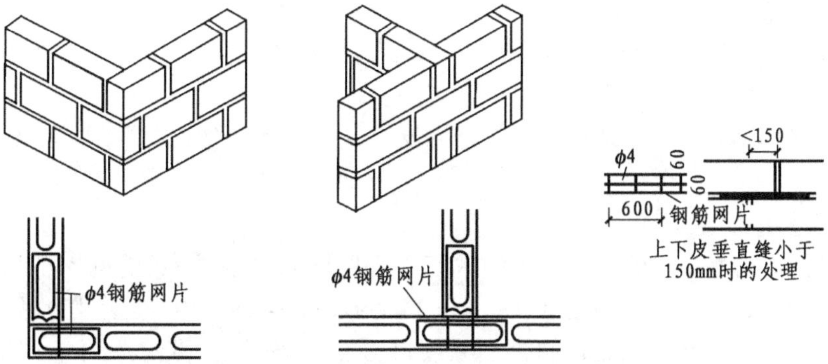

图 2-27　中型砌块砌体的错缝搭接示例(尺寸单位:mm)

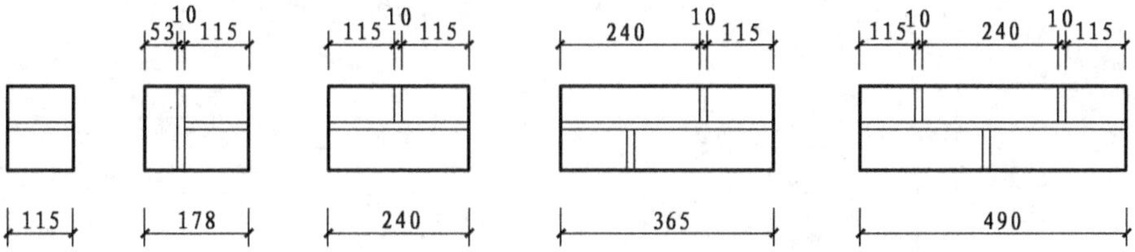

图 2-28　墙厚与砖规格的关系(尺寸单位:mm)

(2)墙体洞口与墙段尺寸

①洞口尺寸。砖墙洞口主要是指门窗洞口,其尺寸应按模数协调统一标准制定,这样可减少门窗规格,有利于工厂化生产,如图 2-29 所示。

②墙段尺寸。墙段尺寸是指窗间墙、转角墙等部位墙体的长度。墙段由砖块和灰缝组成,如图 2-29 所示。

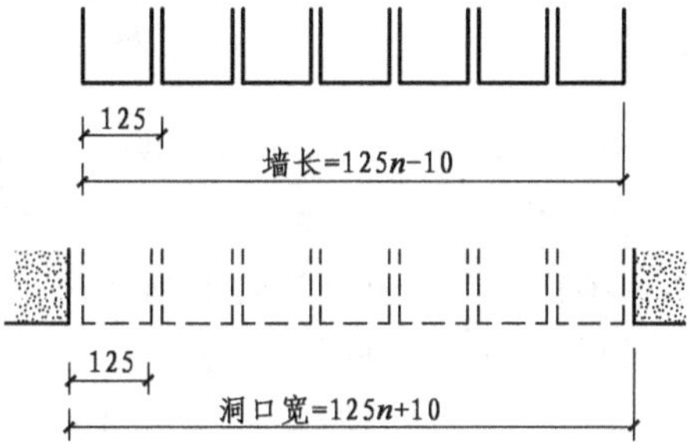

图 2-29　砖墙墙段长度和洞口宽度(尺寸单位:mm)

3)墙体的细部构造

(1)墙脚构造

①勒脚

外墙墙身下部靠近室外地面的部分叫勒脚。勒脚具有保护外墙脚、防止机械碰伤、防止雨水侵蚀而造成的墙体风化,并有美观等作用。勒脚的做法有以下几种,如图 2-30 所示。

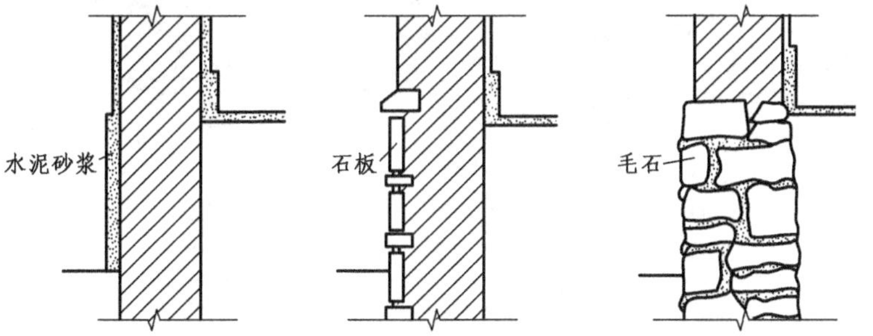

a)抹灰勒脚　　b)石材贴面勒脚　　c)毛石勒脚

图 2-30　勒脚构造做法

视频:识读墙脚构造

a. 抹灰：在勒脚的外表面做水泥砂浆或其他有效的抹面处理。

b. 贴面：外贴天然石材或人工石材贴面，如花岗岩、水磨石板等。贴面勒脚耐久性强，装饰效果好，多用于标准较高的建筑。

c. 天然石材砌筑：采用石块或石条等坚固材料进行砌筑。高度可砌至室内地坪或由设计确定。

②明沟和散水

明沟是设置在外墙四周的排水沟，将水有组织地导向集水井，然后流入排水系统。明沟一般用素混凝土现浇，或用砖石铺砌成 180mm 宽、150mm 深的沟槽，然后用水泥砂浆抹面。沟底应有不小于 1% 的坡度，以保证排水通畅，如图 2-31 所示。明沟适合于降雨量较大的南方地区。

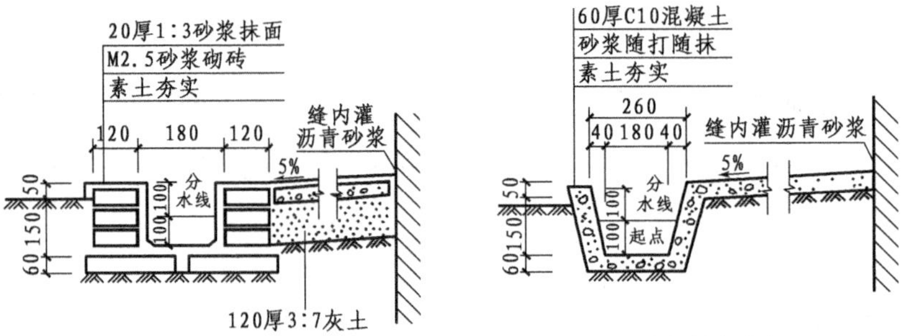

a)砖砌明沟　　b)混凝土明沟

图 2-31　明沟构造(尺寸单位：mm)

为了将积水排离建筑物，沿建筑物外墙四周地面做成 3%～5% 的倾斜坡面，即为散水。散水又称为排水坡或护坡。散水可用水泥砂浆、混凝土、砖、块石等材料做面层，其宽度一般为 600～1000mm，当屋面为自由落水时，其宽度应比屋檐挑出水平投影宽度大 150～200mm。由于建筑物的沉降，勒脚与散水施工时间的差异，在勒脚与散水交接处应留有缝隙，缝内填粗砂或米石子，上嵌沥青胶盖缝，以防渗水。散水整体面层纵向距离每隔 6～12m 做一道伸缩缝，缝内处理同勒脚与散水相交处，如图 2-32 所示。散水适用于降雨量较小的北方地区。季节性冰冻地区的散水，还需在垫层下加设防冻胀层。

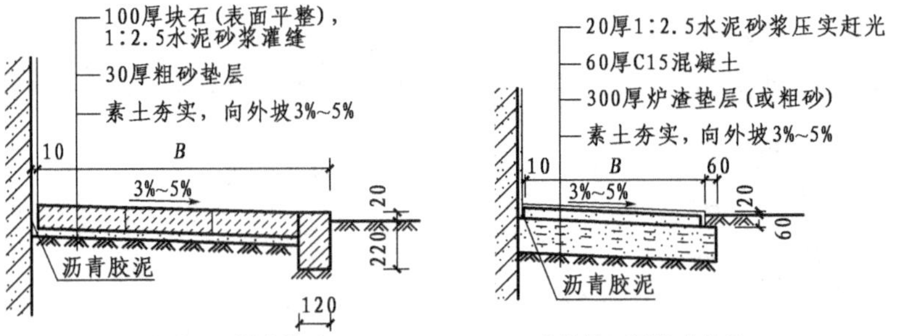

a)块材面层散水构造　　b)整体面层散水构造

图 2-32　散水构造(尺寸单位：mm)

③墙身防潮层

通常在勒脚部位设置连续的水平隔水层，称为墙身水平防潮层，简称防潮层。

防潮层的位置应在室内地面与室外地面之间，以在地面垫层中部为最理想。构造形式上有水平防潮层和垂直防潮层。

a. 防潮层的位置。水平防潮层一般应在室内地面不透水垫层(如混凝土)范围以内,通常在 -0.060m 标高处设置,而且至少要高于室外地坪 150mm,以防雨水溅湿墙身。当地面垫层为透水材料时(如碎石、炉渣等),水平防潮层的位置应平齐或高于室内地面 60mm,即在 0.060m处。当两相邻房间之间室内地面有高差时,应在墙身内设置高低两道水平防潮层,并在靠土壤一侧设置垂直防潮层,以避免回填土中的潮气侵入墙身,如图 2-33 所示。

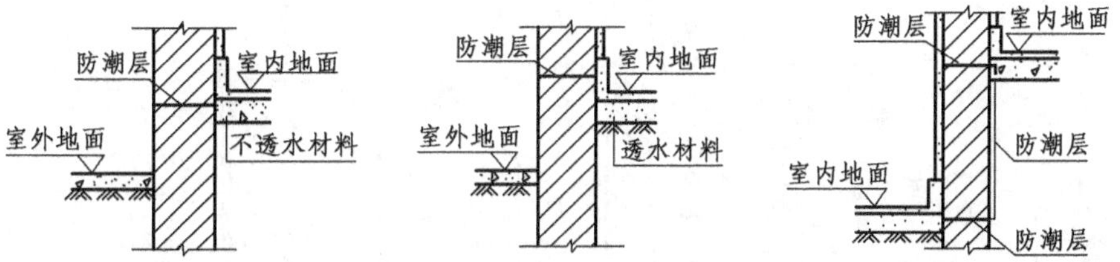

a)地面垫层为密实材料　b)地面垫层为透水材料　c)室内地面有高差

图 2-33　墙身防潮层的位置

b. 防潮层的做法。

油毡防潮层:在防潮层部位先抹 20mm 厚的水泥砂浆找平层,然后干铺油毡一层或用沥青粘贴一毡二油,如图 2-34a)所示。油毡防潮层具有一定的韧性、延伸性和良好的防潮性能,但日久易老化失效,同时由于油毡使墙体隔离,削弱了砖墙的整体性和抗震能力,不宜在刚度要求高的地区或地震区采用。

防水砂浆防潮层:在防潮层位置抹一层 20mm 或 30mm 厚 1:2 水泥砂浆掺 5% 的防水剂配制成的防水砂浆;也可以用防水砂浆砌筑 4 ~ 6 皮砖,如图 2-34b)所示。用防水砂浆作防潮层适用于抗震地区、独立砖柱和振动较大的砖砌体中,但砂浆开裂或不饱满时影响防潮效果。

细石混凝土防潮层:在防潮层位置铺设 60mm 厚 C15 或 C20 细石混凝土,内配 3ϕ6 或 3ϕ8 钢筋以抗裂,如图 2-34c)所示。由于混凝土密实性好,有一定的防水性能,并与砌体结合紧密,故适用于整体刚度要求较高的建筑中。

垂直防潮层:在需设垂直防潮层的墙面(靠回填土一侧)先用水泥砂浆抹面,刷上冷底子油一道,再刷热沥青两道;也可以采用掺有防水剂的砂浆抹面的做法。

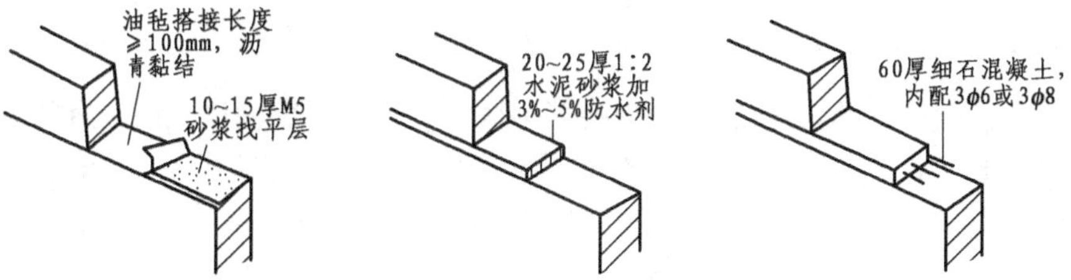

a)油毡防潮层　b)防水砂浆防潮层　c)细石混凝土防潮层

图 2-34　墙身水平防潮层做法(尺寸单位:mm)

(2)门窗洞口构造

①窗台构造

窗台构造做法分为外窗台和内窗台两个部分。

外窗台应设置排水构造。外窗台应有不透水的面层，并向外形成不小于 20% 的坡度，以利于排水。外窗台有悬挑窗台和不悬挑窗台两种，如图 2-35 所示。处于阳台等处的窗不受雨水冲刷，可不必设挑窗台；外墙面材料为贴面砖时，也可不设挑窗台。悬挑窗台常采用顶砌一皮砖出挑 60mm 或将一砖侧砌并出挑 60mm，也可采用钢筋混凝土窗台。挑窗台底部边缘处抹灰时应做宽度和深度均不小于 10mm 的滴水线或滴水槽。

视频：识读窗台与过梁构造

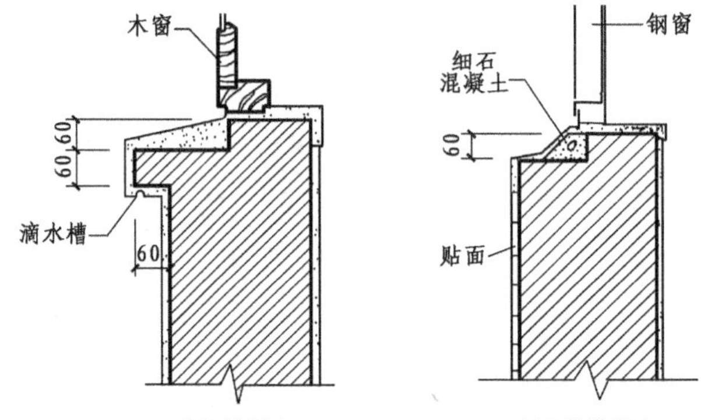

a）悬挑窗台　b）无悬挑窗台

图 2-35　外窗台构造（尺寸单位：mm）

内窗台一般为水平放置，通常结合室内装修做成水泥砂浆抹灰、木板或贴面砖等多种饰面形式，如图 2-36 所示。在寒冷地区室内如为暖气采暖时，为便于安装暖气片，窗台下应预留凹龛。此时应采用预制水磨石板或预制钢筋混凝土窗台板形成内窗台。

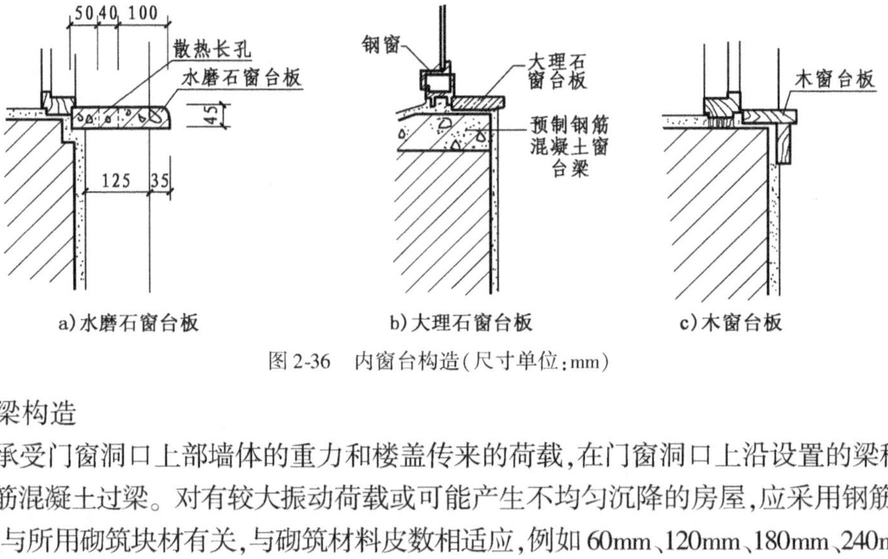

a）水磨石窗台板　b）大理石窗台板　c）木窗台板

图 2-36　内窗台构造（尺寸单位：mm）

②过梁构造

为了承受门窗洞口上部墙体的重力和楼盖传来的荷载，在门窗洞口上沿设置的梁称为过梁。

a. 钢筋混凝土过梁。对有较大振动荷载或可能产生不均匀沉降的房屋，应采用钢筋混凝土过梁，梁高应与所用砌筑块材有关，与砌筑材料皮数相适应，例如 60mm、120mm、180mm、240mm 可作为普通砖洞口上方过梁高度。过梁宽度一般同墙厚。过梁在洞口两侧伸入墙内的长度，应不小于 240mm，并根据抗震设防要求增加。为了防止雨水沿门窗过梁向外墙内侧流淌，过梁底部的外侧抹灰时要做滴水，如图 2-37 所示。

b. 砖砌平拱过梁。砖砌平拱的高度不应小于 240mm，灰缝上部宽度不宜大于 15mm，下部宽度不应小于 5mm，中部起拱高度为洞口跨度的 1/50。砖不低于 MU7.5，砖砌过梁截面计算高度内的砂浆不宜低于 M5，净跨宜不大于 1.2m，不应超过 1.8m，如图 2-38 所示。

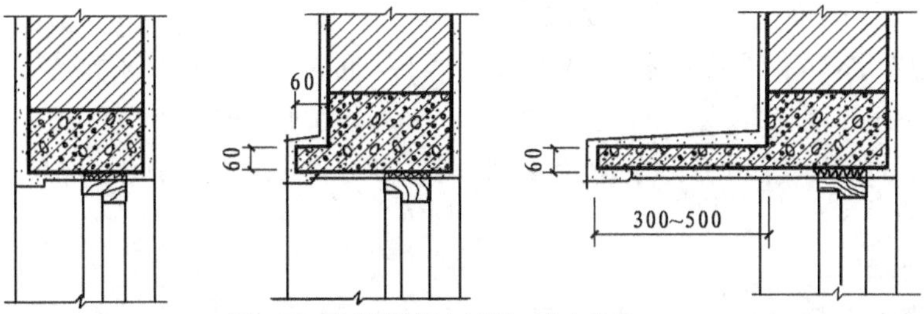

图 2-37　钢筋混凝土过梁(尺寸单位:mm)

c. 钢筋砖过梁。钢筋砖过梁是配置了钢筋的平砌砖过梁。通常将间距小于 120mm 的 $\phi6$ 钢筋埋在梁底部厚度不宜小于 30mm 的水泥砂浆层内,钢筋伸入洞口两侧墙内的长度不应小于 240mm,并设 90°直弯钩,埋在墙体的竖缝内。在洞口上部不小于 1/4 洞口跨度的高度范围内(且不应小于 5 皮砖),用不低于 M2.5 的砂浆砌筑。钢筋砖过梁净跨不宜大于 1.5m,不应超过 2m,如图 2-39 所示。

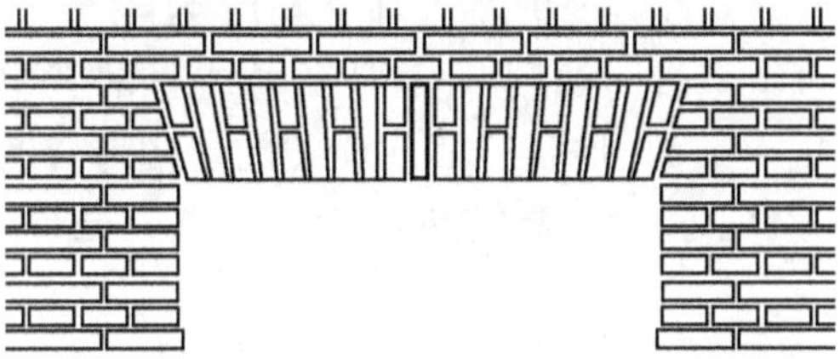
图 2-38　砖砌平拱过梁

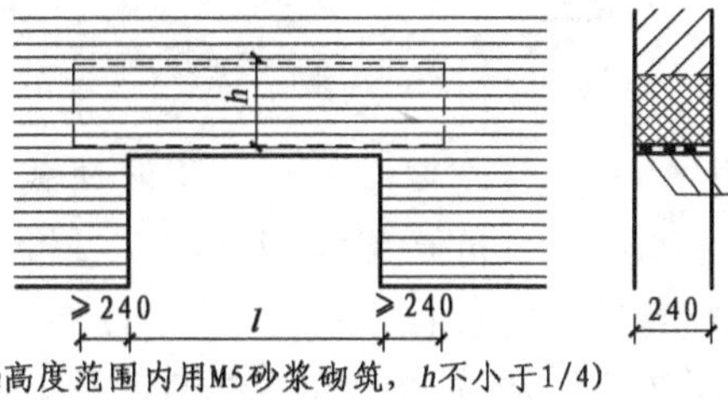

图 2-39　钢筋砖过梁(尺寸单位:mm)

(3)圈梁

圈梁是砌体结构房屋中,在砌体内沿房屋外墙、内纵墙和部分横墙在墙内设置的连续封闭的梁。它的作用是增加墙体的稳定性,加强房屋的空间刚度及整体性,防止由于基础的不均匀沉降、振动荷载等引起的墙体开裂,提高房屋的抗震性能。

视频：圈梁与构造柱构造

①圈梁的设置数量

圈梁的数量与房屋层数、高度、地基土状况及地震烈度(指地震波的传递,使某一地点建筑受到影响的强弱程度)等因素有关。

②圈梁的位置

圈梁常设于基础内、楼盖处、屋盖处。圈梁的具体设置位置与圈梁的设置数量有关。

装配式钢筋混凝土楼、屋盖或木屋盖的砖房,应按表 2-3 的要求设置圈梁;纵墙承重时,抗震横墙上的圈梁间距应比表内要求适当加密。现浇或装配整体式混凝土楼、屋盖与墙体有可靠连接的房屋,应允许不另设圈梁,但楼板沿抗震墙体周边均应加强配筋并应与相应的构造柱钢筋可靠连接。

多层砖砌体房屋现浇钢筋混凝土圈梁设置要求　　表 2-3

墙　类	烈　度		
	6、7	8	9
外墙和内纵墙	屋盖处及每层楼盖处	屋盖处及每层楼盖处	屋盖处及每层楼盖处
内横墙	同上; 屋盖处间距不应大于 4.5m; 楼盖处间距不应大于 7.2m; 构造处对应部位	同上; 各层所有横墙,且间距不应大于 4.5m; 构造处对应部位	同上; 各层所有横墙

③圈梁的种类、断面尺寸及配筋要求

圈梁有钢筋砖圈梁和现浇钢筋混凝土圈梁两种，通常采用现浇钢筋混凝土圈梁。钢筋混凝土圈梁的宽度宜与墙体厚度相同，且不小于240mm，高度一般不小于120mm，通常与砖的皮数尺寸相配合。圈梁一般均按构造配置钢筋，纵向钢筋不应小于4ϕ10，箍筋间距不大于250mm。

④附加圈梁

现浇钢筋混凝土圈梁须连续地设在同一水平面上并做成封闭状，并通过构造柱将各段圈梁的钢筋连通。如遇门窗洞口不能在同一高度闭合时，应增设附加圈梁以确保圈梁为一连续封闭的整体，如图2-40所示。

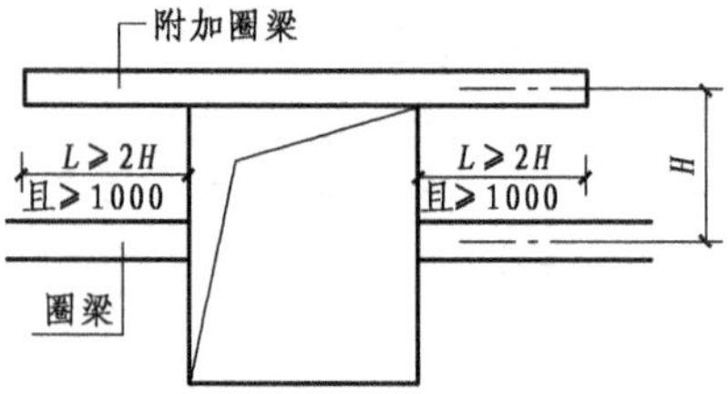

图2-40　附加圈梁（尺寸单位：mm）

（4）构造柱

为提高多层建筑砌体结构的抗震性能，应在房屋的砌体内适宜部位设置钢筋混凝土柱并与圈梁连接，共同加强建筑物的稳定性。这种钢筋混凝土柱通常就被称为构造柱。构造柱主要不是承担竖向荷载的，而是抵抗剪力、地震等横向荷载的。构造柱的主要作用是与圈梁共同形成空间骨架，以增加房屋的整体刚度，提高抗震能力。构造柱与圈梁、基础必须有较好的连接。

多层砖房构造柱的设置要求见表2-4。

多层砖房构造柱的设置要求　　表2-4

<table>
<tr><th colspan="4">层　数</th><th colspan="2" rowspan="2">设 置 部 位</th></tr>
<tr><th>6度</th><th>7度</th><th>8度</th><th>9度</th></tr>
<tr><td>四、五</td><td>三、四</td><td>二、三</td><td></td><td rowspan="3">楼、电梯间四角，楼梯斜梯段上下端对应的墙体处；
外墙四角及对应转角；
错层部位横墙与外纵墙交接处；
大房间内外墙交接处；
较大洞口两侧</td><td>隔12m或单元横墙与外纵墙交接处；
楼梯间对应的另一侧内横墙与外纵墙交接处</td></tr>
<tr><td>六</td><td>五</td><td>四</td><td>二</td><td>隔开间横墙（轴线）与外墙交接处；
山墙与内纵墙交接处</td></tr>
<tr><td>七</td><td>≥六</td><td>≥五</td><td>≥三</td><td>内墙（轴线）与外墙交接处；
内墙的局部较小墙垛处；
内纵墙与横墙（轴线）交接处</td></tr>
</table>

注：较大洞口，内墙指不小于2.1m的洞口；外墙在内外墙交接处已设置构造柱时应允许适当放宽，但洞侧墙体应加强。

多层砖砌体构造柱的最小截面尺寸为180mm×240mm（墙厚190mm时为180mm×190mm），纵向钢筋宜采用4ϕ12，箍筋间距不大于250mm，且在柱上下端应适当加密；6、7度时超过六层、8度时超过五层和9度时，构造柱纵向钢筋宜采用4ϕ14，箍筋间距不大于200mm；房屋四角的构造柱应适当加大截面及配筋。构造柱与墙连接处应砌成马牙槎，沿墙高每隔500mm设2ϕ6水平钢筋和ϕ4分布短筋平面内点焊组成的拉结网片或ϕ4点焊钢筋网片，每边伸入墙内不宜小于1m。6、7度时底部1/3楼层，8度时底部1/2楼层，9度时全部楼层，上述拉结钢筋网片应沿墙体水平通长设置。构造柱做法如图2-41所示。

构造柱与圈梁连接处，构造柱的纵筋应在圈梁纵筋内侧穿过，保证构造柱纵筋上下贯通。构造柱可不单独设置基础，但应伸入室外地面下500mm，或与埋深小于500mm的基础圈梁相连。

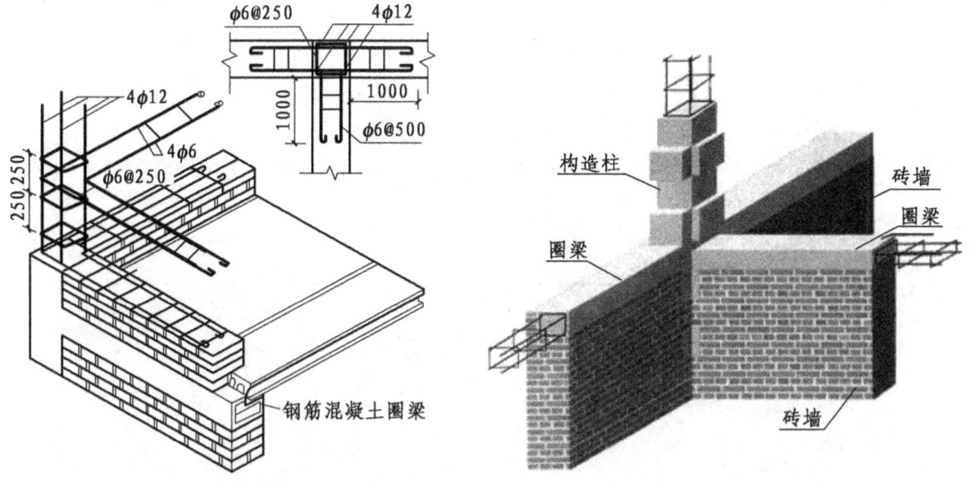

a) 砖墙构造柱　　b) 构造柱与圈梁的连接

图 2-41　构造柱及与圈梁的连接

若采用空心砌块砌筑墙体，可将若干相邻砌块的孔洞作为配筋芯柱处理，以代替构造柱。

如图 2-42 所示，砌块构造柱利用空心砌块将其上下孔洞对齐，于孔中配置 $\phi 10 \sim 12$ 钢筋分层插入，并用 C20 细石混凝土分层填实。

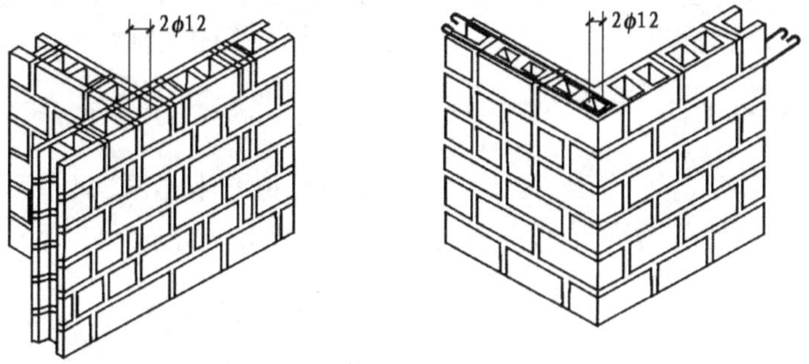

图 2-42　砌块墙构造柱

(5) 变形缝

由于温度变化、地基不均匀沉降和地震因素的影响，使建筑物发生裂缝或破坏。故在设计时，事先将房屋划分成若干个独立的部分，使各部分能自由地变化。

这种将建筑物垂直分开的预留缝称为变形缝。变形缝包括伸缩缝、沉降缝和防震缝三种。

①伸缩缝

为防止建筑构件因温度变化、热胀冷缩使房屋出现裂缝或破坏，在沿建筑物长度方向相隔一定距离预留垂直缝隙。这种因温度变化而设置的缝叫做温度缝或伸缩缝。

不同结构类别的伸缩缝最大间距不同，例如砌体房屋伸缩缝的最大间距一般为 50 ~ 75m。伸缩缝间距与墙体的类别有关，特别是与屋顶和楼板的类型有关，整体式或装配整体式钢筋混凝土结构，因屋顶和楼板本身设有自由伸缩的余地，当温度变化时，在结构内部产生温度应力大,因而伸缩缝间距比其他结构形式小些。大量民用建筑用的装配式无檩体系钢筋混凝土结构,有保温或隔热层的屋顶,相对来说其伸缩缝间距要大些。伸缩缝是从基础顶面开始,将墙体、楼板、屋顶全部构件断开,因为基础埋于地下,受气温影响较小,因此不必断开。伸缩缝的宽度一般为 20 ~ 30mm。

根据墙体材料、厚度及施工条件,伸缩缝可做成平缝、错口缝、凹凸缝(即企口缝)等形式,如图 2-43 所示。

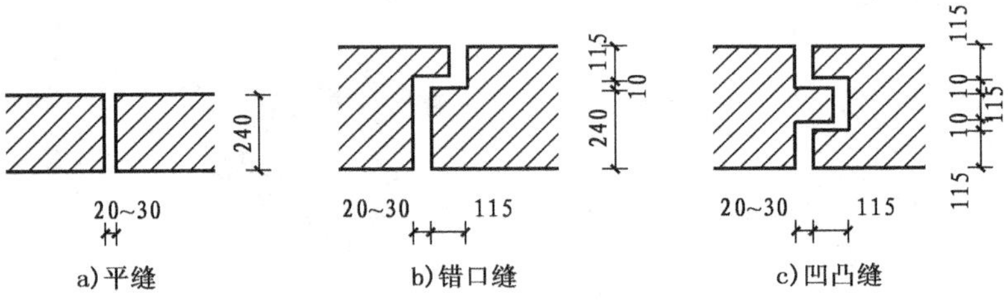

图 2-43　墙体伸缩缝的形式(尺寸单位:mm)

②沉降缝

为防止建筑物各部分由于地基不均匀沉降引起房屋破坏所设置的垂直缝称为沉降缝。沉降缝使房屋从基础到屋顶全部构件断开,使两侧各自成为独立单元,可以垂直自由沉降。沉降缝一般在下列部位设置:平面形状复杂的建筑物的转角处、建筑高度或荷载差异较大处、结构类型或基础类型不同处、地基土层有不均匀沉降处、不同时间内修建的房屋各连接部位等。

沉降缝的宽度与地基情况及建筑高度有关,地基越弱的建筑物,沉陷的可能性越高,沉陷后所产生的倾斜距离越大,其沉降缝宽度一般为 30 ~ 70mm,在软弱地基上的建筑其缝宽应适当增加。

沉降缝一般兼起伸缩缝的作用,其构造与伸缩缝构造基本相同,只是调节片或盖缝板在构造上应保证两侧墙体在水平方向和垂直方向均能自由变形,如图 2-44 所示。

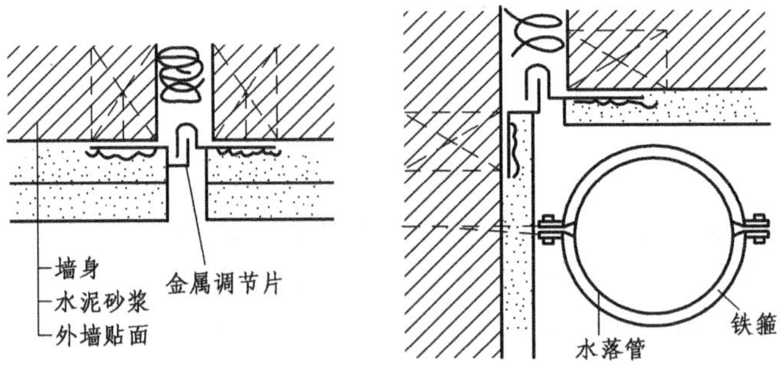

图 2-44　墙体沉降缝构造

③防震缝

在抗震设防烈度 7 ~ 9 度地区内应设防震缝,一般情况下防震缝仅在基础以上设置,并和沉降缝协调布置,做到一缝多用。当防震缝与沉降缝结合设置时,基础也应断开。

根据《建筑抗震设计规范》(GB 50011—2010)中第 6.1.4 条,钢筋混凝土房屋需要设置防震缝时,应符合下列规定:

1. 防震缝宽度应分别符合下列要求:

(1)框架结构(包括设置少量抗震墙的框架结构)房屋的防震缝宽度,当高度不超过15m时不应小于100mm;高度超过15m时,6、7、8和9度分别每增加高度5m、4m、3m和2m,宜加宽20mm。

(2)框架—抗震墙结构房屋的防震缝宽度不应小于本款(1)项规定数值的70%,抗震墙结构房屋的防震缝宽度不应小于本款(1)项规定数值的50%,且均不宜小于100mm。

(3)防震缝两侧结构类型不同时,宜按需要较宽防震缝的结构类型和较低房屋高度确定缝宽。

2. 8、9度框架结构房屋防震缝两侧结构层相差较大时,防震缝两侧框架柱的箍筋应沿房屋全高加密,并可根据需要在缝两侧沿房屋全高各设置不少于两道垂直于防震缝的抗撞墙。抗撞墙的布置宜避免加大扭转效应,其长度可不大于1/2层高,抗震等级可同框架结构;框架构件的内力应按设置和不设置抗撞墙两种计算模型的不利情况取值。

防震缝构造与伸缩缝、沉降缝构造基本相同。考虑防震缝宽度较大,构造上更应注意盖缝的牢固、防风、防雨等,寒冷地区的外缝口还须用具有弹性的软质聚氯乙烯泡沫塑料、聚苯乙烯泡沫塑料等保温材料填实,如图2-45所示。

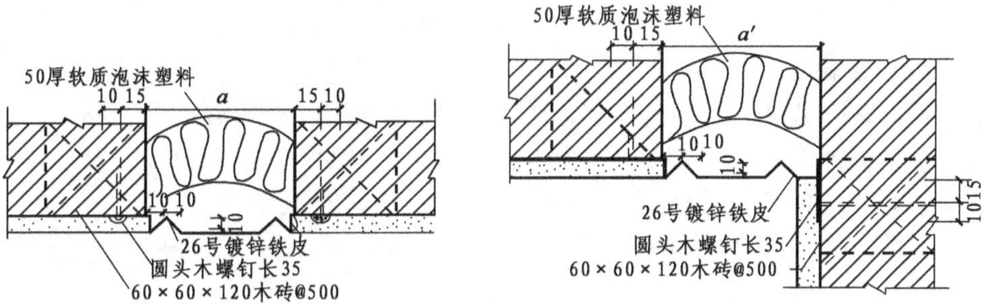

图2-45 墙体防震缝构造(尺寸单位:mm)

屋面变形缝构造参看屋顶部分。

(6)墙体节能构造

我国幅员辽阔,地区气候差异较大,不同季节温度悬殊,同时面对目前环境恶化、能源日益紧张的趋势,对于外围护构件的墙体,加强保温隔热和提高气密性的要求也就显得格外重要。一幢好的节能型建筑最基本的一点要求是应该做到冬暖夏凉。围绕建筑外围护结构展开的保温隔热工作重点仍在外墙。外墙冬季传热过程示意图(图2-46),就明确说明了这一点。

提高外墙保温能力、减少热损失,一般有三种方法:①单纯增加外墙厚度,使传热过程延缓,达到保温隔热的目的;②采用导热系数小、保温效果好的材料作外墙围护构件;③采用多种组合材料的组合墙解决保温隔热问题。随着国内墙体改革浪潮的兴起,建筑节能已纳入国家强制性

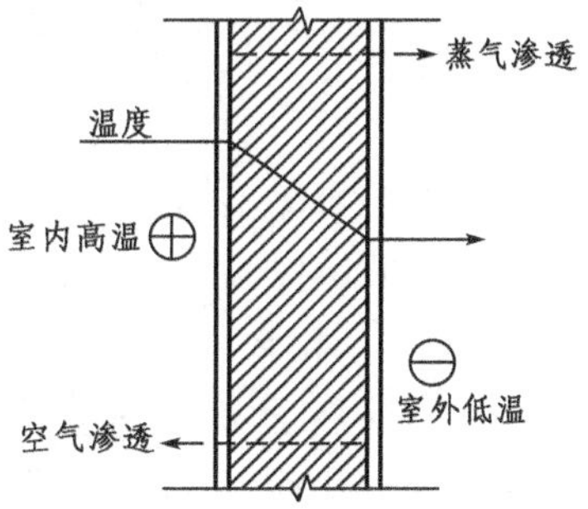

图2-46 外墙冬季传热过程

规范的设计要求。目前常用的有以下几种方式:外墙外保温墙体、外墙内保温墙体、外墙夹心保温构造。

①外墙外保温墙体

这是一种将保温隔热材料放在外墙外侧(即低温一侧)的复合墙体,具有较强的耐候性、防水性和防水蒸气渗透性。同时具有绝热性能优越,能消除热桥,减少保温材料内部凝结水的可能性,便于室内装修等优点。但是由于保温材料直接做在室外,需承受的自然因素如风雨、冻晒、磨损与撞击等影响较多,因而对此种墙体的构造处理要求很高。必须对外墙面另加保护层和防水饰面,在我国寒冷地区外保护层厚度要达到30~40mm,其构造如图2-47所示。

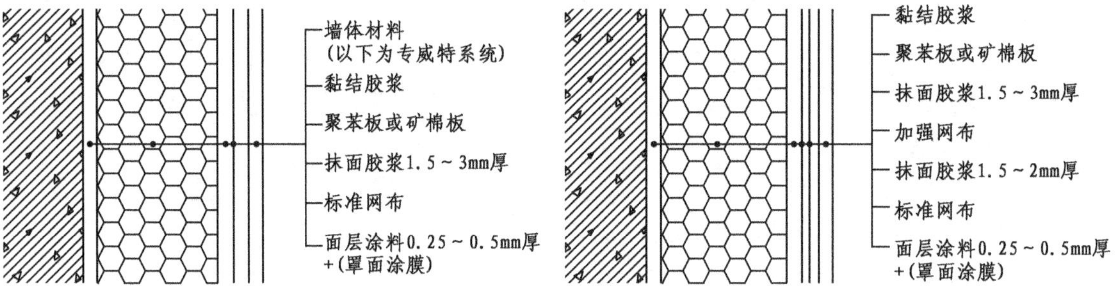

图2-47 外墙外保温构造

②外墙内保温墙体

外墙内保温复合墙体在我国的应用也较为广泛,其常用的构造方式有粘贴式、挂装式、粉刷式三种。外墙内保温墙体,施工简便、保温隔热效果好、综合造价低、特别适用于夏热冬冷地区。由于保温材料的蓄热系数小,有利于室内温度的快速升高或降低,其性价比不错,故适用范围广。但我们必须注意外围护结构内部产生冷凝结水的问题。其构造形式如图2-48所示。

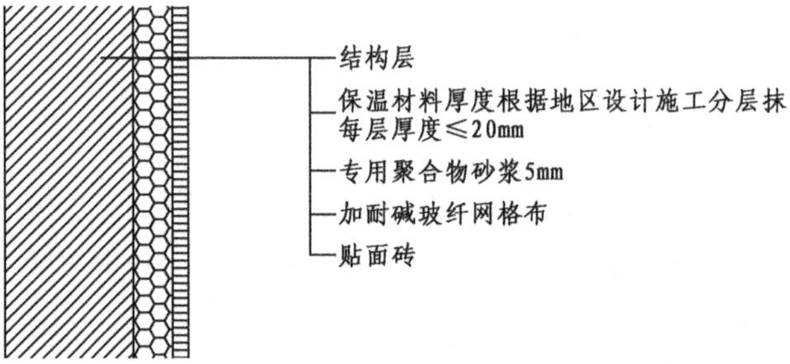

图2-48 外墙内保温构造

③外墙夹心保温构造

在复合墙体保温形式中,为了避免蒸汽由室内高温一侧向室外低温侧渗透,在墙内形成凝结水,或为了避免受室外各种不利因素的袭击,常采用半砖或其他预制板材加以处理,使外墙形成夹心构件,即双层结构的外墙中间放置保温材料,或留出封闭的空气间层,外墙夹心保温构造如图2-49所示。外墙夹心保温构造可使保温材料不易受潮,且对保温材料的要求也较低。外墙空气间层的厚度一般为40~60mm,并且要求处于密闭状态,以达到好的保温目的。

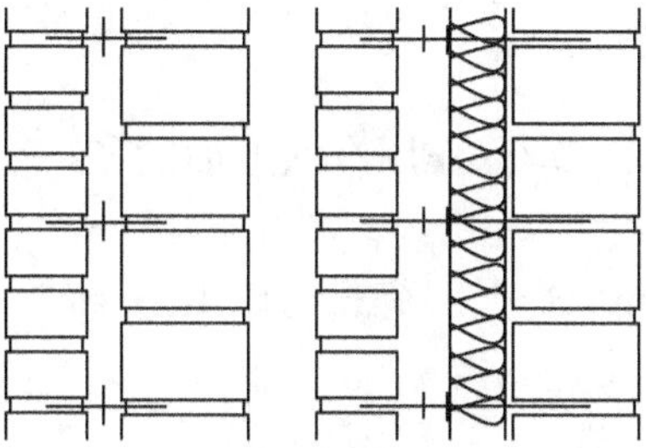

a)外墙夹心保温构造

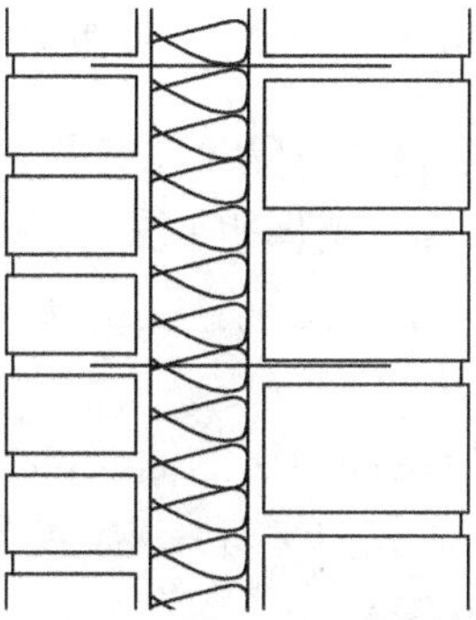

b)外墙利用空气间层保温构造

图2-49　外墙夹心保温构造

任务2.3　识读楼地层构造图

【任务描述】

通过学习楼地层构造,掌握楼板层、地坪层、地面的基本概念,楼板层与地层的组成和设计要求,以及地面、顶棚、阳台和雨篷的构造。重点要掌握钢筋混凝土楼板层的构造原理和结构布置特点,熟悉各种常用地面及顶棚的构造做法,了解阳台和雨篷的构造原理和做法。

【能力目标】

(1)能识读并绘制楼地层构造图。
(2)能说出楼板类型及楼地层构造层次、材料等设计要求。
(3)能正确绘制雨篷、阳台构造图。
(4)能说出雨篷、阳台的作用、构造要求。

【知识目标】

(1)掌握楼地层构造。
(2)了解楼板按材料不同的分类。
(3)掌握混凝土楼板按施工方式不同的分类。
(4)掌握楼地层设计要求。
(5)掌握雨篷、阳台的构造。
(6)熟悉相关规范。

【学习性工作任务】

(1)绘制楼地层构造图。
(2)绘制雨篷、阳台构造图。

2.3.1　楼地层的组成和构造要求

楼板层是建筑物中分隔上下楼层的水平构件，它不仅承受自重和其上的使用荷载，并将其传递给墙或柱，而且对墙体也起着水平支撑的作用。

地层是建筑物中与土壤直接接触的水平构件，承受作用在它上面的各种荷载，并将其传给地基。

地面是指楼板层和地层的面层部分，它直接承受上部荷载的作用，并将荷载传给下部的结构层和垫层，同时对室内又有一定的装饰作用。

1）楼地层的组成

楼板层主要由面层、结构层和顶棚组成，如图2-50所示。

视频：楼地层的组成和构造要求

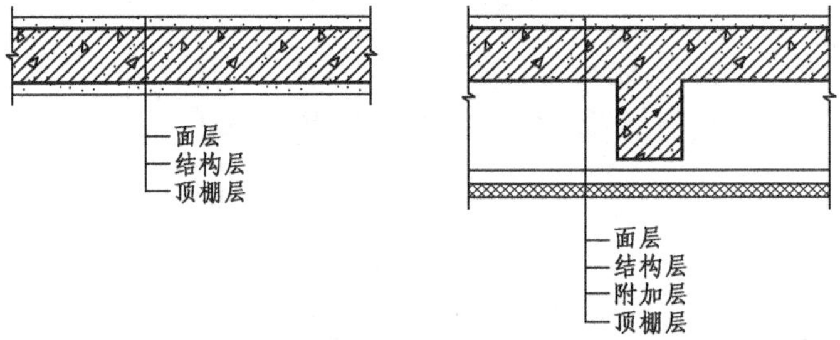

图2-50　楼板层的组成

地层主要由面层、垫层和基层组成，如图2-51所示。

视频：地面构造

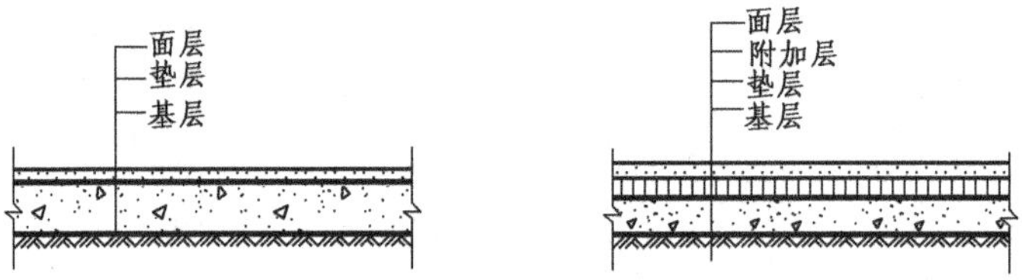

图2-51　地层的组成

根据使用要求和构造做法的不同，楼地层有时还需设置找平层、结合层、防水层、隔声层、隔热层等附加构造层。

2）楼地层的构造要求

①具有足够的强度和刚度，以保证结构的安全和正常使用。

②根据不同的使用要求和建筑质量等级，要求具有不同程度的隔声、防火、防水、防潮、保温、隔热等性能。

③便于在楼地层中敷设各种管线。

④满足建筑经济的要求。

⑤尽量为建筑工业化创造条件，提高建筑质量和加快施工进度。

2.3.2　钢筋混凝土楼板

1）现浇钢筋混凝土楼板

现浇钢筋混凝土楼板是指在现场支模、绑扎钢筋、浇捣混凝土，经养护而成的楼板。

现浇钢筋混凝土楼板根据受力和传力情况不同,分为板式楼板、梁板式楼板、无梁式楼板和压型钢板混凝土组合板等。

(1)板式楼板

板内不设梁,板直接搁置在四周墙上的板称为板式楼板。板有单向板和双向板之分,如图 2-52所示。

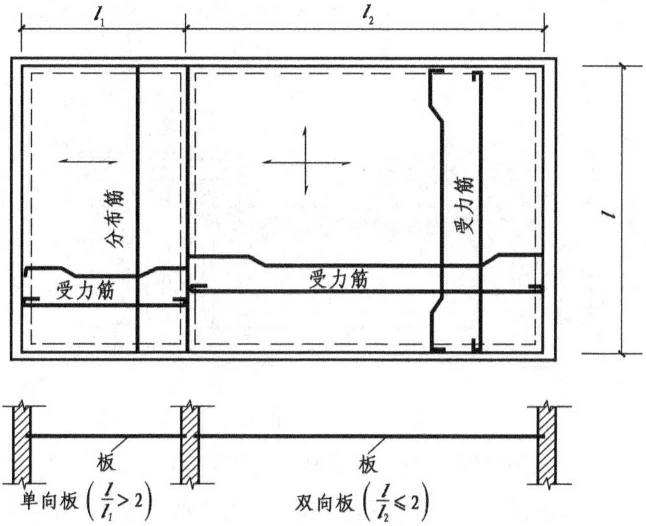

视频:钢筋混凝土楼板

图 2-52　单向板和双向板

当板的长边与短边之比大于 2 时,板基本上沿短边单方向传递荷载,这种板称为单向板;

当板的长边与短边之比小于或等于 2 时,作用于板上的荷载沿双向传递,在两个方向产生弯曲,称为双向板。

(2)梁板式楼板

由板、梁组合而成的楼板称为梁板式楼板(又称为肋形楼板)。根据梁的构造情况又可分为单梁式、复梁式和井梁式楼板。

①单梁式楼板。当房间尺寸不大时,可以只在一个方向设梁,梁直接支承在墙上,称为单梁式楼板,如图 2-53 所示。

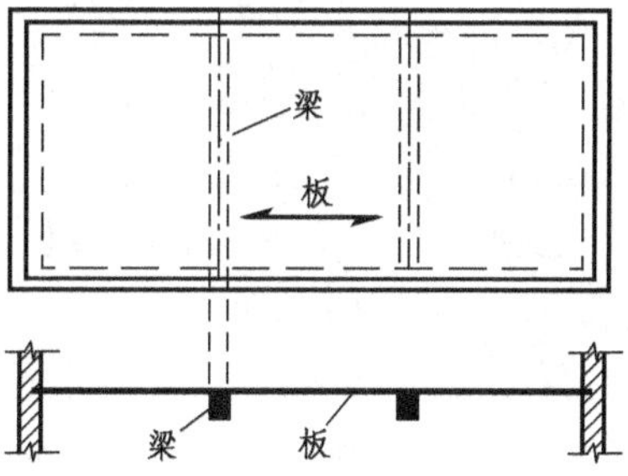

图 2-53　单梁式楼板

②复梁式楼板。有主次梁的楼板称为复梁式楼板,如图 2-54 所示。

③井梁式楼板。井梁式楼板是梁板式楼板的一种特殊形式。当房间尺寸较大,并接近正方形时,常沿两个方向布置等距离、等截面的梁,从而形成井格式的梁板结构,如图 2-55 所示。

(3)无梁式楼板

框架结构中将板直接支承在柱上,且不设梁的楼板称为无梁楼板,该楼板的优点是提高室内净空,分为有柱帽和无柱帽两种。

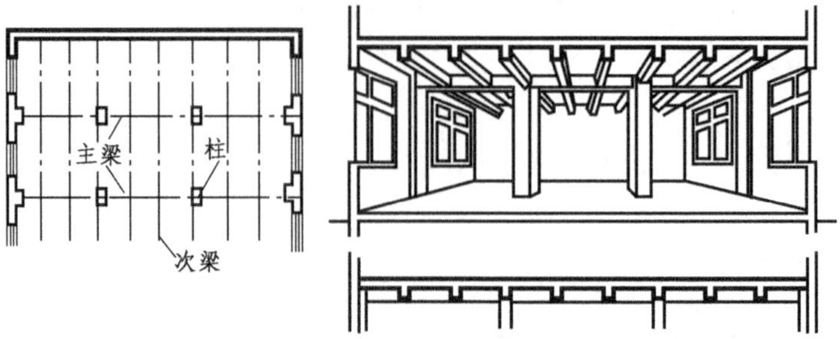

图 2-54　复梁式楼板

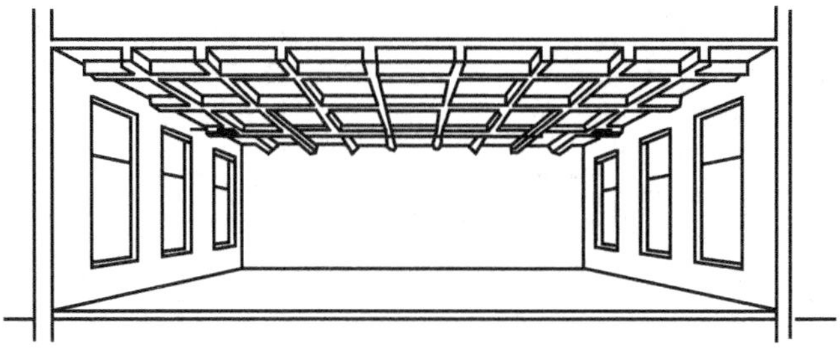

图 2-55　井梁式楼板

当楼面荷载较小时，可采用无柱帽式的无梁楼板；当荷载较大时，为提高楼板的承载能力及其刚度，增加柱对板的支托面积并减小板跨，一般在柱顶加设柱帽或托板，如图 2-56 所示。

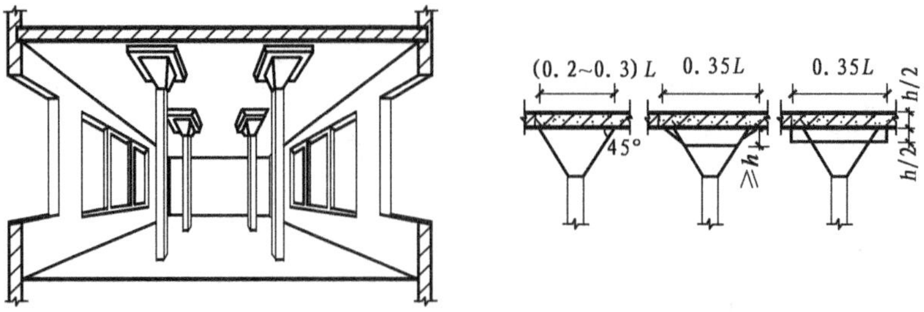

a) 无梁楼板透视　　b) 柱帽形式

图 2-56　无梁楼板

(4) 压型钢板混凝土组合板

以压型钢板为衬板，与混凝土浇筑在一起，搁置在钢梁上构成的整体式楼板称为压型钢板混凝土组合板。

这种楼板主要由楼面层、组合板（包括现浇混凝土与钢衬板）、抗剪栓钉及钢梁等几部分组成，如图 2-57所示。

特点是压型钢板起到了现浇混凝土的永久性模板和受拉钢筋的双重作用，同时又是施工的台板，简化了施工程序，加快了施工进度。另外，还可利用压型钢板肋间的空间敷设电力管线或通风管道。

2) 预制钢筋混凝土楼板

预制装配式钢筋混凝土楼板是指用预制厂生产或现场预制的梁、板构件，现场安装拼合而成的楼板。

这种楼板具有节约模板，减轻工人劳动强度，施工速度快，便于组织工厂化、机械化的生产和施工等优点。但这种楼板的整体性差，并需要一定的起重安装设备。

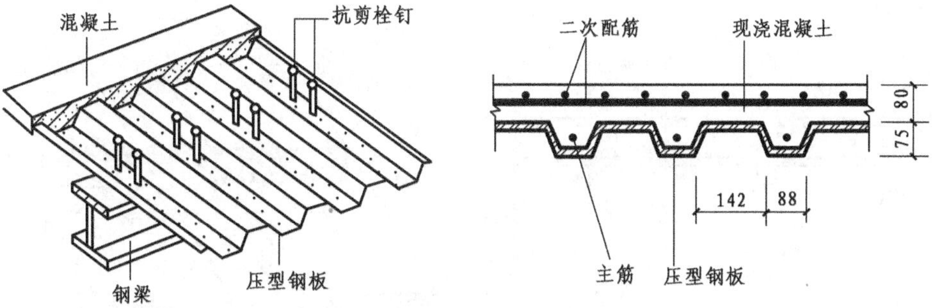

图 2-57　压型钢板混凝土组合板（尺寸单位：mm）

（1）实心平板

预制实心平板的跨度一般在 2.5m 以内，板厚为跨度的 1/30，一般为 60 ~ 100mm，板宽为 400 ~ 800mm。

板的两端支承在墙或梁上，如图 2-58 所示，施工时对起吊机械要求不高。

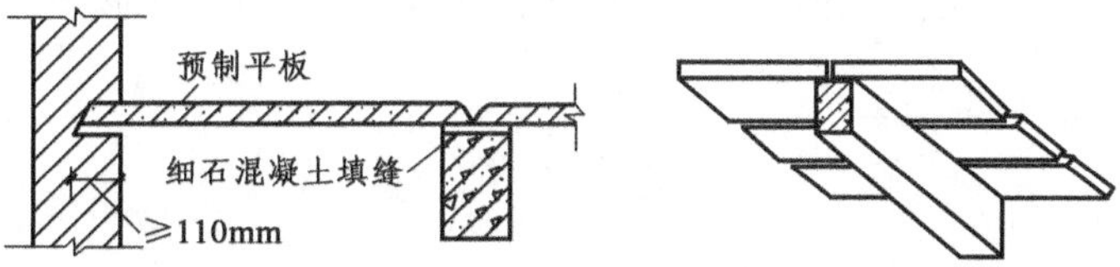

图 2-58　实心平板

（2）槽形板

槽形板是一种梁、板合一的构件，板肋相当于小梁，作用在板上的荷载由板肋来承担，因而板可以做得很薄，仅有 25 ~ 30mm，板的经济跨度也比实心平板大，一般为 3 ~ 6m，肋高为150 ~ 300mm，板宽为 500 ~ 1200mm。

依板的槽口向下和向上分别称为正槽板和反槽板，如图 2-59 所示。

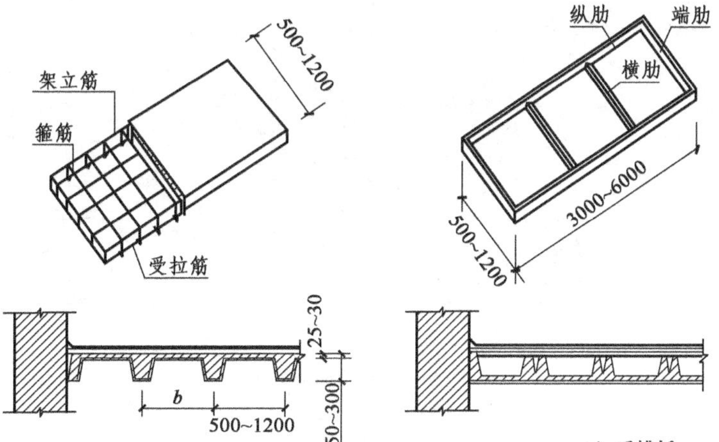

图 2-59　槽形板（尺寸单位：mm）

(3)空心板

空心板是一种板腹抽孔的钢筋混凝土楼板,孔的形状有倒棱孔、椭圆孔和圆孔等几种,如图 2-60 所示。

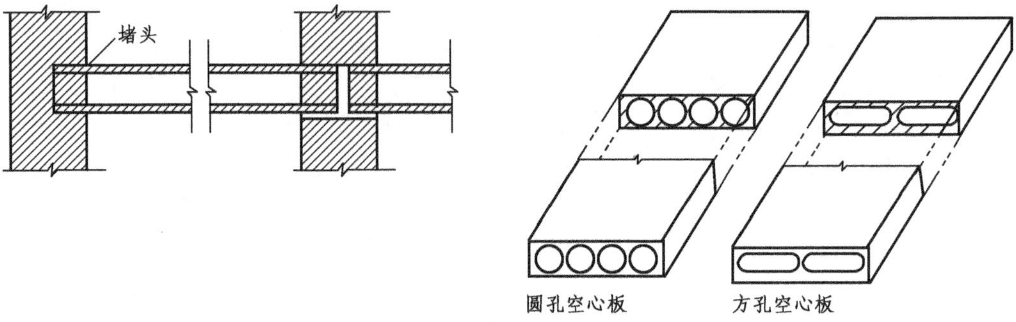

图 2-60　空心板

以圆孔空心板制作最为方便,应用最广。

空心板也是一种梁、板合一的预制构件,其结构计算理论与槽形板相似,材料消耗也相近,但空心板上下板面平整,且隔声效果好,因此是目前广泛采用的一种形式。

2.3.3　楼地层的细部构造

1)地层防潮

(1)设防潮层

通常对无特殊防潮要求的房间,其地层防潮采用 60mm 厚 C10 混凝土垫层即可。

对防潮要求较高的房间,其地层防潮的具体做法是在混凝土垫层上、刚性整体面层下先刷一道冷底子油,然后刷憎水的热沥青两道或二布三涂防水层,如图 2-61a)、b)所示。

(2)设保温层

设保温层有两种做法:第一种是在地下水位低、土壤较干燥的地层,可在垫层下铺一层1∶3 水泥炉渣或其他工业废料做保温层;第二种是在地下水位较高的地区,可在面层与混凝土垫层间设保温层,并在保温层下做防水层,如图 2-61c)、d)所示。

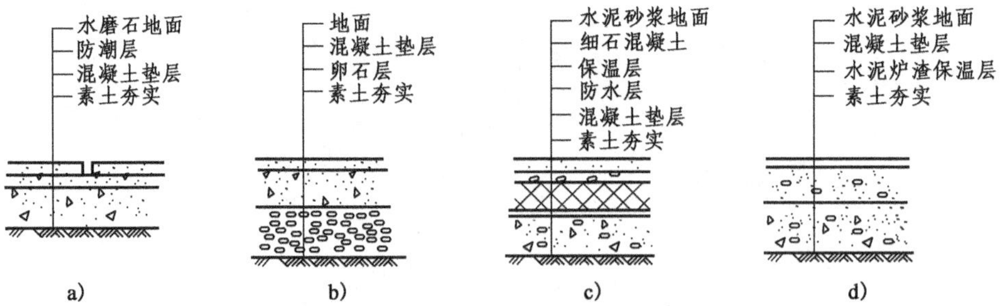

图 2-61　地层防潮构造

(3)架空地层

将地层底板搁置在地垄墙上,将地层架空,形成空铺地层,使地层与土壤间形成通风道,可带走地下潮气。

2）楼地层防水

（1）楼面排水

为便于排水，首先要设置地漏，并使地面由四周向地漏有一定的坡度，从而引导水流入地漏。地面排水坡度一般为1%～1.5%。

（2）楼层防水

有防水要求的楼层，其结构应以现浇钢筋混凝土楼板为好。面层也宜采用水泥砂浆、水磨石地面或缸砖、瓷砖、陶瓷锦砖等防水性能好的材料。常见的防水材料有防水卷材、防水砂浆和防水涂料等，如图2-62所示。

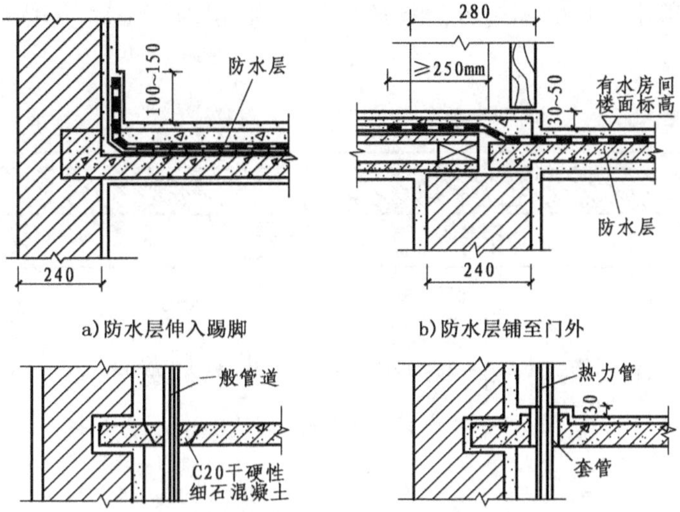

a）防水层伸入踢脚　b）防水层铺至门外

c）普通管道穿越楼板的处理　d）热力管道穿越楼板的处理

图2-62　楼板层防水处理及管道穿越楼板时的处理（尺寸单位：mm）

视频：楼地层的防潮和防水

2.3.4　顶棚

1）直接式顶棚

视频：顶棚

直接式顶棚是指在钢筋混凝土楼板下直接喷刷涂料、抹灰或粘贴饰面材料的构造做法，多用于民用建筑中。通常有以下几种做法：

①直接喷刷涂料的顶棚。

②抹灰顶棚如图2-63a）所示。

③贴面顶棚如图2-63b）所示。

2）吊挂式顶棚

吊挂式顶棚简称吊顶，是指顶棚的装修表面与屋面板或楼板之间留有一定距离，这段距离形成的空腔可以将设备管线和结构隐藏起来，也可使顶棚在这段空间高度上产生变化，形成一定的立体感，增强装饰效果。

吊顶一般由吊筋、骨架和面层三部分组成。

（1）吊筋

吊筋是连接骨架（吊顶基层）与承重结构层（屋面板、楼板、大梁等）的承重传力构件。

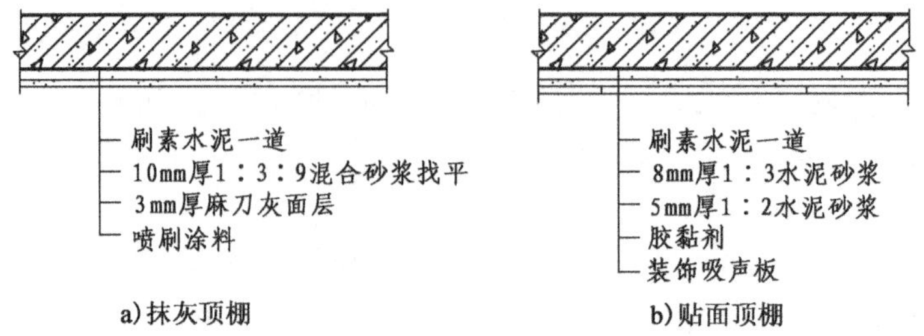

图2-63 直接式顶棚构造

吊筋与钢筋混凝土楼板的固定方法有预埋件锚固、预埋筋锚固、膨胀螺栓锚固和射钉锚固，如图2-64所示。

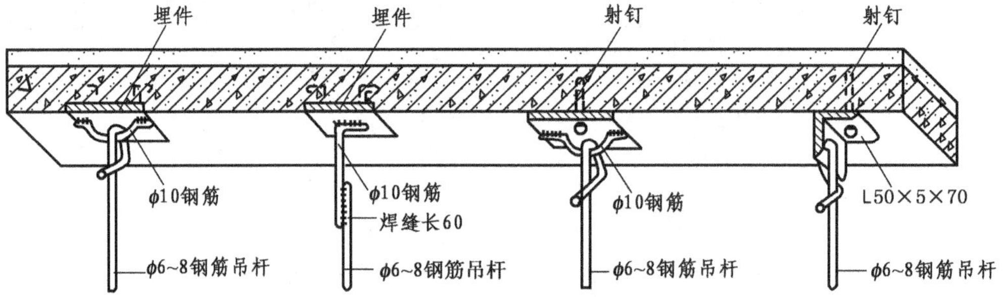

图2-64 吊筋与楼板的固定

(2)骨架

骨架主要由主、次龙骨组成，其作用是承受顶棚荷载并由吊筋传递给屋顶或楼板结构层。按材料分有木骨架和金属骨架两类。

(3)面层

面层的作用是装饰室内空间，同时起一些特殊作用，如吸声、反射光等。

构造做法一般分为抹灰类(板条抹灰、钢板网抹灰、苇箔抹灰等)、板材类(纸面石膏板、穿孔石膏吸声板、钙塑板、铝合金板等)，在设计和施工时要结合灯具、风口布置等一起进行，如图2-65所示。

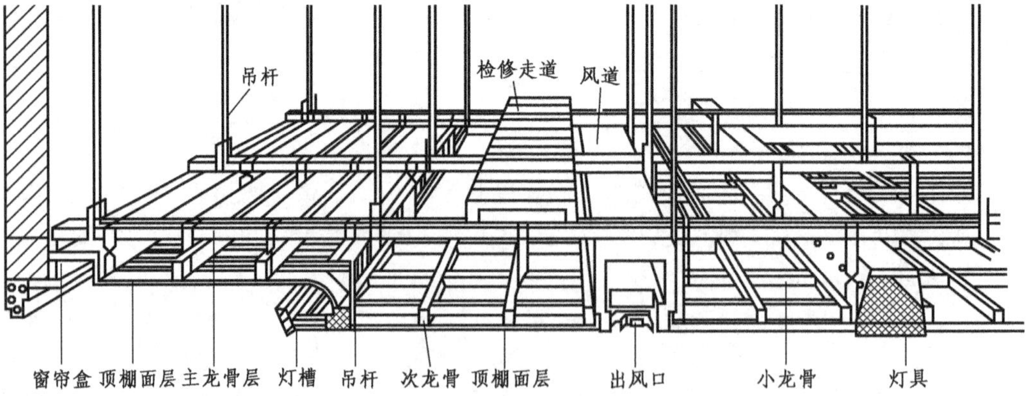

图2-65 上人吊挂顶棚构造举例

2.3.5 踢脚与墙裙

1)踢脚

踢脚是地面与墙面交接处的构造处理,其主要作用是遮盖墙面与地面的接缝,并保护墙面,防止外界的碰撞损坏和清洗地面时的污染。常用的踢脚板有水泥砂浆、水磨石、釉面砖、木板等。

2)墙裙

在墙体的内墙面所做的保护处理称为墙裙(又称台度)。一般居室内的墙裙,主要起装饰作用,常用木板、大理石板等板材来做,高度为 900 ~ 1200mm。卫生间、厨房的墙裙,作用是防水和便于清洗,多用水泥砂浆、釉面瓷砖来做,高度为 900 ~ 2000mm。

2.3.6 阳台与雨篷

视频:阳台和雨篷

1)阳台

阳台是多层及高层建筑中供人们室外活动的平台,按使用功能阳台分生活阳台和服务阳台。

阳台按其与外墙的相对位置分,有凸阳台、凹阳台和半凸半凹阳台。凹阳台实为楼板层的一部分,构造与楼板层相同;而凸阳台的受力构件为悬挑构件,其挑出长度和构造做法必须满足结构抗倾覆的要求。

(1)阳台类型

现浇钢筋混凝土凸阳台有三种结构类型,如图 2-66 所示。多用于阳台形状特殊及抗震设防要求较高的地区。

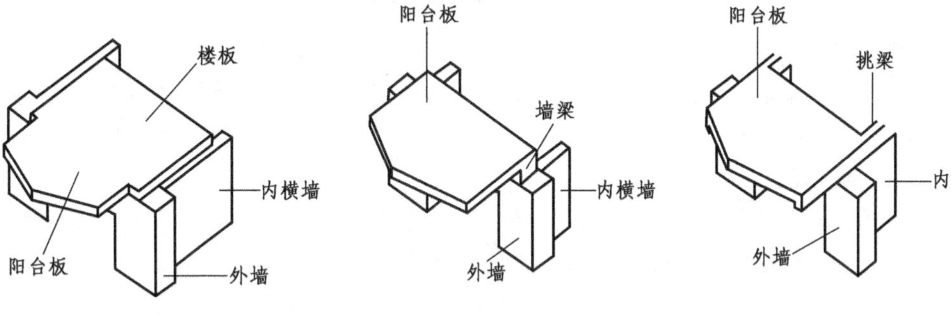

a)挑板式　b)压梁式　c)挑梁式

图 2-66 现浇钢筋混凝土凸阳台

预制钢筋混凝土凸阳台有四种结构类型,如图 2-67 所示。其施工速度快,但抗震性能较差,常用于抗震设防要求不高的地区。

(2)阳台的构造

①栏杆(栏板)与扶手

栏杆(栏板)是为保证人们在阳台上活动安全而设置的竖向构件,要求坚固可靠,舒适美观。其净高应高于人体的重心,不宜小于 1.05m,也不应超过 1.2m。

栏杆一般由金属杆或混凝土杆制作,其垂直杆件间净距不应大于 110mm,如图 2-68 所示。栏板有钢筋混凝土栏板和玻璃栏板等。

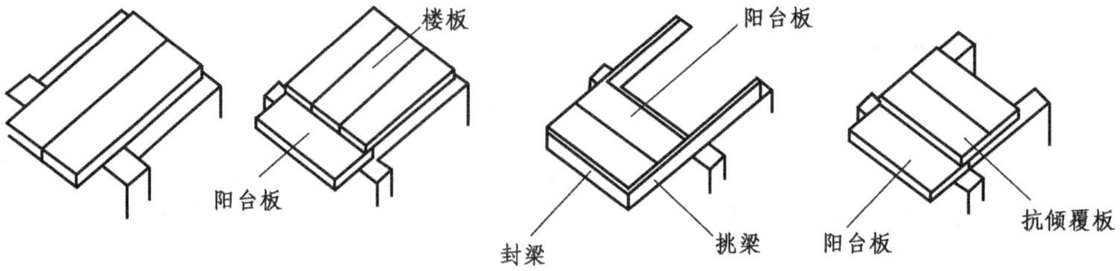

a)跳板外伸式　b)楼板压重式　c)挑梁式　d)抗倾覆板式

图 2-67　预制钢筋混凝土凸阳台

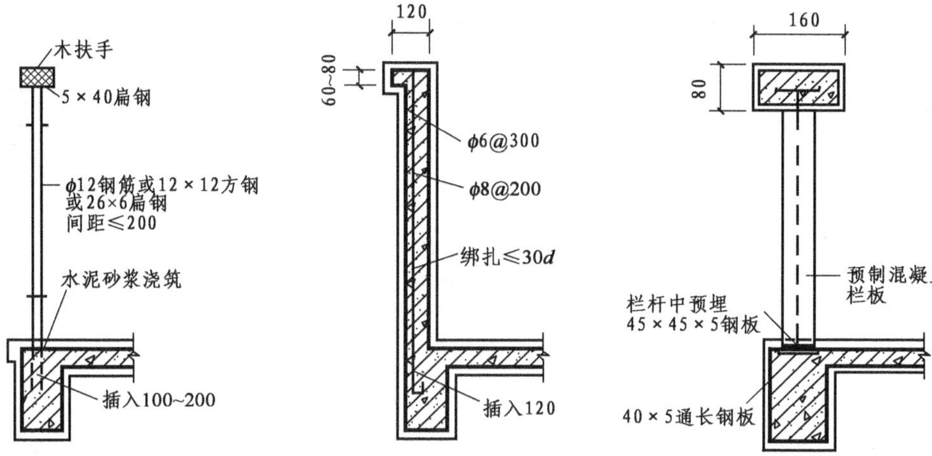

a)金属栏杆　b)现浇混凝土栏板　c)预制钢筋混凝土栏板

图 2-68　阳台栏杆(栏板)与扶手的构造(尺寸单位:mm)

②阳台排水

阳台外排水适用于低层和多层建筑,具体做法是在阳台一侧或两侧设排水口,阳台地面向排水口做成 1% ~ 2% 的坡度,排水口内埋设 40 ~ 50 镀锌钢管或塑料管(称水舌),外挑长度不少于 80mm,以防雨水溅到下层阳台,如图 2-69a)所示。

内排水适用于高层建筑和高标准建筑,具体做法是在阳台内设置排水立管和地漏,将雨水直接排入地下管网,保证建筑立面美观,如图 2-69b)所示。

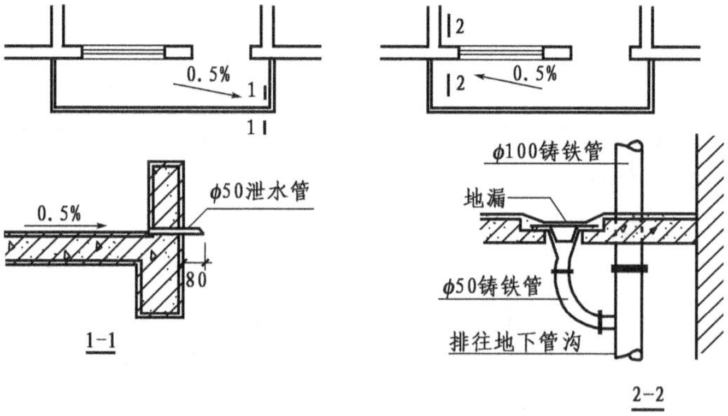

a)水舌排水　b)排水管排水

图 2-69　阳台排水构造

2）雨篷

雨篷是建筑物入口处位于外门上部用以遮挡雨水、保护外门免受雨水侵害的水平构件，其作用是强调建筑物的入口，提供照明设施、遮阳、挡雨及排水等。从设计上来看，雨篷反映建筑物的性质、特征，并与建筑物的整体和周围环境相协调。结构上与阳台类似，能抗倾覆，保证使用安全。雨篷从材料上有钢筋混凝土雨篷、钢结构悬挑雨篷、玻璃采光雨篷、轻金属折叠支架结构雨篷等。

（1）钢筋混凝土雨篷

传统的钢筋混凝土雨篷，当挑出长度较大时，雨篷由梁、板、柱组成，其构造与楼板相同；当挑出长度较小时，雨篷与凸阳台一样做成悬臂构件，一般由雨篷和雨篷板组成，如图2-70所示。雨篷梁可兼做门过梁。高度一般不小于300mm，宽度同墙厚。雨篷板的悬挑长度一般为900～1500mm，宽出门洞500mm以上，可形成变截面的板，但根部厚度应不小于洞口跨度的1/8，且不小于100mm，端部不小于50mm。

（2）钢结构悬挑雨篷

钢结构悬挑雨篷由支撑系统、骨架系统和板面系统三部分组成，这种雨篷具有结构与造型简单、轻巧，施工便捷、灵活，同时富有现代感，广泛应用于现代建筑中，如图2-71、图2-72所示。

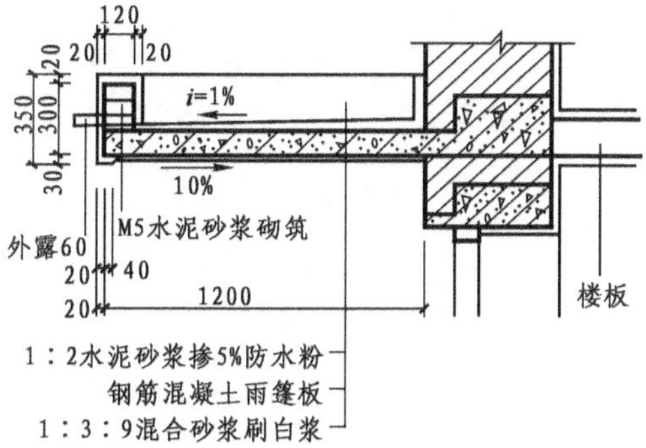

图2-70 钢筋混凝土雨篷构造（尺寸单位：mm）

图2-71 钢结构玻璃采光雨篷

（3）玻璃采光雨篷

玻璃采光雨篷是用阳光板、钢化玻璃作雨篷面板的新型透光雨篷。其特点是结构轻巧，造型美观，透明新颖，富有现代感，也是现代建筑中广泛采用的一种雨篷，如图2-72所示。

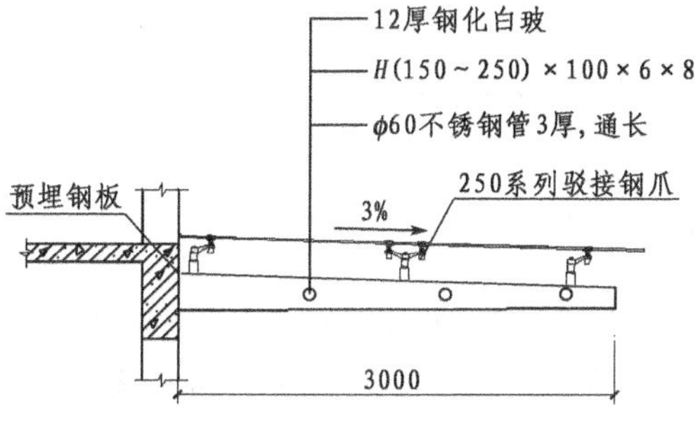

图2-72 钢结构玻璃采光雨篷构造（尺寸单位：mm）

任务 2.4　识读楼梯构造图

【任务描述】

通过学习楼梯构造与识读楼梯详图,明确楼梯的组成,能识读楼梯详图,能初步进行楼梯设计,能熟悉现浇钢筋混凝土板式楼梯和梁板式楼梯的构造,以及台阶、坡道、电梯和自动扶梯。

【能力目标】

(1)能说出楼梯的组成。

(2)能说出楼梯各部分的尺度要求。

(3)能识读楼梯详图。

(4)能查阅相关规范。

(5)能基本设计楼梯。

(6)能团队合作。

【知识目标】

(1)掌握楼梯的组成、类型等。

(2)掌握楼梯的构造要求。

(3)掌握楼梯详图的识读方法。

(4)掌握楼梯的设计要求。

(5)熟悉相关规范。

(6)熟悉现浇钢筋混凝土板式楼梯和梁板式楼梯、预制装配式钢筋混凝土楼梯的构造,以及台阶、坡道、电梯和自动扶梯。

【学习性工作任务】

(1)测绘 1:1 模型楼梯或实物楼梯(尺度数据)。

(2)完成楼梯详图识图报告。

(3)按照图纸尺寸选取适当比例制作楼梯模型。

(4)进行楼梯设计并绘制楼梯详图。

习题:测绘楼梯

视频:楼梯类型与组成

2.4.1　认识楼梯、明确楼梯的组成

在建筑物中,为解决垂直交通和高差,常采用以下措施,如图 2-73 所示。

坡道:用斜坡来解决地面的高差,可作为无障碍设施。高差较小,坡度在 10°以内,应用于轮椅、车辆。

台阶：在建筑物入口处，为解决室内外地面的高差而设置的阶梯，坡度在23°以内。

楼梯：解决不同楼层之间垂直联系的交通枢纽，坡度23°～45°，控制在38°以内，应用最广。

电梯：电梯是一种以电动机为动力的垂直升降机，装有箱状吊舱，用于多层建筑乘人或载运货物，坡度为90°，用于7层以上多层和高层建筑。

自动扶梯：是一种以运输带方式运送行人的运输工具，人流大、使用频繁、使用标准高。坡度以30°为宜。

爬梯：坡度为45°～90°，适合使用人数次数少的消防检修用。

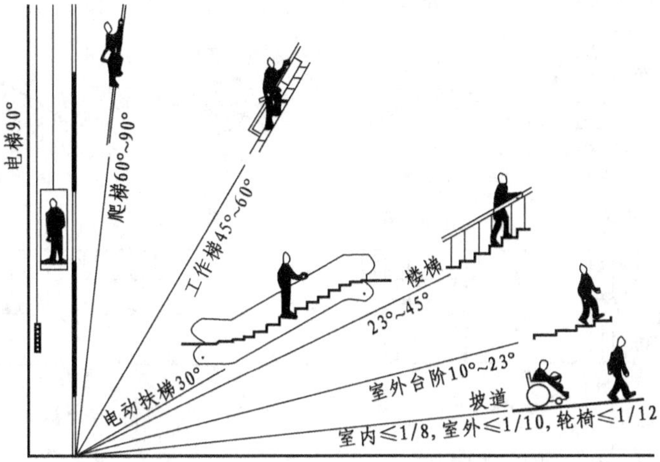

图2-73　楼梯、爬梯及坡道的范围

1）楼梯的类型

①按承重结构所用材料分，有钢筋混凝土楼梯、木楼梯、钢楼梯等。

②按使用性质分，有主要楼梯、辅助楼梯、疏散楼梯和消防楼梯。

③按楼梯平面形式分，有直上式（直跑楼梯）、曲尺式（折角楼梯）、双折式（双跑楼梯）、多折式（多跑楼梯）、剪刀式、弧形和螺旋式等，如图2-74所示，其中弧形和螺旋式楼梯不得用于疏散。

④按位置分，有室内楼梯和室外楼梯等。

⑤按楼梯间平面形式分开敞式楼梯间、封闭式楼梯间、防烟楼梯间，如图2-75所示。

2）楼梯的组成

（1）楼梯段

楼梯段是联系两个不同标高平台的倾斜构件，它由若干踏步和斜梁或板构成。

（2）平台

平台是指两楼梯段之间的水平构件。根据所处的位置不同，有中间平台和楼层平台之分。

（3）栏杆（栏板）扶手

栏杆（栏板）扶手是设在楼梯段及平台边缘的安全防护设施。要求必须坚固可靠，并具有适宜的安全高度，如图2-76所示。

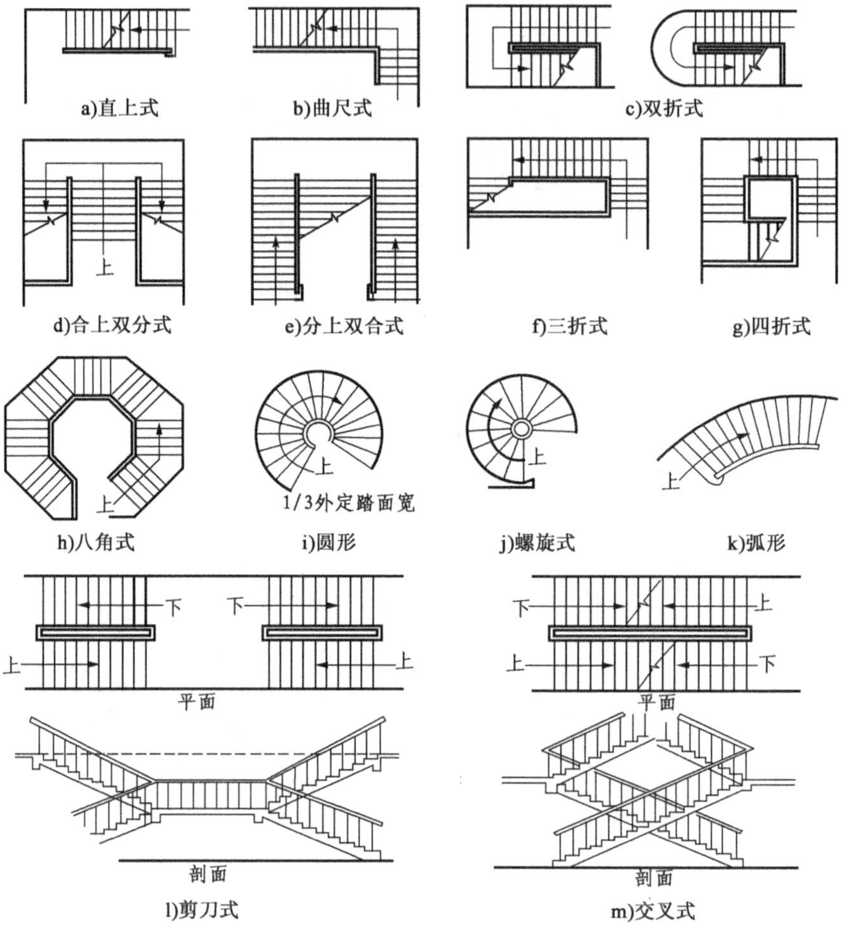

图 2-74　各种楼梯形式

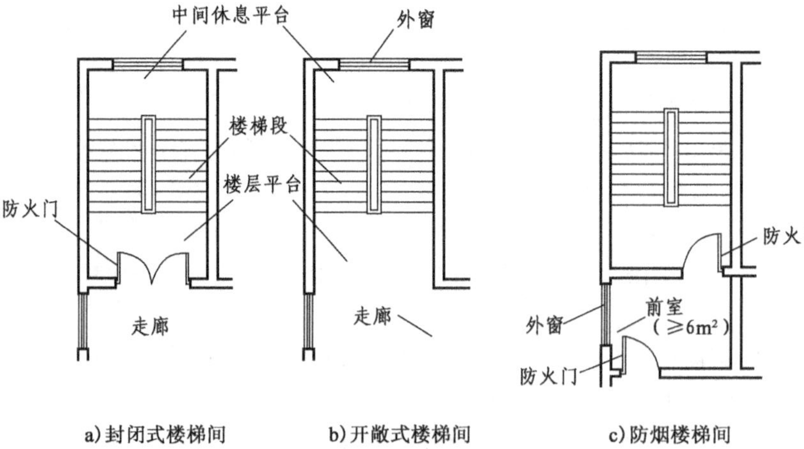

图 2-75　楼梯间的形式

3）楼梯的尺度

（1）楼梯的坡度

楼梯的常用坡度范围为23°～45°，一般认为30°是楼梯的适宜坡度，如图2-73所示。

（2）楼梯的踏步尺寸

楼梯的踏步尺寸包括踏面宽和踏面高，踏面是人脚踩的部分，其宽度不应小于成年人的脚长，一般为250～320mm，见表2-5。踏面高与踏面宽有关，根据人上一级踏步相当于在平地上的平均步距的经验，踏步尺寸可按下面的经验公式来确定，如图2-77所示。

楼梯踏步最小宽度和最大高度（单位：m）　　表2-5

楼梯类别	最小宽度	最大高度
住宅共用楼梯	0.26	0.175
幼儿园、小学校等楼梯	0.26	0.15
电影院、剧场、体育馆、商场、医院、旅馆和大中学校等楼梯	0.28	0.16
其他建筑楼梯	0.26	0.17
专用疏散楼梯	0.25	0.18
服务楼梯、住宅套内楼梯	0.22	0.20

注：无中柱螺旋楼梯和弧形楼梯离内侧扶手中心0.25m处的踏步宽度不应小于0.22m。

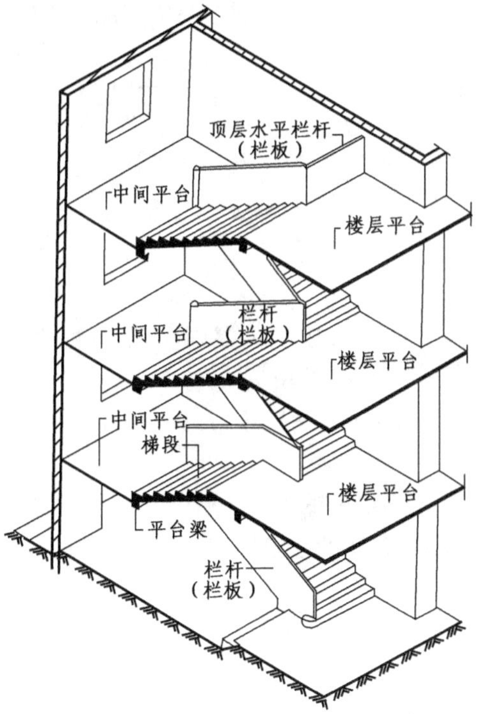

图2-76　楼梯的组成

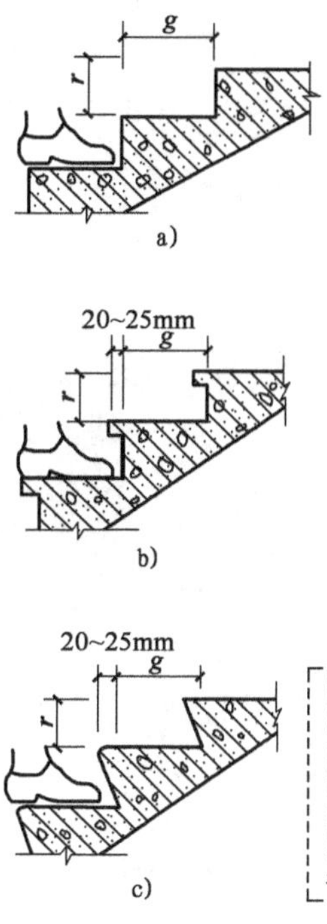

图2-77　踏步的尺寸

$$2r+g=600\sim620\text{mm}$$

式中：　　r——踢面高度（mm）；

g——踏面宽度(mm);

600 ~ 620mm——人的平均步距。

(3)梯段尺度

墙面至扶手中心线或扶手中心线之间的水平距离即楼梯梯段宽度,除应符合防火规范的规定外,供日常主要交通用的楼梯的梯段宽度应根据建筑物使用特征,按每股人流为0.55m + (0 ~ 0.15)m 的人流股数确定,并不应少于两股人流。0 ~ 0.15m为人流在行进中人体的摆幅,公共建筑人流众多的场所应取上限值。一般单股人流通行时梯段宽度应不小于900mm,双股人流通行时梯段宽度为1100 ~ 1400mm,三股人流通行时梯段宽度为1650 ~ 2100mm,如图2-78所示。

(4)平台宽度

为了保证通行顺畅和搬运家具设备的方便,楼梯平台的宽度应不小于楼梯段的宽度,如图2-79所示。

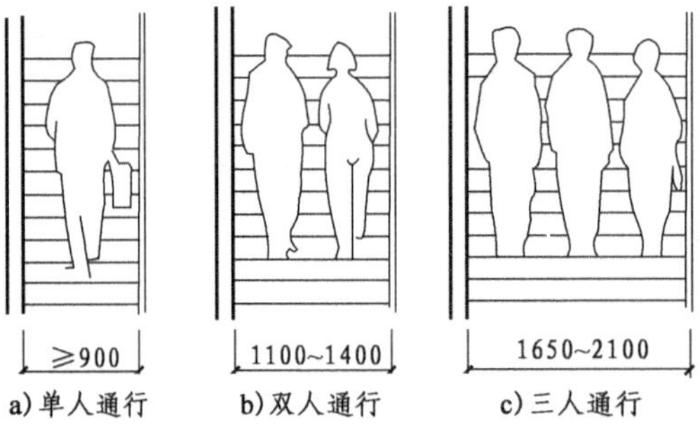

图2-78 梯段尺度(尺寸单位:mm)

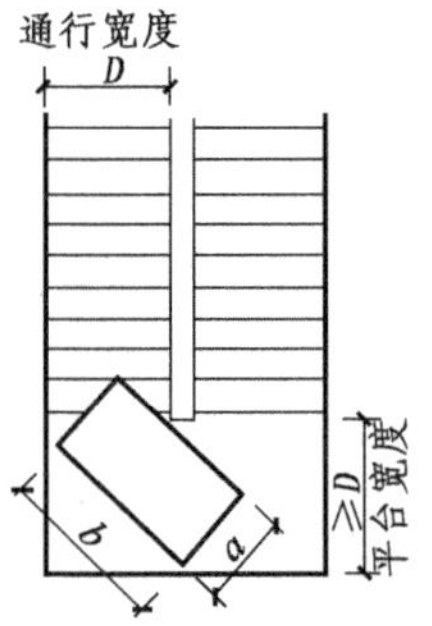

图2-79 平台宽度

(5)梯井宽度

梯井宽度以60 ~ 200mm为宜。楼梯井宽度大于0.11m时必须采取防止儿童攀滑的措施。

(6)栏杆(栏板)扶手的高度

扶手高度指踏步前缘到扶手顶面的垂直距离,一般为900mm左右。平台处水平栏杆(栏板)扶手的高度不应小于1000mm。靠楼梯井一侧水平扶手长度超过500mm时,其高度不应小于1050mm;供儿童使用的楼梯应在500 ~ 600mm高度增设扶手,如图2-80所示。

(7)楼梯的净空高度

梯段净高为自踏步前缘(包括最低和最高一级踏步前缘线以外0.30m范围内)量至上方凸出物下缘间的垂直高度。楼梯平台上部及下部过道处的净高不应小于2.00m,梯段净高不宜小于2.20m。如图2-81所示。

为保证平台下的净高,可采取以下方式解决:

①改用长短跑楼梯,如图2-82所示。

②下沉地面,如图2-83所示。

③综合法,如图2-84所示。

④不设置平台梁,如图2-85所示。

图 2-80　楼梯扶手的高度(尺寸单位:mm)

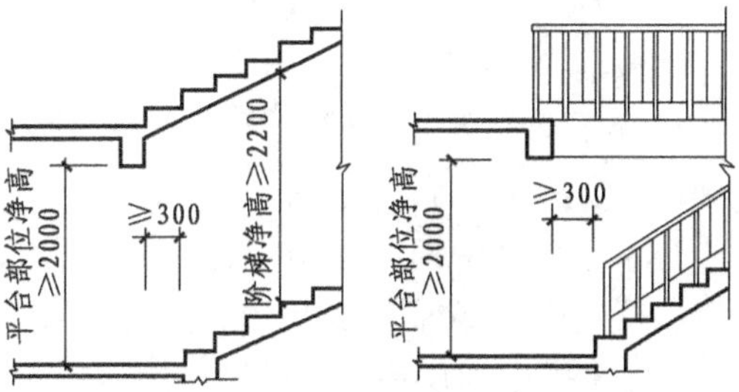

图 2-81　楼梯的净空高度(尺寸单位:mm)

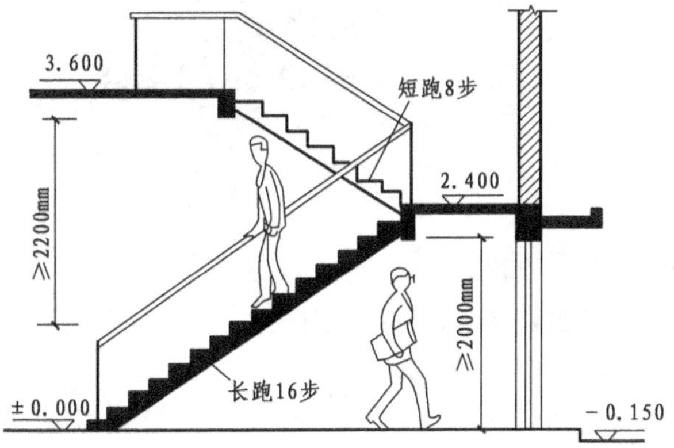

图 2-82　长短跑楼梯

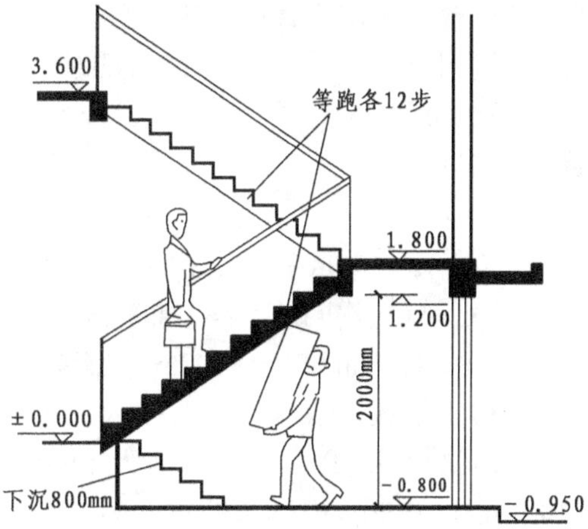

图 2-83　下沉地面

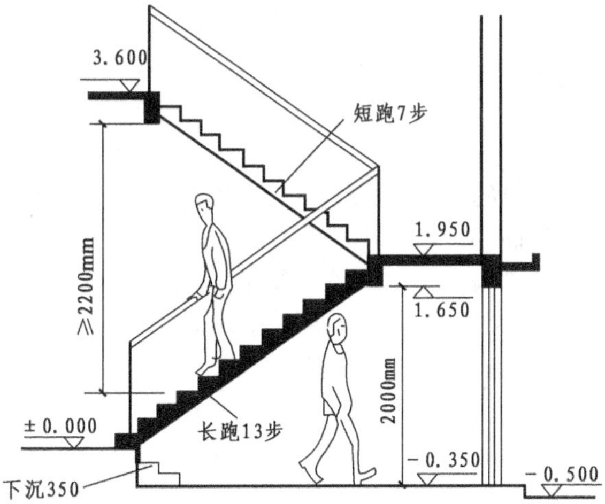

图 2-84　综合法

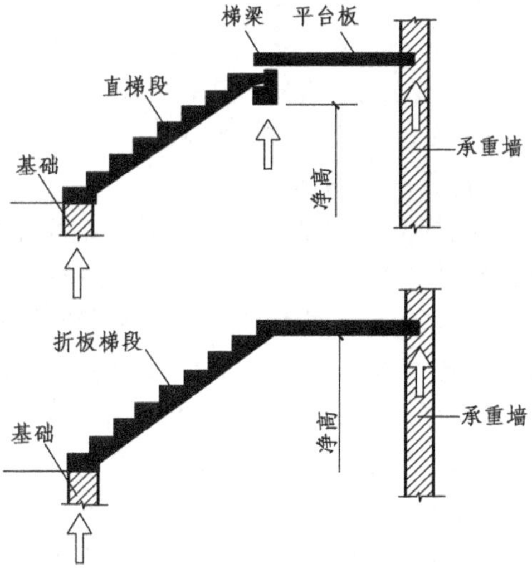

图 2-85　不设置平台梁

2.4.2 识读楼梯详图

楼梯详图是由楼梯平面图、楼梯剖面图和楼梯节点详图三部分构成。

1)楼梯平面图

楼梯平面图就是将建筑平面图中的楼梯间比例放大后画出的图样,比例通常为1∶50。

(1)楼梯底层平面图

当水平剖切平面沿底层上行第一梯段及单元入口门洞的某一位置切开时,便可以得到底层楼梯平面图,在底层平面图中,还应注出楼梯剖面图的剖切符号。

视频:识读楼梯详图

(2)楼梯中间层平面图

当水平剖切平面沿二层(其他中间层)上行第一梯段及梯间窗洞口的某一位置切开时,便可得到二层(其他中间层)楼梯平面图。

(3)楼梯顶层平面图

当水平剖切沿顶层门窗洞口的某一位置切开时,便可得到顶层楼梯平面图。

【例2-1】 楼梯平面图的识读方法,见教材附录楼梯详图(楼梯平面图识读主要以一层楼梯间为例)。

步骤:

(1)了解楼梯间在建筑物中的位置。

(2)了解楼梯间的开间、进深、墙体的厚度、门窗的位置。

开间2800mm,进深5700mm,墙体240mm厚,门M1位于③、④轴之间。

(3)了解楼梯段、楼梯井和休息平台的平面形式、位置、踏步的宽度和数量。

梯段的水平投影长度分别为1400mm和2520mm,楼梯井宽100mm,休息平台宽分别为1300mm和1640mm,踏步的宽度为280mm,踏步的数量为9+1=10个。

(4)了解楼梯的走向以及上下行的起步位置,该楼梯走向如图中箭头所示。

(5)了解楼梯段各层平台的标高。

底层两平台的标高分别为±0.000m和0.920m。

(6)在底层平面图中了解楼梯剖面图的剖切位置及剖视方向。

A-A剖开之后往右投影。

2)楼梯剖面图

楼梯剖面图是用假想的铅垂剖切平面,通过各层的一个梯段和门窗洞口,将楼梯垂直剖切,向另一侧未剖到的梯段方向作投影,所得到的剖面图。

楼梯剖面图主要表明各层梯段及休息平台的标高,楼梯的踏步步数,踏面的宽度及踢面的高度,各种构件的搭接方法,楼梯栏杆的高度,楼梯间各层门窗洞口的标高及尺寸。

楼梯剖面图的识读方法(以教材附录楼梯详图为例):

(1)了解楼梯的构造形式。

比如一层至二层为双跑楼梯。

(2)了解楼梯在竖向和进深方向的有关尺寸。

竖向:①各层及平台的标高,比如一至二层中间休息平台的标高为0.920m,二层的楼面标高为2.520m;②踏步的高度及数量,比如一至二层上行的第二梯段为10×160=1600m,表明这一梯段总共有 10 个踏步，每个踏步的高度为 160mm，竖向的高度为 1600mm。

进深方向：与平面图对照识读，每层可得出同样的平台宽度、梯段水平投影长度和踏步宽度。

(3)了解楼梯段、平台、栏杆、扶手等的构造和用料说明。

(4)了解图中的索引符号，从而知道楼梯细部做法。

3)楼梯节点详图

楼梯节点详图主要表达楼梯栏杆、踏步、扶手的做法，如图 2-86a)、b)所示。可知楼梯扶手的高是 50mm，宽是 80mm，材料是本色水曲柳硬木。方钢均为满焊焊接，防锈漆刷两遍，黑色烤漆罩面。

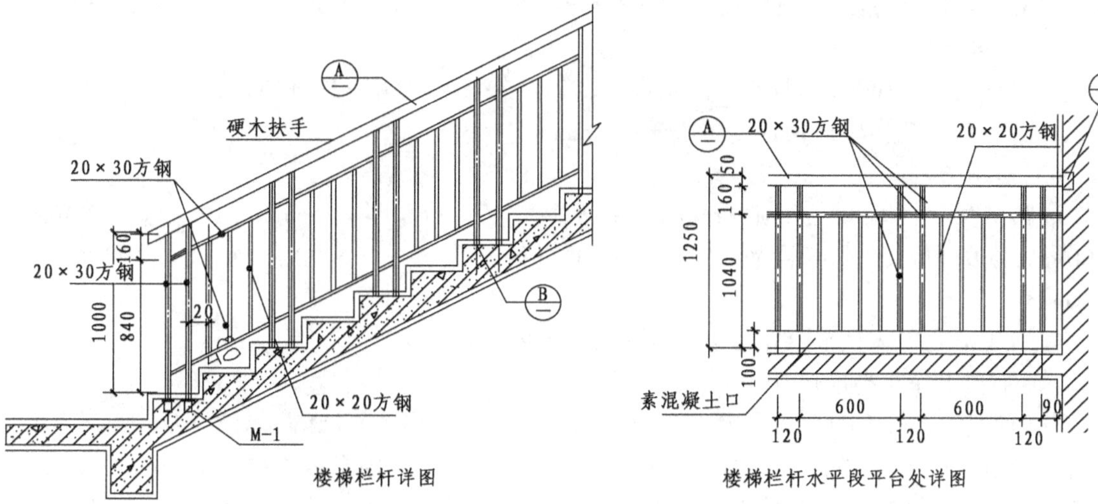

a)

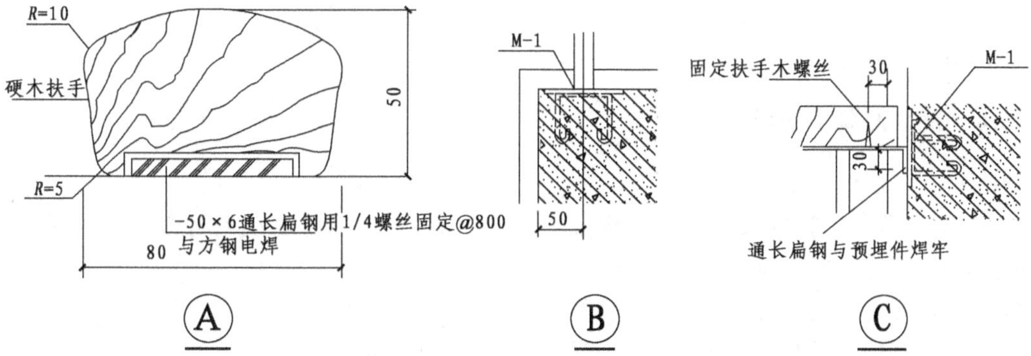

方钢均为满焊焊接，防锈漆刷两遍，黑色烤漆罩面，本色水曲柳梗木扶手

b)

图 2-86　楼梯栏杆扶手详图(尺寸单位：mm)

2.4.3　楼梯设计

楼梯是建筑物的竖向构件，是供人和物上下楼层和疏散人流之用。因此对楼梯的设计要求首先是应具有足够的通行能力，即保证楼梯有足够的宽度和合

视频：楼梯设计

适的坡度；其次为使楼梯通行安全，应保证楼梯有足够的强度、刚度，并具有防火、防烟和防滑等方面的要求；另外楼梯造型要美观，增强建筑物内部空间的观瞻效果。

【例 2-2】 某三层公共建筑楼梯，每层层高 3600mm，楼梯开间 3000mm，进深 6600mm，室内外高差 750mm，楼梯间墙厚均为 240mm，平台梁高 300mm，楼梯平台下做出入口，试设计一封闭式楼梯。

解题步骤：

(1)层高方向

取踏步高度 $h_1 = 150$mm，则每层的踏步数量 $n_1 = 3600$mm/150mm = 24 步，因需满足每跑踏步数量 3～18 步的要求，设置成等跑双跑楼梯，则每跑的踏步数量为 $n_2 = 24$ 步/2 = 12 步。

(2)开间方向

取梯井宽 $b_1 = 160$mm，则梯段宽 $b_2 = (3000 - 120 \times 2 - 160)/2 = 1300$mm。

(注：公共建筑物楼梯井宽度不小于 150mm)

(3)进深方向

取踏步宽度 $b_3 = 300$mm，则梯段的水平投影长度 $L = (n_2 - 1) \times b_3 = (12 - 1) \times 300$mm = 3300mm，休息平台的宽度设置成等宽，则每边得宽度 $b_4 = (6600 - 120 \times 2 - 3300)/2 = 1530$mm。

(注：规范要求休息平台宽度≥梯段宽度，且≥1200mm)

(4)平台下净空高度尺寸

不处理前，平台下的净空高度 $h_2 = 3600/2 - 300 = 1500$mm(300mm 为平台梁高)，不满足平台下净空高度≥2000mm 的要求，采用下沉地面的方法。利用室内外高差 750mm，600mm 用于室内，共设 4 个踏步，每个踏步宽 300mm，高 150mm；另外 150mm 用于室外，则平台下净空的高度为 1500 + 600 = 2100mm，满足要求。

(5)校核

设计后的楼梯详图如图 2-87 所示。

2.4.4 钢筋混凝土楼梯

1)现浇整体式钢筋混凝土楼梯

现浇式钢筋混凝土楼梯又称整体式钢筋混凝土楼梯，是指在施工现场将楼梯段、楼梯平台等构件支模板、绑扎钢筋和浇筑混凝土而成。

这种楼梯整体性好，刚度大，对抗震较为有利。但施工速度慢，模板耗费多，施工周期长，且受季节限制，多用于楼梯形式复杂或抗震要求较高的建筑中。

(1)板式楼梯

板式楼梯一般由梯段板、平台梁、平台板组成，如图 2-88 所示。

(2)梁板式楼梯

梁板式楼梯一般由梯段板、斜梁、平台梁、平台板组成。

斜梁的结构布置有双斜梁和单斜梁，如图 2-89 所示。

斜梁在下面时可布置在一侧(单梁式)、两侧(双梁式)或中部(梁悬臂式)，如图 2-90 所示。

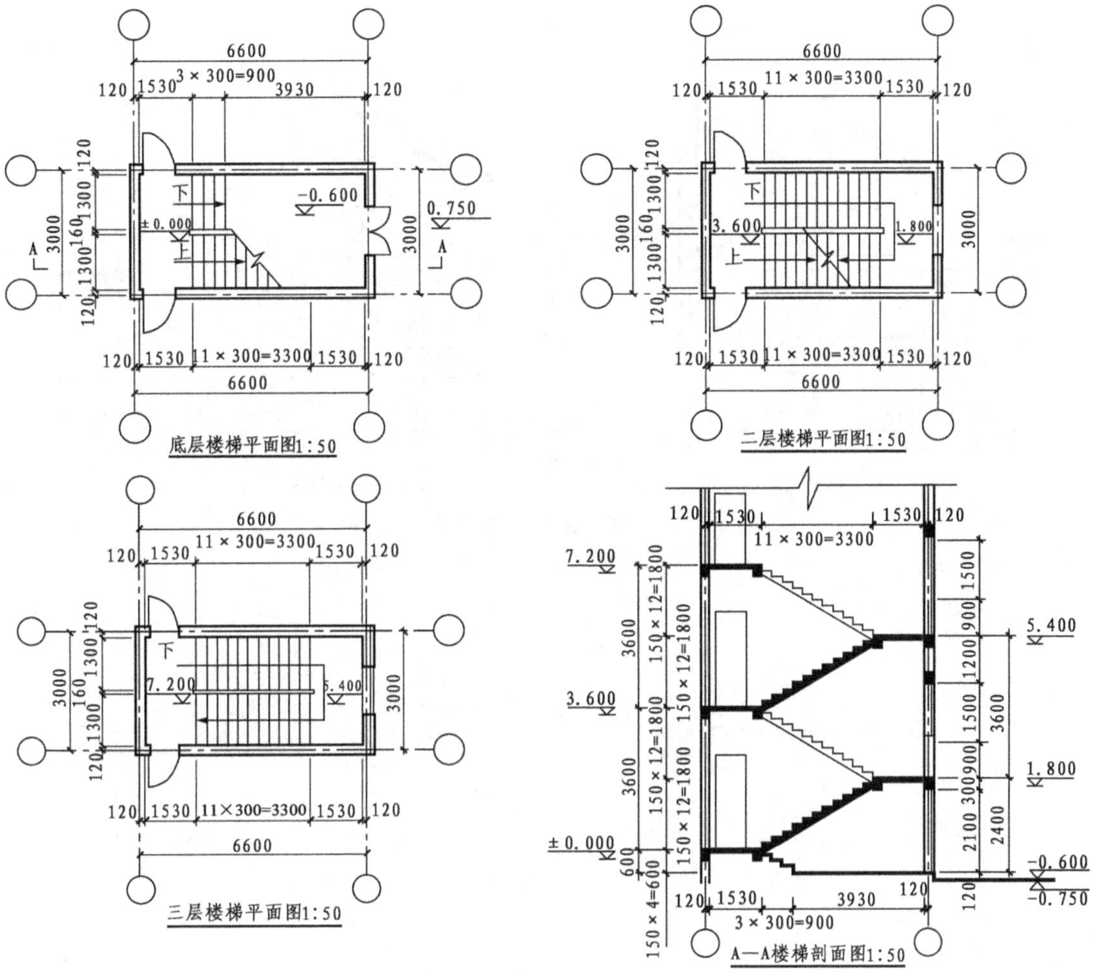

图 2-87　楼梯详图(尺寸单位:mm)

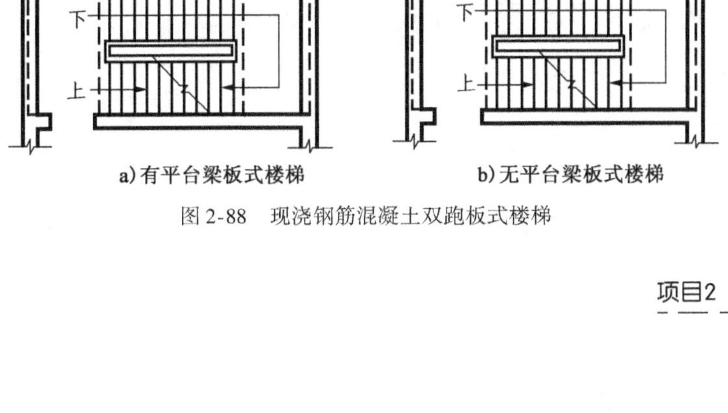

a)有平台梁板式楼梯　　b)无平台梁板式楼梯

图 2-88　现浇钢筋混凝土双跑板式楼梯

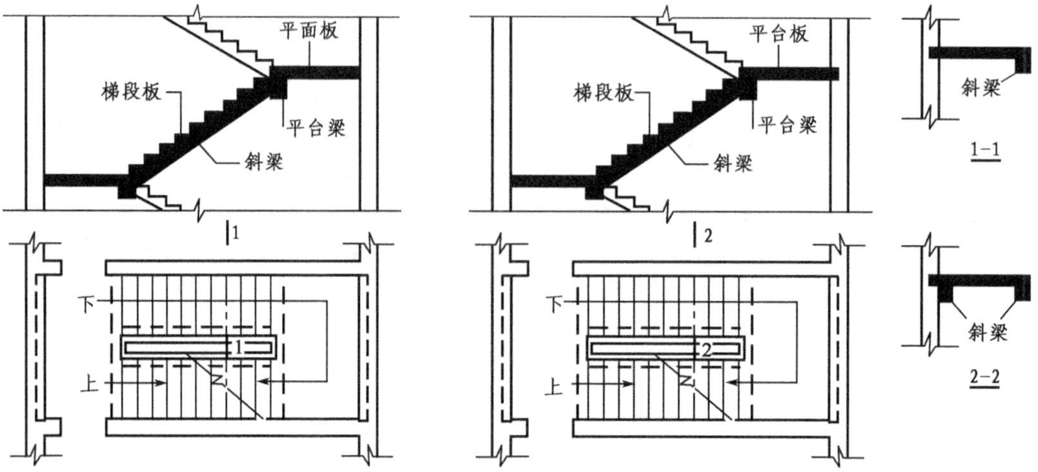

a)单斜梁式梯段　　b)双斜梁式梯段

图 2-89　现浇钢筋混凝土双跑梁板式楼梯

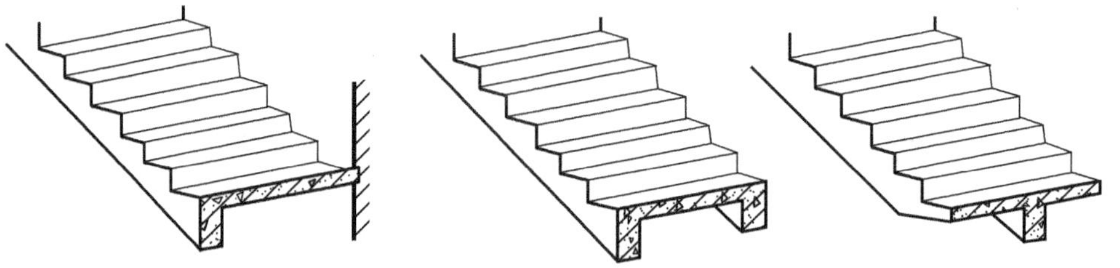

a)斜梁设在梯段一侧　　b)斜梁设在梯段两侧　　c)斜梁设在梯段中

图 2-90　梁板式楼梯

斜梁布置在侧面时有正梁式(明步)、反梁式(暗步)两种做法。

明步做法是指斜梁在踏步板下面露出一部分,且踏步外露,这种做法梯段形式较为明快,但在板下露出的梁其阴角容易积灰,如图 2-91a)所示。

暗步做法是指斜梁上翻包住踏步板,梯段底面平整且可防止污水污染梯段下面。但凸出的斜梁将占据梯段一定的宽度,如图 2-91b)所示。

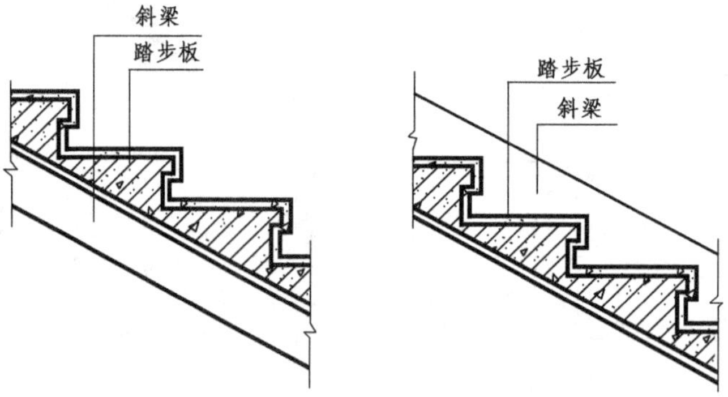

a)明步梯段　　b)暗步梯段

图 2-91　梁板式楼梯

2)预制装配式钢筋混凝土楼梯

预制装配式钢筋混凝土楼梯是将楼梯的组成构件在工厂或工地现场预制,然后在施工现场拼装而成。

这种楼梯施工进度快,节省模板,现场湿作业少,施工不受季节限制,有利于提高施工质量。但预制装配式钢筋混凝土楼梯的整体性、抗震性能以及设计灵活性差,故应用受到一定限制。

2.4.5 楼梯的细部构造

1)踏步面层及防滑构造

(1)踏步面层

楼梯踏步要求面层耐磨、防滑、易于清洁,构造做法一般与地面相同,如水泥砂浆面层、水磨石面层、缸砖贴面、大理石和花岗岩等石材贴面、塑料铺贴或地毯铺贴等,如图 2-92 所示。

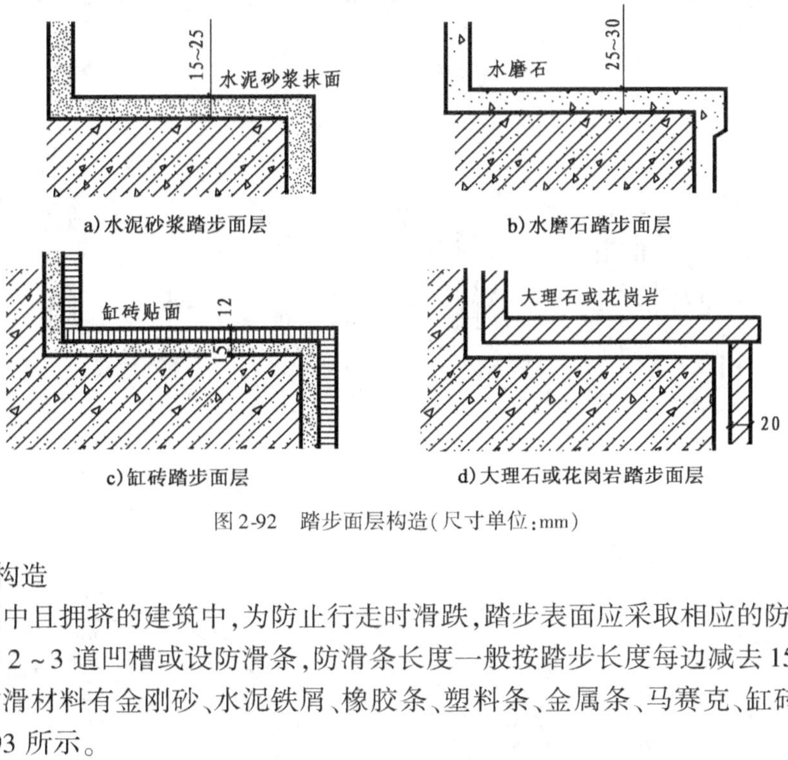

图 2-92 踏步面层构造(尺寸单位:mm)

(2)防滑构造

在人流集中且拥挤的建筑中,为防止行走时滑跌,踏步表面应采取相应的防滑措施。通常是在踏步口留 2 ~3 道凹槽或设防滑条,防滑条长度一般按踏步长度每边减去 150mm。

常用的防滑材料有金刚砂、水泥铁屑、橡胶条、塑料条、金属条、马赛克、缸砖、铸铁和折角铁等,如图 2-93 所示。

2)栏杆、栏板和扶手

(1)栏杆与扶手的类型

楼梯的栏杆、栏板和扶手是梯段上所设的安全设施,根据梯段的宽度设于一侧或两侧或梯段的中间,应满足安全坚固,美观舒适,构造简单,施工和维修方便等要求。

①栏杆

栏杆按其构造做法及材料的不同,有空花栏杆、实心栏板和组合式栏杆三种,如图 2-94 ~图 2-97所示。

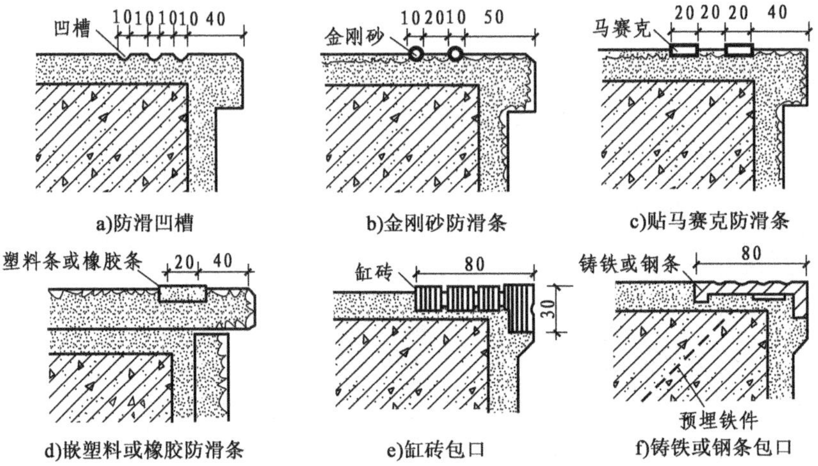

图 2-93　踏步防滑构造(尺寸单位:mm)

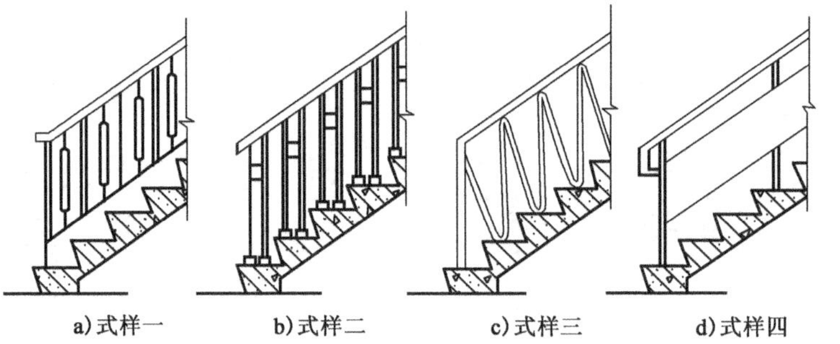

图 2-94　空花栏杆式样

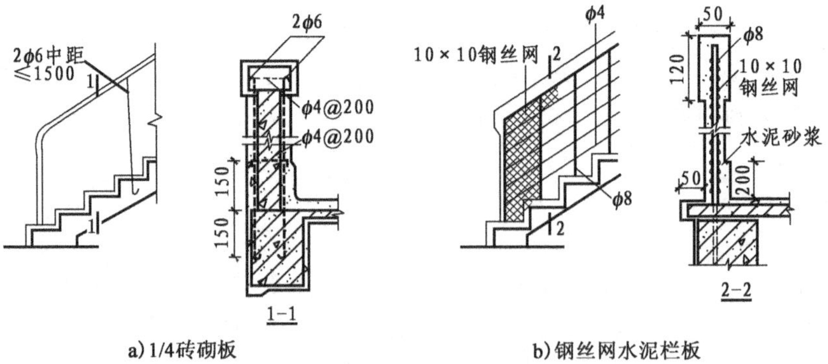

图 2-95　实心栏板(尺寸单位:mm)

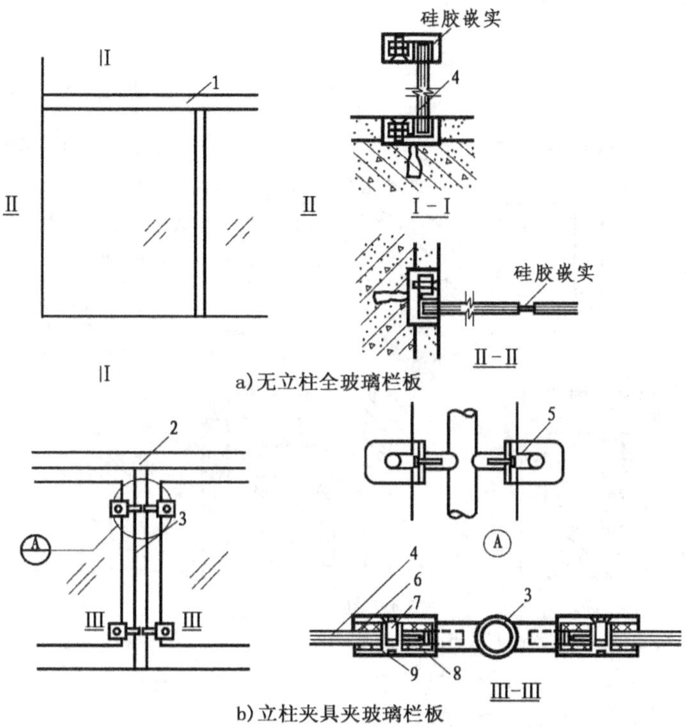

图 2-96　玻璃栏板的安装方法

1-不锈钢扶手;2-木扶手;3-ϕ40 钢管立柱;4-12mm 厚玻璃;5-玻璃开槽;6-橡胶衬垫;7-紧固件;8-铜夹;9-紧固件

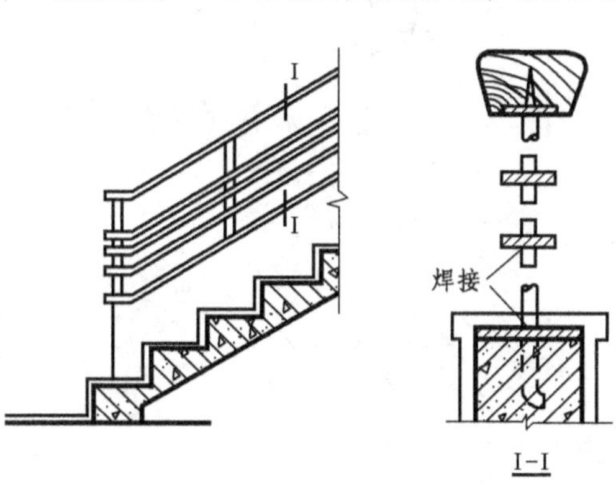

图 2-97　组合式栏杆

②扶手

扶手的断面大小应便于扶握,顶面宽度一般不宜大于 90mm。扶手的材料应手感舒适,一般用硬木、塑料、金属管材(钢管、铝合金管、不锈钢管)制作。

栏板顶部的扶手多用水磨石或水泥砂浆抹面形成,也可用大理石、花岗石或人造石材贴面而成,如图 2-98所示。

(2)栏杆扶手的连接构造

①栏杆与梯段的连接

栏杆通常用以下三种方法安装在踏步侧面或踏步面上的边沿部分:在栏杆与梯段的对应

位置预埋铁件焊接，预留孔洞用细石混凝土填实，钻孔用膨胀螺栓固定，如图 2-99 所示。

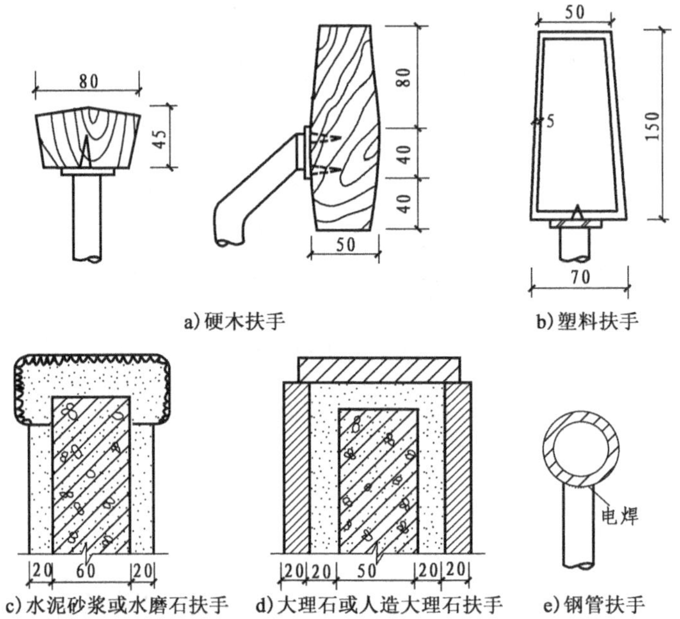

图 2-98　栏杆与扶手的连接(尺寸单位:mm)

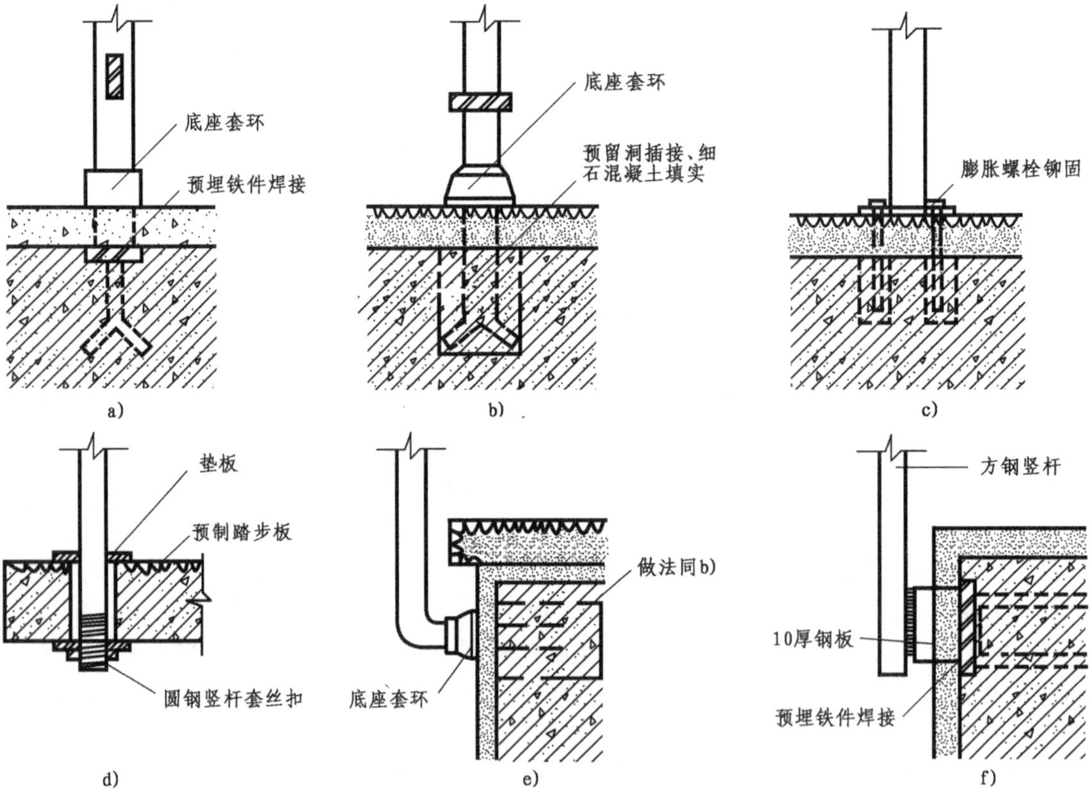

图 2-99　栏杆与梯段的连接

②栏杆与扶手的连接

一般按两者的材料种类采用相应的连接方法，如木扶手与钢栏杆顶部的通长扁铁用螺钉连接，金属扶手与钢栏杆焊接，石材扶手与砌体或混凝土栏板用水泥砂浆黏结。

③扶手与墙体、柱的连接

扶手与砖墙连接时，一般是在墙上预留孔洞，将扶手的连接扁钢插入孔洞内，用细石混凝土填实，如图 2-100a)、c)所示。

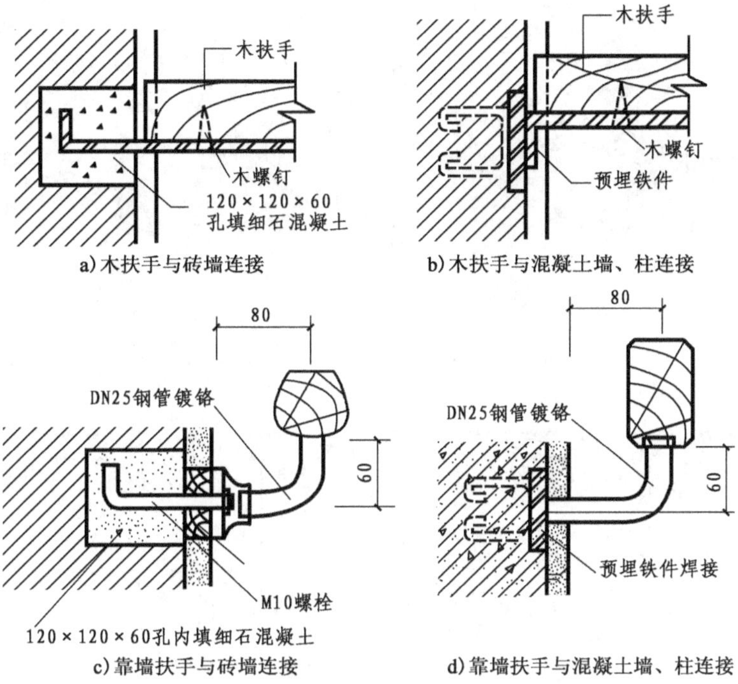

图 2-100　扶手与墙体的连接(尺寸单位:mm)

当扶手与混凝土墙、柱连接时，一般采用预埋钢板焊接，如图 2-100b)、d)所示。

④栏杆扶手转折处理

当上下行梯段齐步时，上下行扶手同时伸进平台半步，扶手为平顺连接，转折处的高度与其他部位一致，如图 2-101a)所示。

当平台宽度较窄时，扶手不宜伸进平台，应紧靠平台边缘设置，扶手为高低连接，在转折处形成向上弯曲的鹤颈扶手，如图 2-101b)所示。

鹤颈扶手制作麻烦，可改用斜接，如图 2-101c)所示。

当上下行梯段错步时，将形成一段水平扶手，如图 2-101d)所示。

2.4.6　台阶与坡道

视频：台阶与坡道

1)室外台阶

室外台阶由踏步和平台组成，有单面踏步(一出)、双面踏步、三面踏步(三出)、带垂直面(或花池)、曲线形和带坡道等形式，如图 2-102 所示。

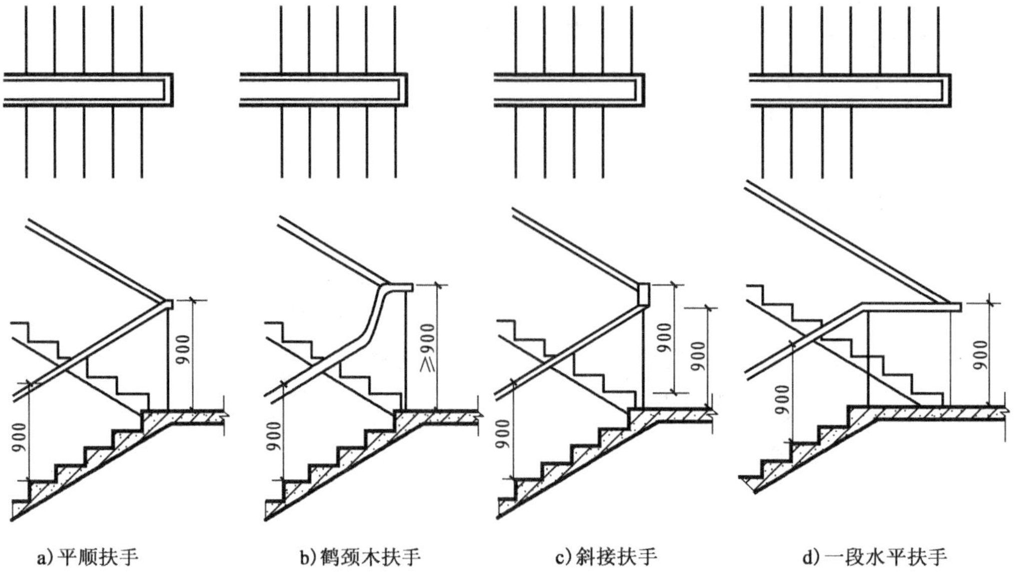

图 2-101 栏杆扶手转折处理(尺寸单位:mm)

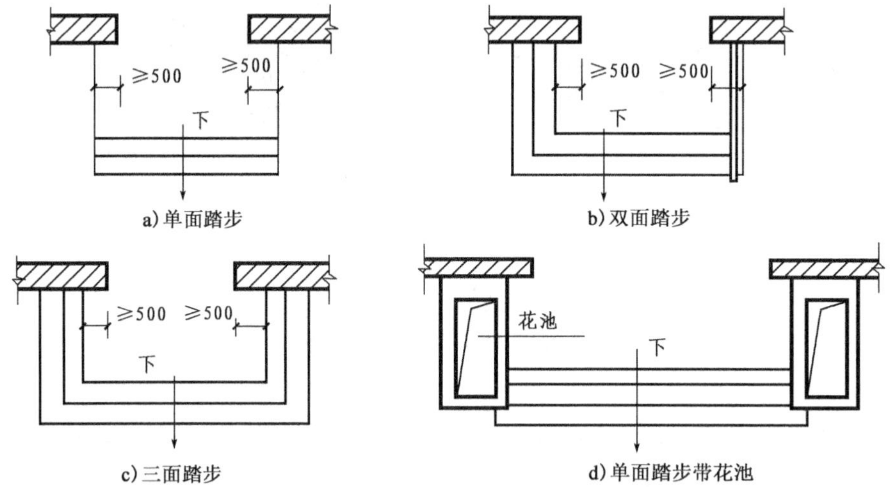

图 2-102 室外台阶形式(尺寸单位:mm)

(1) 尺度

室外台阶是解决室内外地坪高差的交通设施,其坡度一般较平缓,每级台阶踢面高度 120 ~ 150mm,踏面宽度最好为 300 ~ 400mm。室外台阶的尺度要求,如图 2-103 所示。

(2) 构造

室外台阶和平台应采用耐久性、耐磨性和抗冻性好的材料,如天然石材、混凝土、缸砖等。台阶的做法有实铺式和架空式,如图 2-104 所示。

2) 室外坡道

坡道可和台阶结合应用,如正面做台阶,两侧做坡道,如图 2-105 所示。

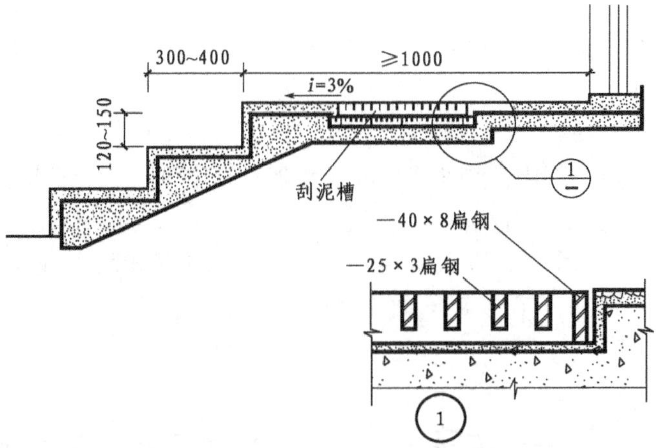

图 2-103　室外台阶的尺度要求(尺寸单位:mm)

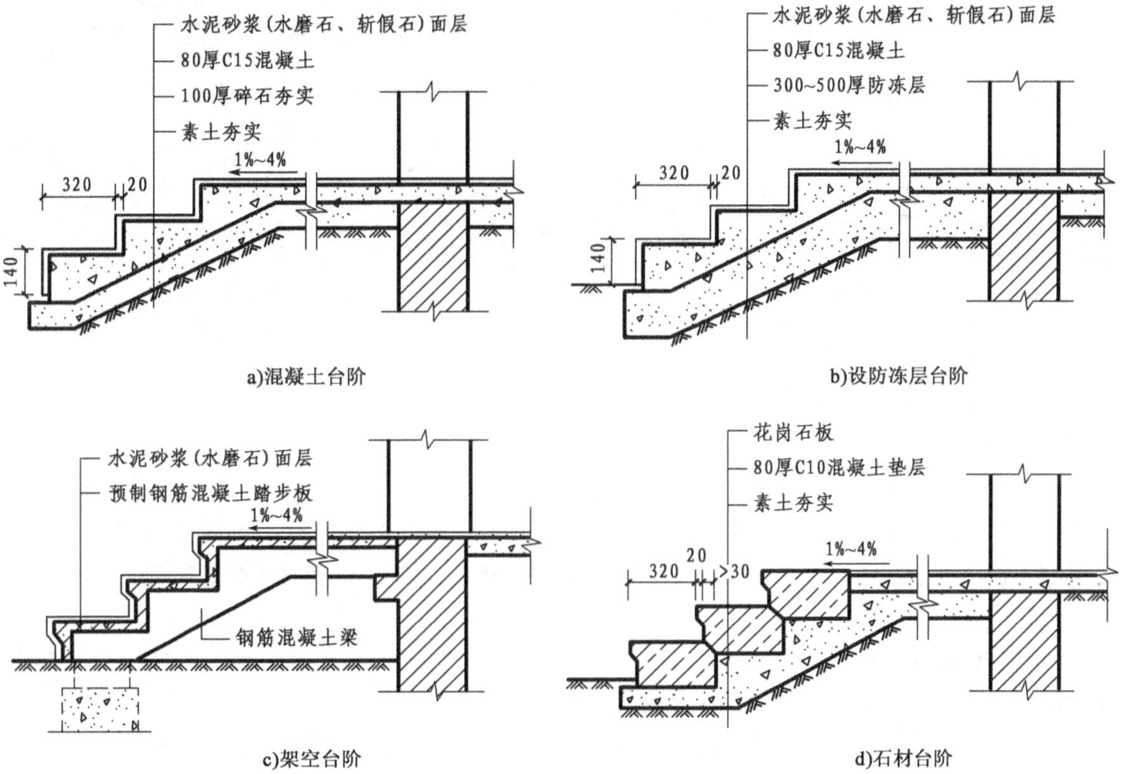

图 2-104　台阶构造(尺寸单位:mm)

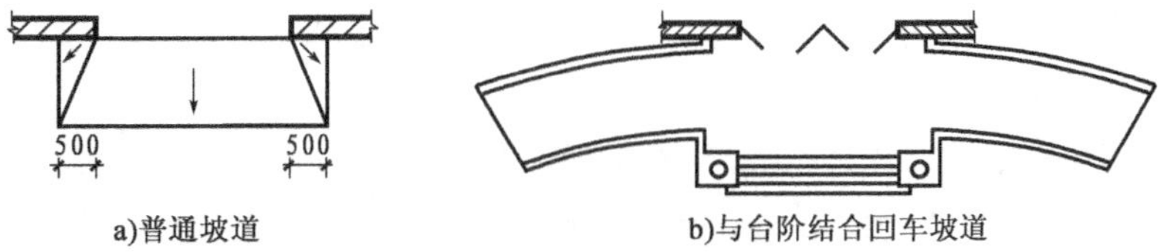

图 2-105　坡道的形式(尺寸单位:mm)

(1)坡道尺度

坡道的坡段宽度每边应大于门洞口宽度至少500mm,坡段的出墙长度取决于室内外地面高差和坡道的坡度大小。

(2)坡道构造

坡道与台阶一样,也应采用坚实耐磨和抗冻性能好的材料,一般常用混凝土坡道,也可采用天然石材坡道,如图2-106a)、b)所示。

当坡度大于1/8时,坡道表面应做防滑处理,一般将坡道表面做成锯齿形或设防滑条防滑,如图2-106c)、d)所示,亦可在坡道的面层上做划格处理。

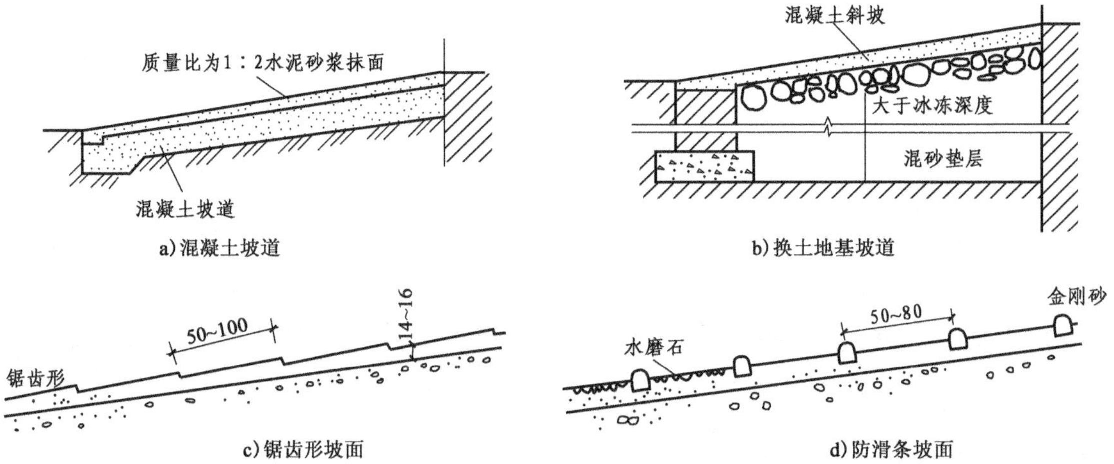

图2-106　坡道构造(尺寸单位:mm)

3)无障碍设计

无障碍设计主要是针对下肢残疾者和视力残疾者等弱势群体。建筑物的入口是联系室内外环境的空间主要部位,是进入建筑物内部的必经之路,其无障碍设计更是尤为重要,轮椅坡道便是其中之一。公共建筑与高层、中高层居住建筑入口设台阶时,必须设轮椅坡道和扶手;当用地条件紧张,设置坡道有困难时,可采用机械升降装置来解决室内外高差问题。

轮椅坡道的相关规定:

(1)坡道的休息平台:轮椅坡道的形式有直线形、L形或U形,在坡道两端的水平段及坡道转弯处,应设有深度不小于1.5m的轮椅停留和缓冲地段。

(2)坡道的坡度不应大于1:12,旧建筑改造或受现状条件的限制时,坡度允许做到1:10~1:8。

(3)轮椅坡道的宽度:当坡道较短和人流量较少时,室内坡道的宽度不应小于1.0m,室外不应小于1.2m;坡道较长且有一定人流量时,室内坡道的宽度不应小于1.2m,室外不应小于1.5m。

(4)扶手及安全挡台:坡道及休息平台两侧需设置扶手,且扶手应保持连贯,在起点和终点外要水平延伸0.30m以上;为了防止拐杖头和轮椅前面的小轮滑出栏杆间的空档,应在栏杆下设置不小于50mm的安全挡台。

2.4.7 电梯与自动扶梯

1）电梯

电梯是高层建筑和某些多层建筑（如医院、商场和厂房等）必需的垂直交通设施，其类型有客梯、货梯、专用电梯、消防电梯和液压电梯等。

电梯通常由电梯井道、电梯轿厢和运载设备三部分组成。

电梯井道内安装导轨、撑架和平衡重，轿厢沿导轨滑行，由金属块叠合而成的平衡重用吊索与轿厢相连保持轿厢平衡。

电梯轿厢供载人或载货用，要求经久耐用，造型美观。

运载设备包括动力、传动和控制系统三部分，如图 2-107所示。

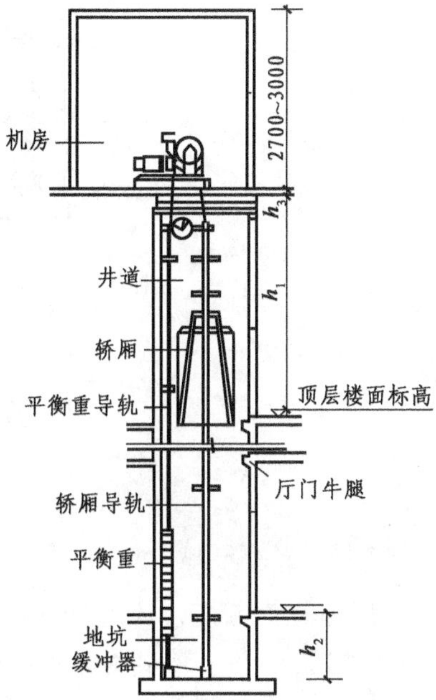

图 2-107 电梯组成示意图

2）自动扶梯

自动扶梯的坡度比较平缓，一般为30°，运行速度为0.5～0.7m/s，规格有单人和双人两种。自动扶梯的平面布置方式有折返式、平行式、连贯式和交叉式几种，如图 2-108 所示。

电梯和自动扶梯均不用作安全出口。

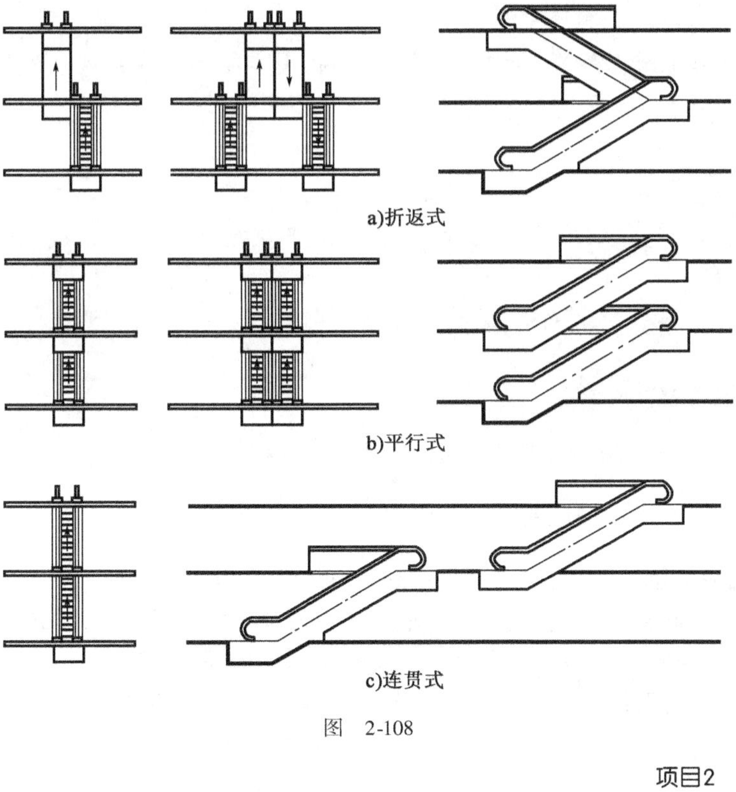

a)折返式

b)平行式

c)连贯式

图 2-108

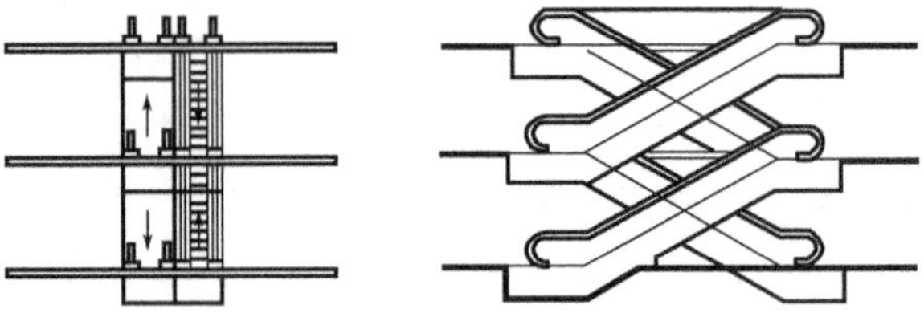

d)交叉式

图 2-108　自动扶梯布置方式

任务 2.5　识读屋顶构造图

【任务描述】

(1)通过学习屋顶构造,了解常见屋顶的类型和排水构造要求。通过识读和绘制平屋顶细部构造图,熟悉平屋顶构造组成,掌握平屋顶细部构造做法。

(2)通过学习坡屋顶构造,了解常见坡屋顶的构造要求。通过识读和绘制坡屋顶细部构造图,熟悉坡屋顶构造组成,掌握坡屋顶细部构造做法。

【能力目标】

(1)能说出常见的屋面形式,各自优缺点;能根据图纸描述说出平屋面的构造组成;能说出平屋顶细部构造名称;能测绘平屋顶节点构造。

(2)能根据图纸说出坡屋面的构造组成,能根据图纸绘制或根据实物测绘坡屋顶构造(现浇混凝土屋面)。

【知识目标】

(1)认识常见屋顶,了解其排水组织形式;熟悉平屋顶防水构造组成;掌握平屋顶细部防水构造做法和要求。

(2)认识常见坡屋顶防水构造,掌握坡屋顶细部防水构造做法和要求。

【学习性工作任务】

识读和绘制平屋面构造图,识读和绘制坡屋面构造图。

2.5.1　屋顶的作用及构造要求

视频：屋顶的作用和类型

屋顶是建筑最上层的围护构件。其主要作用是承受作用于屋顶上的风荷载、雪荷载以及施工和检修屋面的各种荷载;抵御自然界的风、雨、雪、太阳辐射热和气温变化等的影响。同时,屋顶作为建筑轮廓形式的重要部分,对建筑形象起着突出的作用。因此,屋顶具有不同的类型和相应的设计要求。

1)强度和刚度要求

首先要有足够的强度以承受作用于其上的各种荷载的作用,其次要有足够的刚度,防止过大的变形导致屋面防水层开裂而渗水。

2)防水排水要求

屋顶防水排水是屋顶构造设计应满足的基本要求。在屋顶的构造设计中,主要是依靠"防"和"排"的共同作用来完成防水要求的。

3)保温隔热要求

屋顶作为建筑物最上层的外围护结构,应具有良好的保温隔热性能。在严寒和寒冷地区,屋顶构造设计应主要满足冬季保温的要求,尽量减少室内热量的散失;在温暖和炎热地区,屋顶构造设计应主要满足夏季隔热的要求,避免室外高温及强烈的太阳辐射对室内生活和工作的不利影响。

4)建筑艺术要求

屋顶是建筑物外部形体的重要组成部分,屋顶的形式对建筑的特征有很大的影响。变化多样的屋顶外形,装修精美的屋顶细部,是中国传统建筑的重要特征之一。在建筑技术日益先进的今天,如何应用新型的建筑结构和种类繁多的装修材料来处理好屋顶的形式和细部,提高建筑物的整体美观效果,是建筑设计中不可忽视的重要方面。

综上所述,屋面工程应符合下列基本要求:

(1)具有良好的排水功能和阻止水侵入建筑物内的作用。

(2)冬季保温减少建筑物的热损失和防止结露。

(3)夏季隔热降低建筑物对太阳辐射热的吸收。

(4)适应主体结构的受力变形和温差变形。

(5)承受风、雪荷载的作用不产生破坏。

(6)具有阻止火势蔓延的性能。

(7)满足建筑外形美观和使用的要求。

2.5.2 屋顶的组成和形式

屋顶主要由屋面层、承重结构层、保温(隔热)层和顶棚四部分组成。常见屋面基本构造层次见表2-6。

屋面基本构造层次 表2-6

屋面类型	基本构造层次(自上而下)
卷材、涂膜屋面	保护层、隔离层、防水层、找平层、保温层、找平层、找坡层、结构层
	保护层、保温层、防水层、找平层、找坡层、结构层
	种植隔热层、保护层、耐根穿刺防水层、防水层、找平层、保温层、找平层、找坡层、结构层
	架空隔热层、防水层、找平层、保温层、找平层、找坡层、结构层
	蓄水隔热层、隔离层、防水层、找平层、保温层、找平层、找坡层、结构层
瓦屋面	块瓦、挂瓦条、顺水条、持钉层、防水层或防水垫层、保温层、结构层
	沥青瓦、持钉层、防水层或防水垫层、保温层、结构层

屋顶的形式可分为平屋顶、坡屋顶和曲面屋顶三大类。

1）平屋顶

为排除屋顶的雨水，屋顶必须有一定的坡度，我们通常将坡度小于5%的屋顶称为平屋顶，一般常用坡度为2%～3%，上人屋面坡度通常为1%～2%，如图2-109所示。

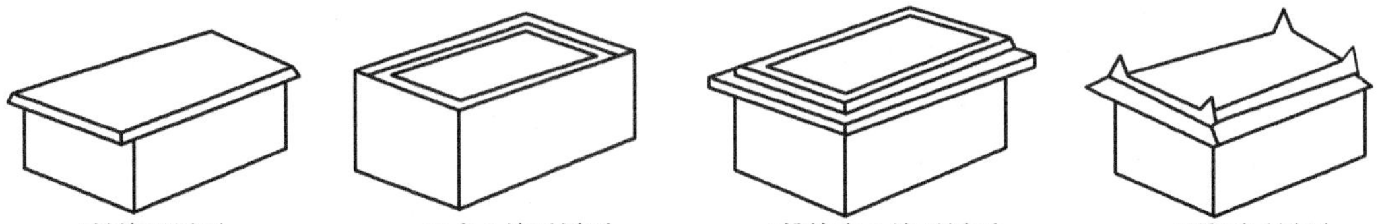

a)挑檐平屋顶　b)女儿墙平屋顶　c)挑檐女儿墙平屋顶　d)盝顶平屋顶

图2-109　平屋顶的形式

2）坡屋顶

坡屋顶是指坡度在10%以上的屋顶，如图2-110所示。

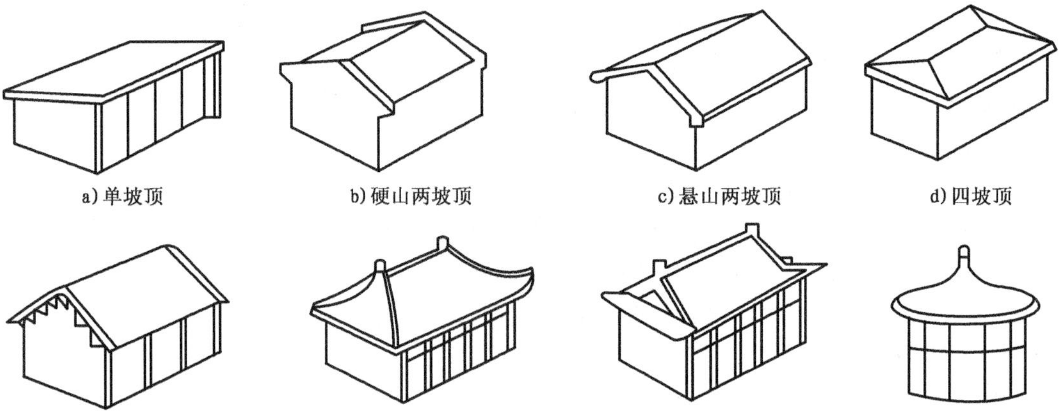

a）单坡顶　b）硬山两坡顶　c）悬山两坡顶　d）四坡顶

e）卷棚顶　f）庑殿顶　g）歇山顶　h）圆攒尖顶

图2-110　坡屋顶的形式

3）曲面屋顶

曲面屋顶是由各种薄壁壳体或悬索结构、网架结构等作为屋顶承重结构的屋顶。这类屋顶结构的内力分布均匀、合理，节约材料，适用于大跨度、大空间和造型特殊的建筑屋顶，如图2-111所示。

2.5.3　屋顶坡度的表示方法及形成

屋面工程应根据建筑物的建筑造型、使用功能、环境条件，遵照“保证功能、构造合理、防排结合、优选用材、美观耐用”的五项原则，对下列内容进行设计：

视频：屋顶坡度的表示方法和形成

（1）屋面防水等级和设防要求。

（2）屋面构造设计。

（3）屋面排水设计。

（4）找坡方式和选用的找坡材料。

（5）防水层选用的材料、厚度、规格及其主要性能。

（6）保温层选用的材料、厚度、燃烧性能及其主要性能。

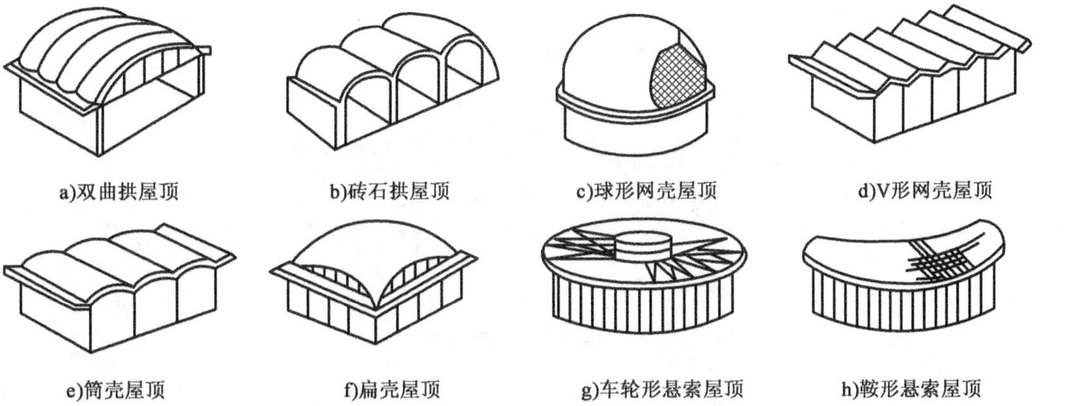

图 2-111　曲面屋顶的形式

(7)接缝密封防水选用的材料及其主要性能。

1)屋顶坡度的表示方法

屋顶坡度的常用表示方法有斜率法、百分比法和角度法三种。斜率法是以屋顶高度与坡面的水平投影长度之比表示,可用于平屋顶或坡屋顶;百分比法是以屋顶高度与坡面的水平投影长度的百分比表示,多用于平屋顶;角度法是以倾斜屋面与水平面的夹角表示,多用于有较大坡度的坡屋顶,目前在工程中较少采用。参见表 2-7。

屋顶坡度的表示方法　　表 2-7

屋顶类型	平屋顶	坡屋顶	
常用排水坡度	<5% 即 2% ~3%	一般大于 10%	
屋顶坡度表示方式	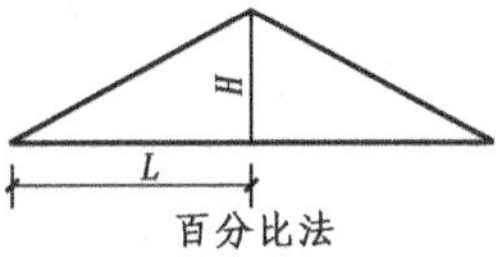 百分比法	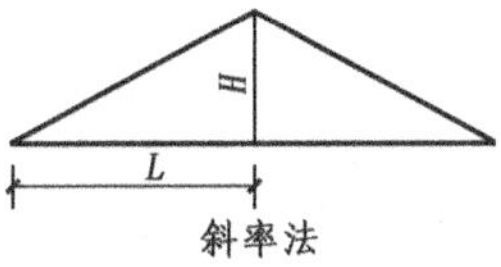 斜率法	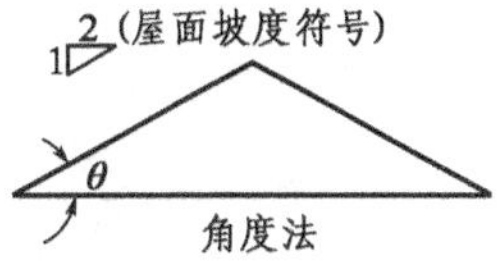 角度法
应用情况	普遍	普遍	较少采用,θ 多为 26°34′

2)屋顶坡度的形成

屋顶排水坡度的形成主要有材料找坡和结构找坡两种。

材料找坡,又称垫置坡度或填坡,是指将屋面板设为水平,然后在屋面板上采用轻质材料铺垫而形成屋面坡度的一种做法。常用的找坡材料有水泥炉渣、石灰炉渣等;材料找坡坡度宜为 2% 左右,找坡材料最薄处一般应不小于 20mm 厚。材料找坡的优点是可以获得水平的室内顶棚面,空间完整,便于直接利用,缺点是找坡材料增加了屋面自重。如果屋面有保温要求时,可利用屋面保温层兼作找坡层。目前这种做法被广泛采用。如图 2-112 所示。

结构找坡,又称搁置坡度或撑坡,是指将屋面板倾斜地搁置在下部的承重墙或屋面梁及屋架上而形成屋面坡度的一种做法。这种做法不需另加找坡层,屋面荷载小,施工简便,造价经济,但室内顶棚是倾斜的,故常用于室内设有吊顶棚或室内美观要求不高的建筑工程中。如图 2-113所示。

3)屋面防水等级

屋面防水工程应根据建筑物的类别、重要程度、使用工程要求确定防水等级,并按相应等

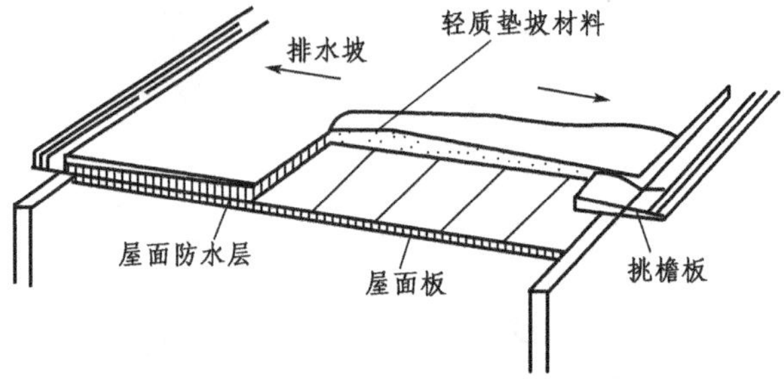

图 2-112　材料找坡

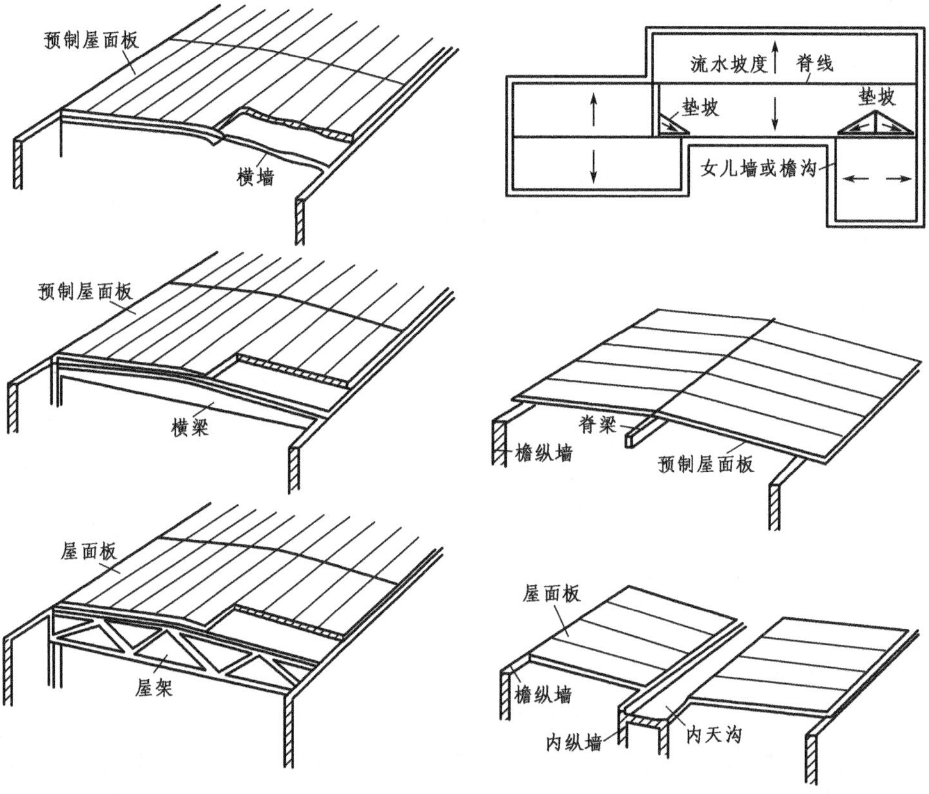

图 2-113　结构找坡

级进行防水设防，对防水有特殊要求的建筑屋面，应进行专项防水设计。屋面防水等级和设防要求应符合表 2-8 的规定。

屋面防水等级及设防要求　　表 2-8

防水等级	建筑类别	设防要求
Ⅰ级	重要建筑和高层建筑	两道防水设防
Ⅱ级	一般建筑	一道防水设防

卷材、涂膜屋面及瓦屋面防水等级和防水做法应符合表 2-9 和表 2-10 的规定。

卷材、涂膜屋面防水等级和防水做法　　表 2-9

防水等级	防水做法
Ⅰ级	卷材防水层和卷材防水层、卷材防水层和涂膜防水层、复合防水层
Ⅱ级	卷材防水层、涂膜防水层、复合防水层

注:在Ⅰ级屋面防水做法中,防水层仅作单层卷材时,应符合单层防水卷材屋面技术的有关规定。

瓦屋面防水等级和防水做法规定　　表 2-10

防水等级	防水做法
Ⅰ级	瓦 + 防水层
Ⅱ级	瓦 + 防水垫层

不同防水等级屋面的卷材选用可参照表 2-11、表 2-12。

每道卷材防水层最小厚度规定(单位:mm)　　表 2-11

防水等级	合成高分子防水卷材	高聚物改性沥青防水卷材		
		聚酯胎、玻纤胎、聚乙烯胎	自黏聚酯胎	自黏无胎
Ⅰ级	1.2	3.0	2.0	1.5
Ⅱ级	1.5	4.0	3.0	2.0

每道涂膜防水层最小厚度规定(单位:mm)　　表 2-12

防水等级	合成高分子防水涂膜	聚合物水泥防水涂膜	高聚物改性沥青防水涂膜
Ⅰ级	1.5	1.2	2.0
Ⅱ级	2.0	2.0	3.0

2.5.4　屋面排水组织方式

视频:屋面排水组织形式

1)无组织排水

无组织排水是指屋面雨水直接从檐口滴落至地面的一种排水方式,因为不用天沟、雨水管等导流雨水,故又称自由落水。主要适用于少雨地区或一般低层建筑,相邻屋面高差小于4m;不宜用于临街建筑和较高的建筑。

2)有组织排水

有组织排水是指雨水经由天沟、雨水管等排水装置被引导至地面或地下管沟的一种排水方式。在建筑工程中应用广泛。在工程实践中,由于具体条件的千变万化,可能出现各式各样的有组织排水方案,如外排水、内排水、内外排水。

(1)外排水

水落管装设在室外的一种排水方式,其优点是水落管不影响室内空间的使用和美观,构造简单,造价较低,渗透隐患较少且维修方便,是屋顶常用的排水方式。外排水分为挑檐沟外排水、女儿墙外排水和女儿墙带挑檐沟外排水三种,如图 2-114 所示。

(2)内排水

水落管装设在室内的一种排水方式,在多跨房屋、高层建筑以及有特殊需要时采用。水落

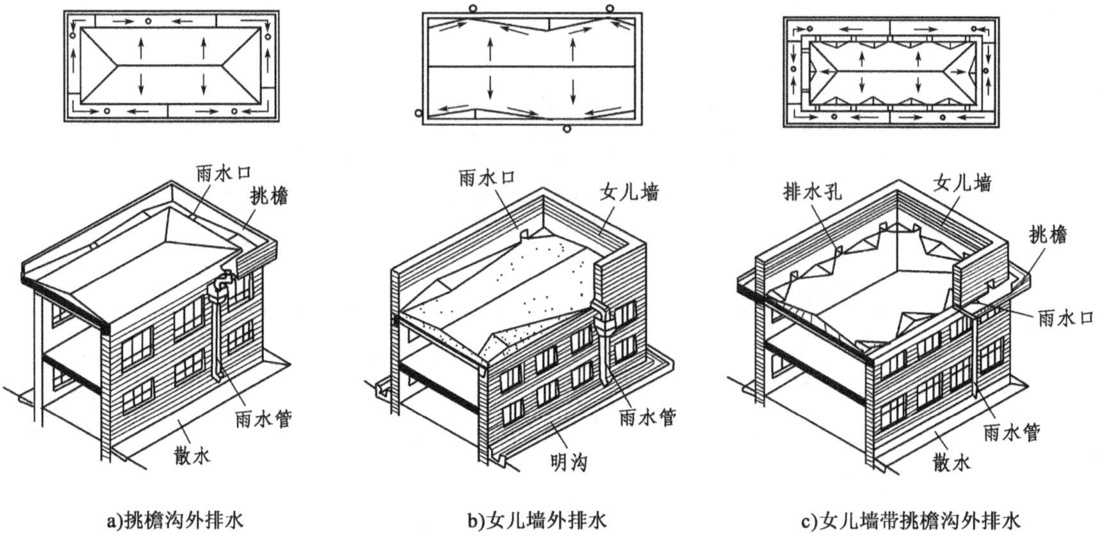

图 2-114　有组织外排水

管可设在跨中的管道井内,也可设在外墙内侧,如图 2-115 所示。

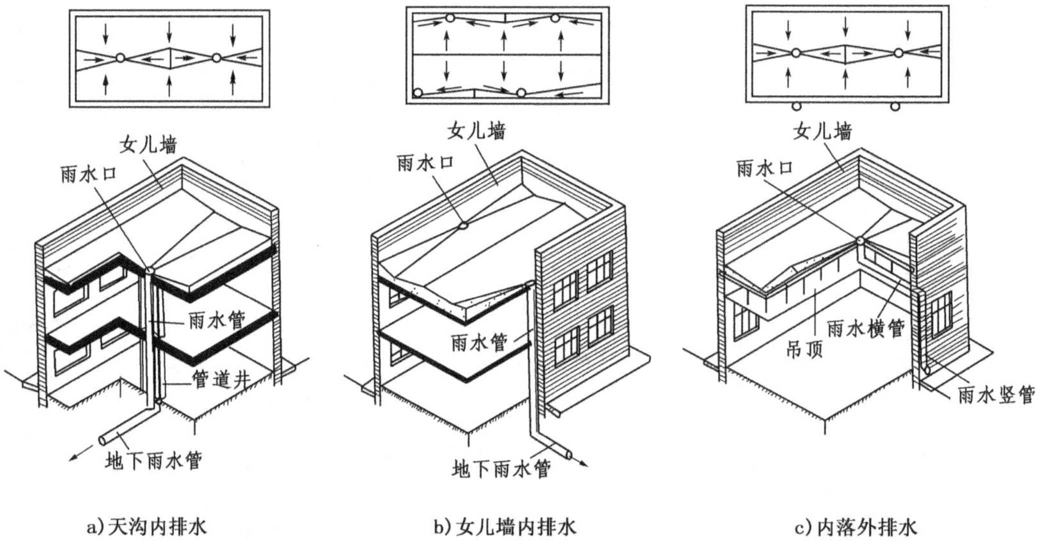

图 2-115　有组织内排水

2.5.5　屋顶排水组织设计

屋顶排水组织设计就是把屋顶划分成若干个排水区,将各区的雨水分别引向各雨水管,使排水线路短捷,雨水管负荷均匀,排水顺畅。因此屋顶须有适当的排水坡度,设置必要的天沟、雨水管和雨水口,并合理地确定这些排水装置的规格、数量和位置,最后将它们标绘在屋顶平面图上,这一系列的工作就是屋顶排水组织设计。

1)划分排水区域

划分排水区域的目的是便于均匀地布置雨水管。排水区域的大小一般按一个雨水口负担 $200m^2$ 屋顶面积的雨水考虑,屋顶面积按水平投影面积计算。

2)确定排水坡面的数目

一般情况下平屋顶屋顶深度小于12m时,可采用单坡排水,或临街建筑常采用单坡排水;进深较大时,为了不使水流的路线过长,宜采用双坡排水。坡屋顶则应结合造型要求选择单坡、双坡或四坡排水。

3)确定天沟断面大小和天沟纵坡的坡度值

天沟即屋顶上的排水沟,位于外檐边的天沟又称檐沟。天沟的功能是汇集和迅速排除屋顶雨水,故其断面大小应恰当,沟底沿长度方向应设纵向排水坡,简称天沟纵坡。天沟纵坡的坡度通常为0.5%~1%。无论在平屋顶还是坡屋顶中大多采用钢筋混凝土天沟。天沟的净断面尺寸应根据降雨量和汇水面积的大小来确定。一般建筑的天沟净宽不应小于200mm,天沟上口至分水线的距离不应小于120mm。如图2-116所示,是挑檐沟外排水的平面图和剖面图中天沟断面尺寸和天沟纵坡坡度。

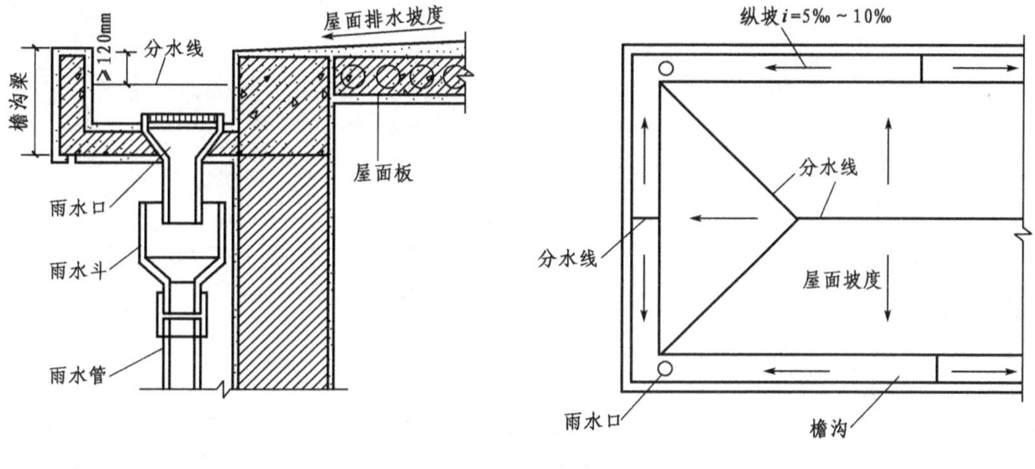

图2-116　挑檐沟外排水图

4)雨水管的规格及间距

雨水管根据材料分为铸铁、塑料、镀锌铁皮、石棉水泥、PVC和陶土等多种,应根据建筑物的耐久等级加以选择。最常采用的是塑料雨水管,其管径有50mm、75mm、100mm、125mm、150mm、200mm等几种规格。一般民用建筑常用75~100mm的雨水管,面积小于25m的露台和阳台可选用直径50mm的雨水管。雨水管的数量与雨水口相等,雨水管的最大间距应同时予以控制。雨水管的间距过大,会导致天沟纵坡过长,沟内垫坡材料加厚,使天沟的容积减少,大雨时雨水易溢向屋顶引起渗漏或从檐沟外侧涌出,一般情况下雨水口间距为18m,最大间距不宜超过24m。考虑上述各事项后,即可较为顺利地绘制屋顶平面图。如图2-117所示,是女儿墙外排水的平面图和剖面图中雨水管的排列。

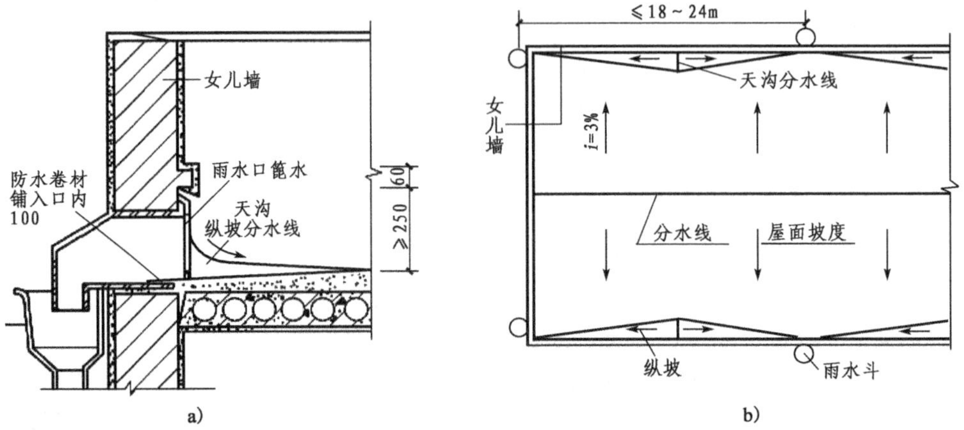

图 2-117　女儿墙外排水图(尺寸单位:mm)

2.5.6　平屋顶构造

1)柔性防水屋面的基本构造

柔性防水屋面由多层材料叠合而成,一般包括结构层、找坡层、找平层、结合层、防水层和保护层,如图 2-118、图 2-119 所示。

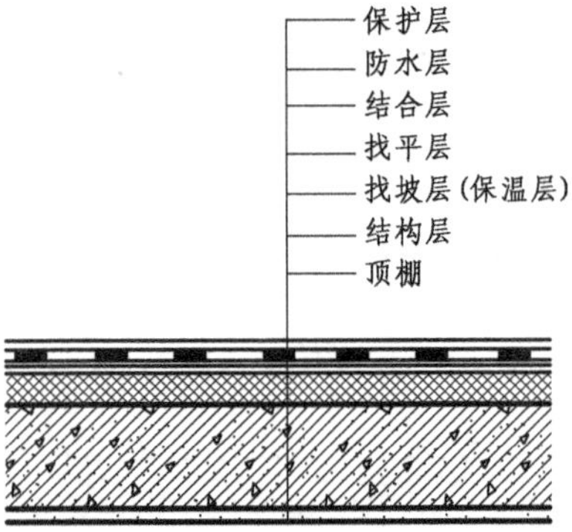

图 2-118　平屋顶防水构造

(1)结构层

柔性防水屋面的结构层通常为预制或现浇的钢筋混凝土屋面板。对于结构层的要求是必须有足够的强度和刚度。

(2)找坡层

这一层只有当屋面采用材料找坡时才设。通常的做法是在结构层上铺垫 1:(6~8)水泥焦渣或水泥膨胀蛭石等轻质材料来形成屋面坡度。

(3)找平层

防水卷材应铺贴在平整的基层上,否则卷材会发生凹陷或断裂,所以在结构层或找坡层上必须先做找平层。找平层可选用 1:3 水泥砂浆、1:8 沥青砂浆等,厚度视防水卷材的种类和基层情况而定。找平层宜设分格缝,分格缝也叫分仓缝,是为了防止屋面不规则裂缝以适应屋面变形而设置的人工缝。分格缝缝宽一般为 20mm,且缝内应嵌填密封材料。分格缝应留在板端缝处,其纵横缝的最大间距为:找平层如采用水泥砂浆或细石混凝土时,不宜大于 6m;找平层如为沥青砂浆时,不宜大于 4m。分格缝上面应覆盖一层 200~300mm 宽的附加卷材,并用粘贴剂粘贴,如图 2-120所示。找平层厚度和技术要求应符合表 2-13的规定。

找平层厚度和技术要求　　表 2-13

找平层分类	适用的基层	厚度(mm)	技术要求
水泥砂浆	整体现浇混凝土板	15~20	1:2.5 水泥砂浆
	整体材料保温层	20~25	

续上表

找平层分类	适用的基层	厚度(mm)	技术要求
细石混凝土	装配式混凝土板	30~35	C20 混凝土宜加钢筋网片
	板状材料保温板		C20 混凝土

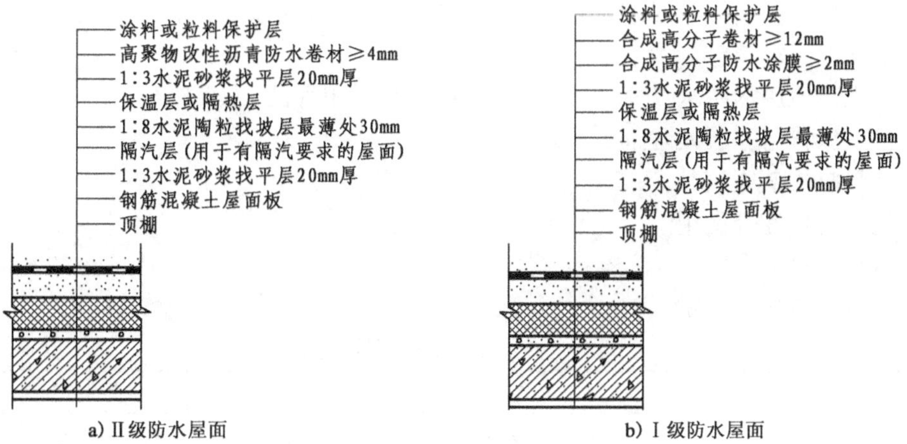

图 2-119　卷材防水屋面构造做法

如果整体现浇混凝土板做到随浇随用原浆找平和压光,表面平整度符合要求时,可以不再做找平层。

保温层上的找平层应留设分格缝,缝宽宜为 5~20mm,纵横缝的间距不宜大于 6m。

(4)结合层

结合层的作用是在卷材与基层间形成一层胶质薄膜,使卷材与基层胶结牢固。以油毡卷材为例,为了使第一层热沥青能和找平层牢固地结合,须涂刷一层既能和热沥青黏合,又容易渗入水泥砂浆找平层内的稀释沥青溶液,俗称冷底子油。另外,为了避免油毡层内部残留的空气或湿气,在太阳的辐射下膨胀而形成鼓泡,导致油毡皱折或破裂,应在油毡防水层与基层之间设有蒸汽扩散的通道,故在工程实际操作中,通常将第一层热沥青涂成点状(俗称花油法)或条状,然后铺贴首层油毡。

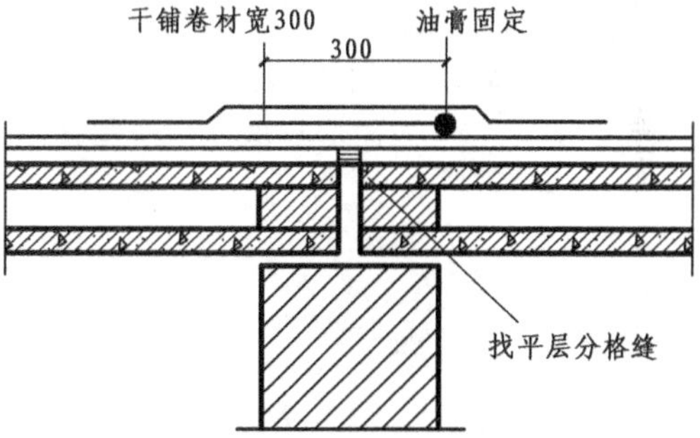

图 2-120　找平层分格缝(尺寸单位:mm)

(5)防水层

防水层是为了防止雨水进入屋面而设的构造层。常用的防水卷材有沥青防水卷材、高聚物改性沥青防水卷材和合成高分子防水卷材等。防水材料的选择应符合下列规定:

①外露使用的防水层,应选用耐紫外线、耐老化、耐候性好的防水材料。

②上人屋面,应选用耐霉变、拉伸强度高的防水材料。

③长期处于潮湿环境的屋面,应选用耐腐蚀性,耐霉变、耐穿刺、耐长期水浸等性能好的防水材料。

④薄壳、装配式结构，钢结构及大跨度建筑屋面，应选用耐候性好、适应变形能力强的防水卷材。

⑤倒置式屋面应选用适应变形能力强、接缝密封保证率高的防水材料。

⑥坡屋面应选用与基层黏结力强、感温性小的防水材料。

⑦屋面接缝密封防水，应选用与基材黏结力强和耐候性好、适应位移能力强的密封材料。

⑧基层处理剂、胶黏剂和涂料，应符合现行行业标准《建筑防水涂料有害物质限量》(JC 1066—2008)的有关规定。

屋面工程所使用的防水卷材，在下列情况下应具有相容性，见表2-14。

①卷材或涂料与基层处理剂。

②卷材与胶黏剂或胶黏带。

③卷材与卷材复合使用。

④卷材与涂料复合使用。

⑤密封材料与接缝基材。

防水卷材的相容性 表2-14

卷材类别	基层处理剂	卷材胶黏剂
高聚物改性沥青卷材	石油沥青冷底子油或橡胶改性沥青冷胶黏剂稀释液	橡胶改性沥青冷胶黏剂或卷材生产厂家指定产品
合成高分子卷材	卷材生产厂家随卷材配套供应产品或指定产品	

当屋面坡度小于3%时，卷材宜平行屋脊从檐口到屋脊向上铺贴；屋面坡度在3%～15%之间时，卷材可以平行或垂直屋脊铺贴；屋面坡度大于15%或屋面受振动荷载时，沥青卷材应垂直屋脊铺贴。铺贴卷材应采用搭接法，多层卷材铺贴时，上下层卷材的接缝应错开。卷材搭接宽度应符合表2-15的规定。

卷材搭接宽度(单位：mm) 表2-15

卷材类别		搭接宽度
合成高分子防水卷材	胶黏剂	80
	胶黏带	50
	单缝焊	60，有效焊接宽度不小于25
	双缝焊	80，有效焊接宽度10×2+空腔宽
高聚物改性沥青防水卷材	胶黏剂	100
	自黏	80

(6)保护层

保护层的材料做法，应根据防水层所用材料和屋面的利用情况而定。

屋面保护层设计应符合下列规定：

①采用块体材料做保护层时，宜设分格缝，其纵横间距不宜大于10m，分格缝宽度宜为20mm，并用密封材料嵌填。

②采用水泥砂浆做保护层时，表面应抹平压光，并应设表面分格缝，分格面积宜为$1m^2$。

③采用细石混凝土做保护层时，表面应抹平压光，并应设分格缝，其纵横间距不应大于

6m，分隔缝宽度宜为 10 ~ 20mm，并应用密封材料嵌填。

④采用淡色涂料做保护层时，应与防水层黏结牢固，厚薄应均匀，不得漏涂。

⑤块体材料、水泥砂浆、细石混凝土与女儿墙或山墙之间，应预留宽度为 30mm 的缝隙，缝内宜填塞聚苯乙烯泡沫塑料，并应用密封材料嵌填。

⑥需经常维护的设施周围和屋面出入口至设施之间的人行道，应铺设块体材料或细石混凝土保护层。

⑦块体材料、水泥砂浆、细石混凝土保护层与卷材、涂膜防水层之间，应设置隔离层。

2）柔性防水屋面的细部构造

（1）泛水构造

泛水是屋面防水层与垂直屋面凸出物交接处的防水处理。柔性防水屋面在泛水构造处理时应注意：

视频：柔性防水屋面细部构造

①铺贴泛水处的卷材应采取满粘法，即卷材下满涂一层胶结材料。

②泛水应有足够的高度，迎水面不低于 250mm，非迎水面不低于 180mm，并加铺一层卷材。

③屋面与立墙交接处应做成弧形（$R = 50 \sim 100$mm）或 45°斜面，使卷材紧贴于找平层上，而不致出现空鼓现象。

④做好泛水的收头固定，当女儿墙较低时，卷材收头可直接铺压在女儿墙压顶下，压顶做好防水处理；当女儿墙为砖墙时，可在砖墙上预留凹槽，卷材收头应压入凹槽内固定密封，凹槽距屋面找平层最低高度不小于 250mm，凹槽上部的墙体应做好防水处理，如图 2-121 所示。当女儿墙为混凝土时，卷材收头直接用压条固定于墙上，用金属或合成高分子盖板作挡雨板，并用密封材料封固缝隙，以防雨水渗漏，具体构造如图 2-121 所示。

（2）檐口构造

柔性防水屋面的檐口构造有无组织排水挑檐和有组织排水挑檐及女儿墙檐口等，在檐口构造处理时应注意：

①无组织排水檐口卷材收头应固定密封，在距檐口卷材收头 800mm 范围内，卷材应采取满粘法，如图 2-122 所示。

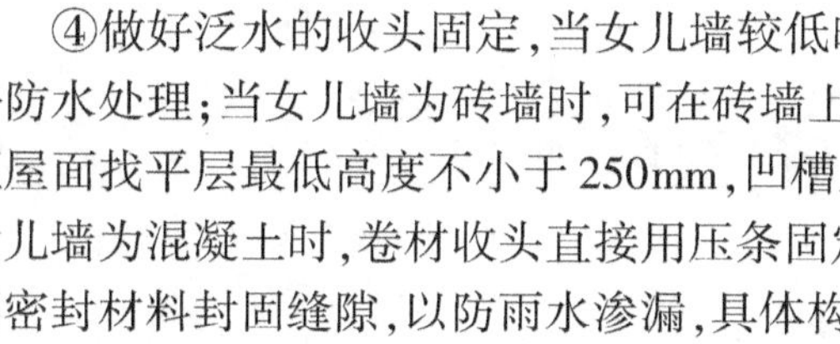

图 2-121　泛水构造做法（尺寸单位：mm）

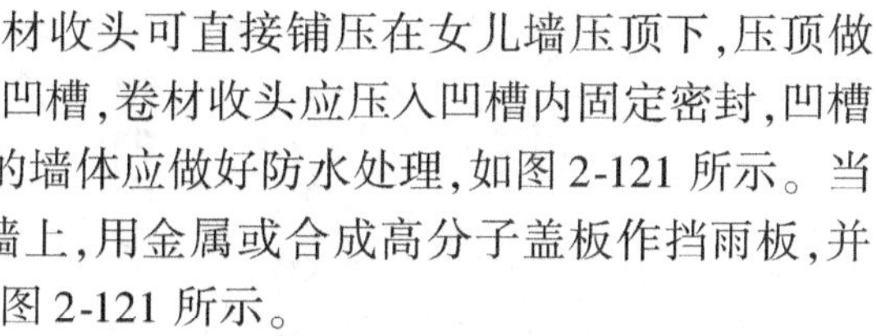

图 2-122　自由落水檐口构造（尺寸单位：mm）

②有组织排水在檐沟与屋面交接处应增铺附加层，且附加层宜空铺，空铺宽度应为 200mm，卷材收头应密封固定，同时檐口饰面要做好滴水，如图 2-123 所示。

③女儿墙檐口构造处理的关键是做好泛水的构造处理。女儿墙顶部通常应做混凝土压顶,并设有坡度坡向屋面,如图 2-124 所示。

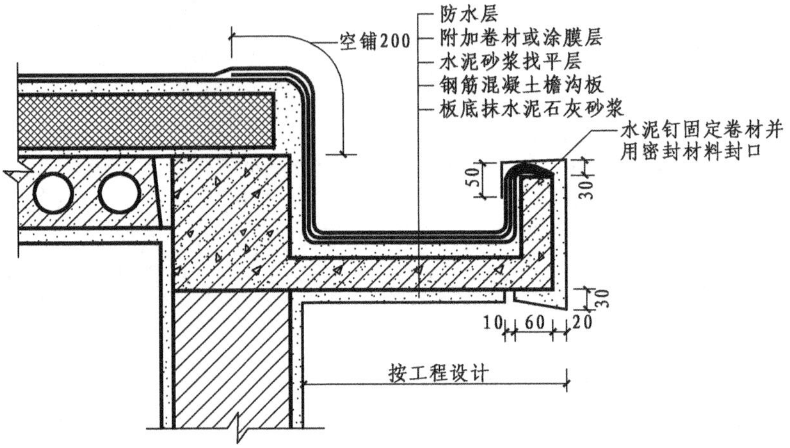

图 2-123　挑檐沟檐口构造(尺寸单位:mm)

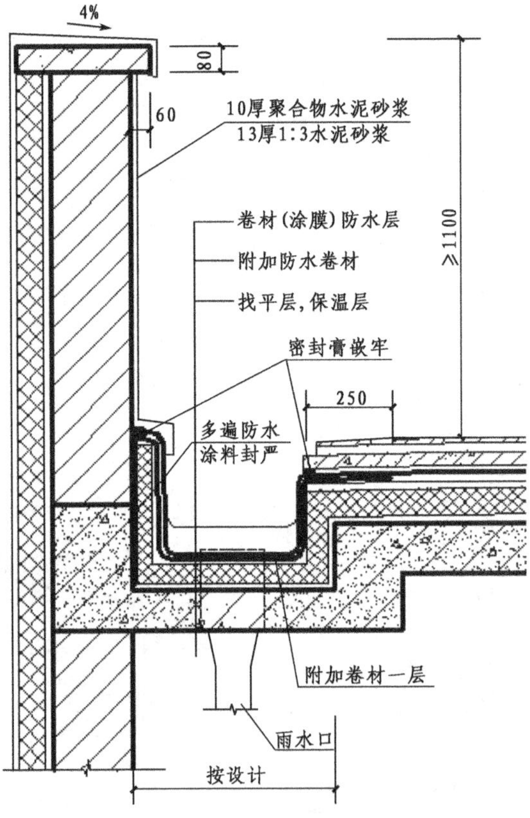

图 2-124　女儿墙内檐沟檐口(尺寸单位:mm)

(3)雨水口构造

雨水口有直管式雨水口和弯管式雨水口两种,如图 2-125 所示。直管式雨水口,用于外檐沟排水或内排水。弯管式雨水口,用于女儿墙外排水。

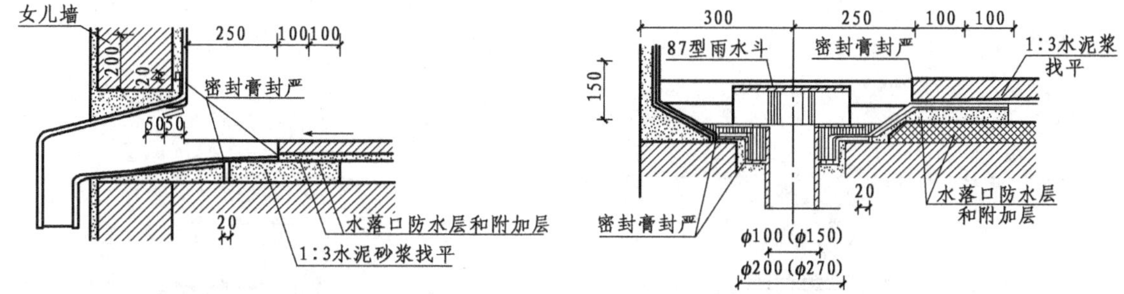

a)弯管式雨水口　　b)直管式雨水口

图 2-125　雨水口构造(尺寸单位:mm)

(4)变形缝构造

常见的处理方式有等高屋面变形缝和高低屋面变形缝两种。等高屋面变形缝是在屋面板上缝的两端加砌矮墙,矮墙高度应大于250mm,并做好屋面防水及泛水处理,其要求同屋面泛水构造,如图2-126所示。上人屋面则用密封材料嵌缝并做好泛水处理。高低屋面变形缝是在低屋面板上加砌矮墙,如采用镀锌铁皮盖缝时,其固定方法与泛水构造相同,如图2-127所示。在上人屋面的进出口处,可采用从高跨墙上悬挑钢筋混凝土板盖缝的方法进行变形缝的构造处理。

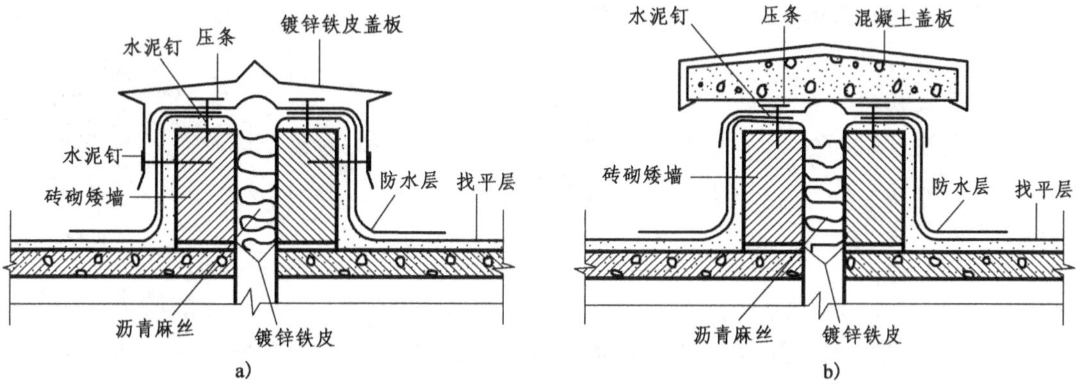

a)　　b)

图 2-126　等高屋面变形缝

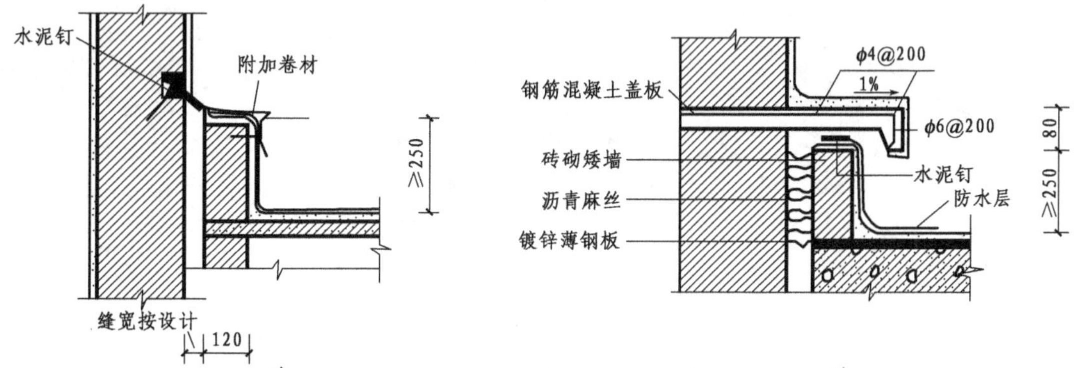

a)　　b)

图 2-127　高低屋面变形缝(尺寸单位:mm)

(5)屋顶检修孔、屋顶出入口构造

不上人屋顶须设屋顶检修孔。检修孔四周的孔壁可用砖立砌,在现浇屋顶板时可用混凝土上翻制成,其高度一般为300mm,壁外侧的防水层应做成泛水并将卷材用镀锌铁皮盖缝钉压牢固,如图2-128所示。

直达屋顶的楼梯间,室内应高于屋顶,若不满足时应设门槛,屋顶与门槛交接处的构造可参考泛水构造,屋顶出入口构造如图2-129所示。

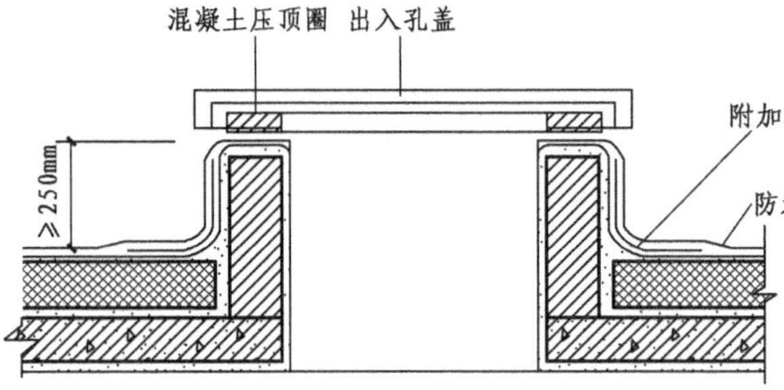

图2-128 屋顶检修孔图

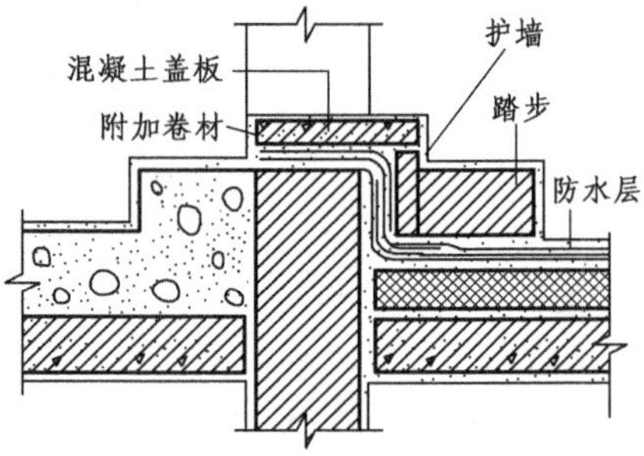

图2-129 屋顶出入口构造

2.5.7 坡屋顶构造

坡屋顶,是指屋面坡度在10%以上的屋顶。坡屋面的屋面防水常采用构件自防水方式,屋面构造层次主要由屋顶天棚、承重结构层及屋面面层组成。

1)坡屋顶的承重结构

(1)横墙承重

横墙间距较小的坡屋面房屋,可以把横墙上部砌成三角形,直接把檩条支承在三角形横墙上,这种承重方式又称山墙承重,如图2-130a)所示。

视频:坡屋顶的承重结构与屋面

(2)屋架承重及支撑

屋架承重是指由一组杆件在同一平面内互相结合成整体屋架,在其上搁置檩条来承受屋面重量的一种结构方式。坡屋面的屋架多为三角形,如图2-130b)所示。

为了防止屋架的倾覆,提高屋架及屋面结构的空间稳定性,屋架间要设置支撑。屋架支撑主要有垂直剪刀撑和水平系杆等。

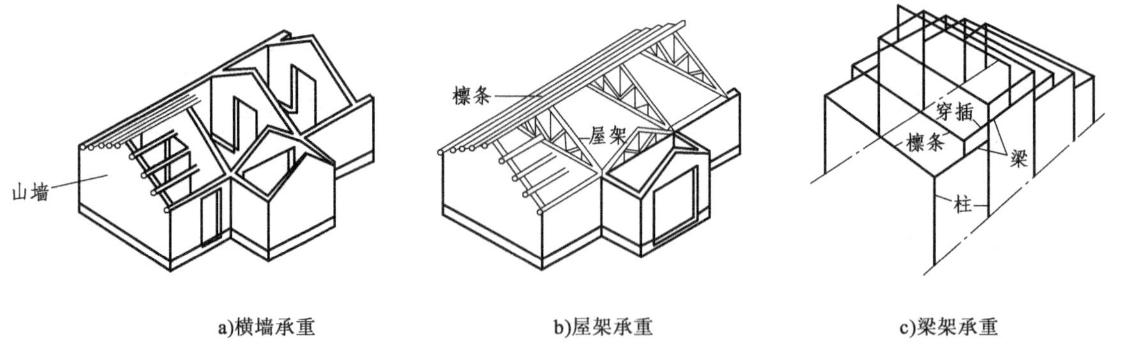

图2-130 承重结构类型

（3）梁架承重

用柱与梁形成的梁架支承檩条，并利用檩条及连系梁，使整个房间形成一个整体的骨架，墙只是起围护和分隔作用，是我国的传统结构形式如图 2-130c）所示。民间传统建筑中多采用木柱、木梁、木枋构成的梁架结构。

2）坡屋顶屋面

（1）平瓦屋面

平瓦有水泥瓦和黏土瓦两种，其外形按防水及排水要求设计制作。

平瓦的外形尺寸约为 400mm × 230mm，其在屋面上的有效覆盖尺寸约为 330mm × 200mm。按此推算，每平方米屋面约需 15 块瓦。

平瓦屋面主要由檩条、椽子、屋面板、防水材料、顺水条、挂瓦条、平瓦等层次组成。其中当檩条间距较小（一般小于 800mm）时，可直接在檩条上铺设屋面板，而不使用椽子，平瓦屋面的主要优点是瓦本身具有防水性，不需特别设置屋面防水层。

平瓦屋面根据用材和构造的不同有四种常见做法：

①冷摊瓦屋面，即在檩条上安装椽条，椽条上钉挂瓦条，挂瓦条上直接挂瓦的屋面，如图 2-131所示。

②木望板瓦屋面，是在檩条或椽子上钉屋面板，屋面板的厚度为 15 ~ 25mm，板上铺一层卷材，其搭接宽度不宜小于 100mm，并用顺水条将卷材钉在屋面板上，顺水条的间距为 500mm，再在顺水条上铺钉挂瓦条挂瓦，如图 2-132 所示。

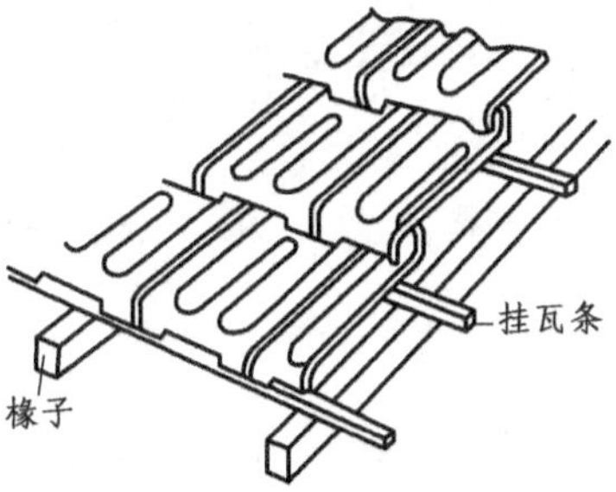

图 2-131　冷摊瓦屋面

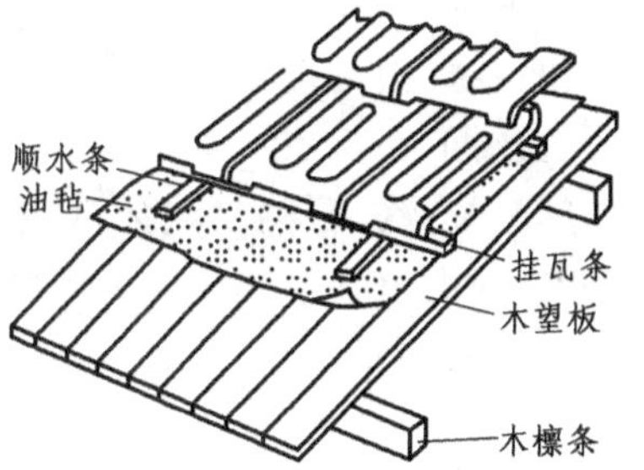

图 2-132　木望板瓦屋面

③钢筋混凝土挂瓦板平瓦屋面，是用钢筋混凝土挂瓦板搁置在横墙或屋架上，用以替代檩条、椽子、屋面板和挂瓦条，钢筋混凝土挂瓦板形式有 T 形、双 T 形、F 形等。挂瓦板及屋面构造如图 2-133 所示。

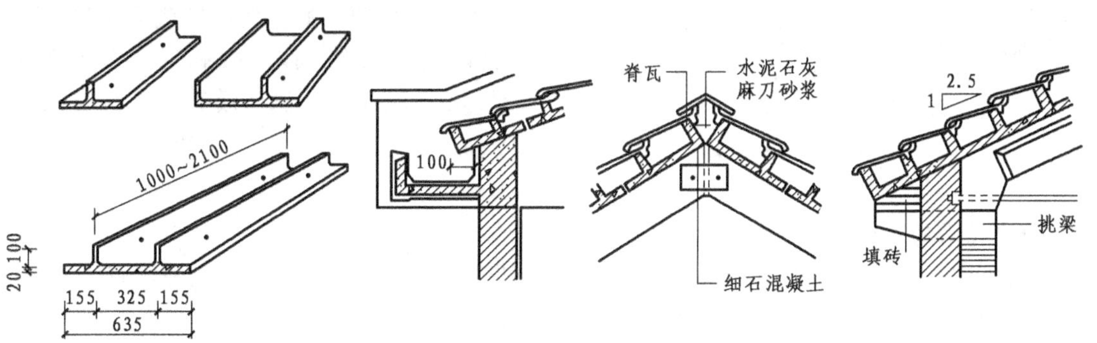

图 2-133　挂瓦板平瓦屋面构造（尺寸单位：mm）

④钢筋混凝土板瓦屋面，其做法是以钢筋混凝土板为基层，在其上盖瓦。盖瓦方式有：一种是在找平层上铺卷材，用压毡条钉在板缝内的木楔上，再钉挂瓦条挂瓦；另一种是在屋面板上直接贴瓦，其构造组成有瓦材及瓦材铺设层、找平层、保温隔热层、卷材或涂膜防水层等，如图 2-134 所示。

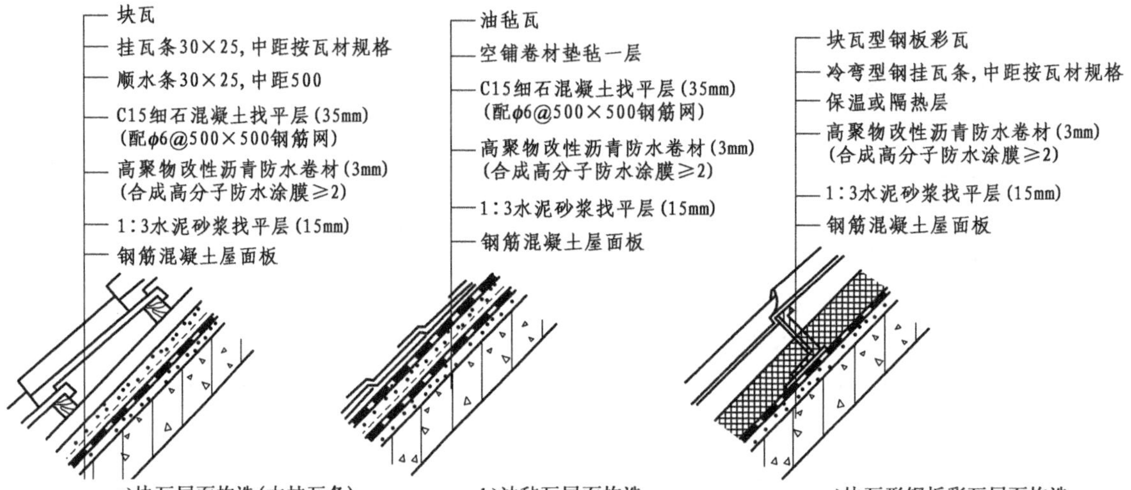

图 2-134　钢筋混凝土板瓦屋面

（2）小青瓦屋面

小青瓦屋面在我国传统房屋中采用较多，目前有些地方仍然采用。

（3）波形瓦屋面

波形瓦包括瓦垄铁、石棉水泥瓦及玻璃钢瓦等系列产品，有大波瓦、中波瓦和小波瓦之分。其适宜的排水坡度为 10%～50%，常用 33%。

（4）金属压型板屋面

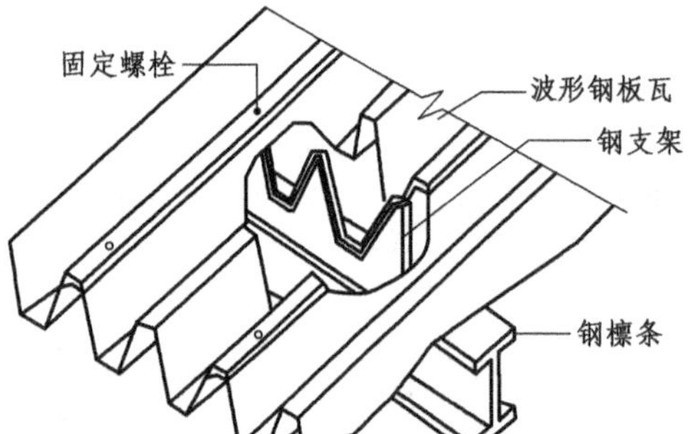

图 2-135　彩色压型钢板屋面

金属压型钢板是以镀锌钢板为基料，经轧制成型并敷以各种防腐涂层和彩色烤漆而成的轻质屋面板，具有自重轻，施工方便，抗震好，装饰性和耐久性强的特点，且有多种规格，如中间填充保温材料的夹心板，具有防水、保温和承重三重功效。

压型钢板与檩条的连接固定应采用带防水垫圈的镀锌螺栓（螺钉）在波峰固定。当压型钢板波高超过 35mm 时，压型钢板应通过钢支架与檩条相连，檩条多为槽钢、工字钢等，如图 2-135 所示。

3）坡屋面的细部构造

（1）檐口。坡屋面的檐口式样主要有两种：一是挑出檐口，另一种是女儿墙檐口。

①砖挑檐。砖挑檐一般不超过墙体厚度的 1/2，且不大于 240mm。每层砖挑长为 60mm，砖可平挑出，也可把砖斜放，用砖角挑出，挑檐砖上方瓦伸出 50mm，如图 2-136 所示。

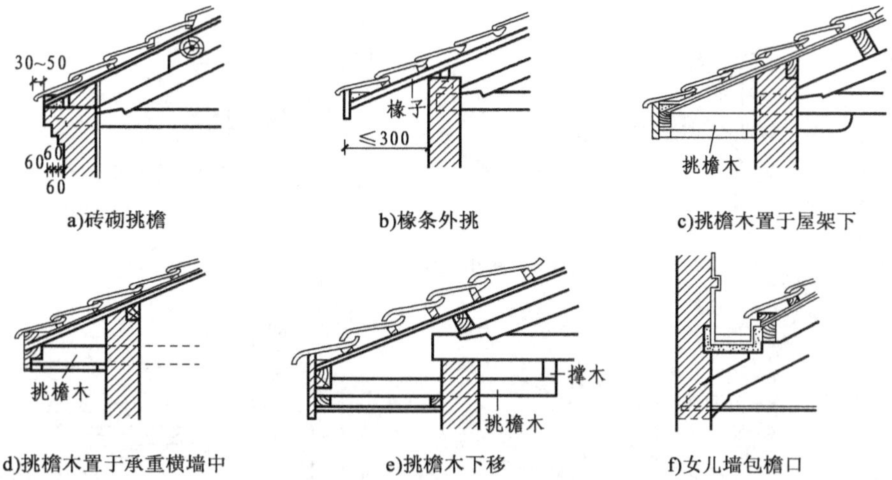

图 2-136　纵墙檐口构造(尺寸单位:mm)

②钢筋混凝土挑檐沟。当房屋屋面集水面积大、檐口高度高、降雨量大时,坡屋面的檐口可设钢筋混凝土檐沟,并采用有组织排水,如图 2-137 所示。

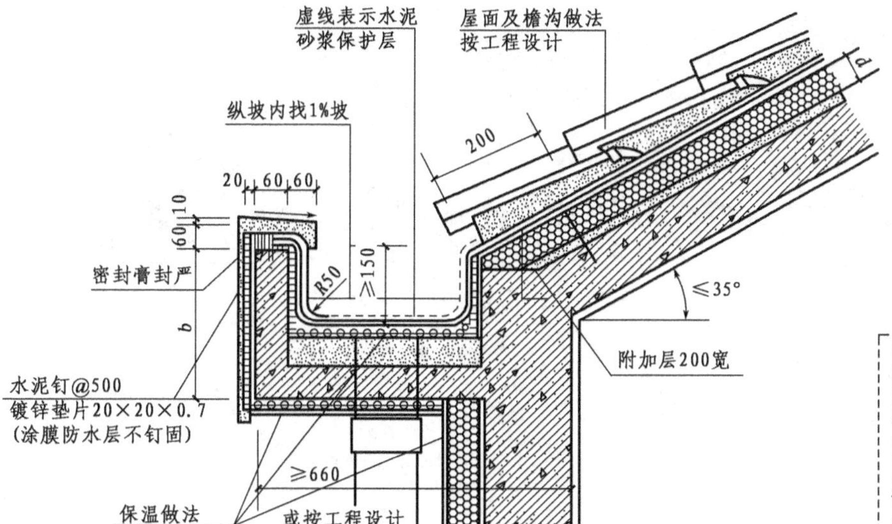

图 2-137　钢筋混凝土挑檐沟(尺寸单位:mm)

视频:坡屋顶防水细部构造

(2)山墙

双坡屋面的山墙有硬山和悬山两种。硬山是指山墙与屋面等高或高于屋面成女儿墙。悬山是把屋面挑出山墙之外,如图 2-138、图 2-139 所示。

(3)斜天沟

坡屋面的房屋平面形状有凸出部分,屋面上会出现斜天沟。构造上常采用镀锌铁皮折成槽状,依势固定在斜天沟下的屋面板上,以作防水层,如图 2-140 所示。

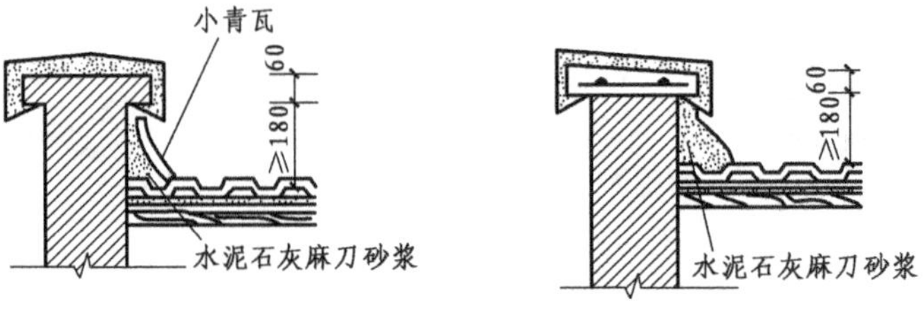

a)小青瓦泛水　　b)水泥石灰麻刀砂浆泛水

图 2-138　硬山檐口(尺寸单位:mm)

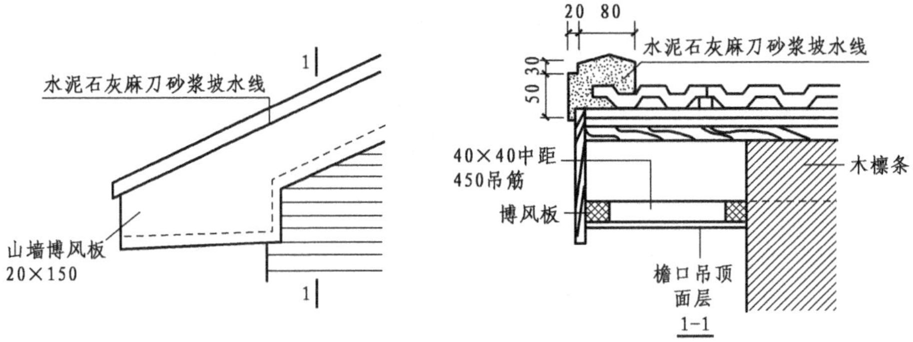

图 2-139　悬山檐口(尺寸单位:mm)

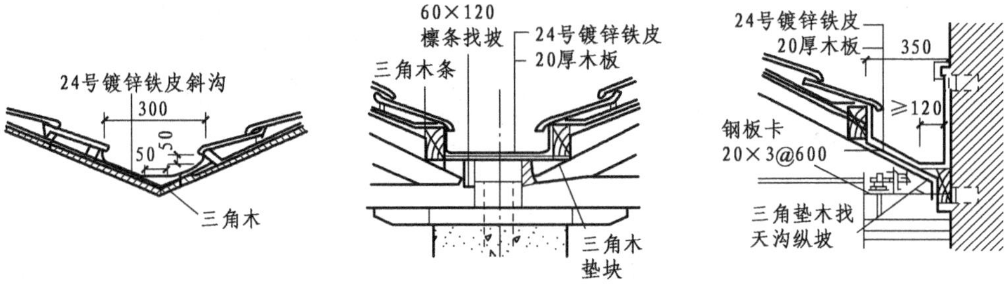

a)　　b)　　c)

图 2-140　天沟和斜沟(尺寸单位:mm)

2.5.8　屋顶节能构造

屋顶属于建筑的外围护部分,不但要有遮风挡雨的功能,还应有保温与隔热的功能。

1)屋顶的保温

在北方寒冷地区或装有空调设备的建筑中冬季室内采暖时,室内温度高于室外,热量通过围护结构向外散失。为了防止室内热量过多、过快地散失,须在围护结构中设置保温层以提高屋顶的热阻,使室内有一个舒适的环境。保温层的材料和构造方案是根据使用要求、气候条件、屋顶的结构形式、防水处理方法、材料种类、施工条件、整体造价等因素,经综合考虑后确定的。

(1)屋顶的保温材料

保温材料应具有吸水率低、导热系数较小并具有一定强度的性能。屋顶保温材料一般为轻质多孔材料,分为松散料、现场浇筑的混合料和板块料三大类。

①松散料保温材料

松散料保温材料一般有膨胀蛭石[粒径3～15mm,堆积密度应小于300kg/m³,导热系数应小于0.14W/(m·K)]、膨胀珍珠岩、矿棉、炉渣和矿渣(粒径为5～40mm)之类的工业废料等。松散料保温层可与找坡层结合处理。

②现场浇筑的混合料保温材料

现浇轻质混凝土保温层一般为轻骨料,如炉渣、矿渣、陶粒、蛭石、珍珠岩与石灰或水泥胶结的轻质混凝土或浇泡沫混凝土。现场浇筑的混合料保温层可与找坡层结合处理。

③板块料保温材料

板块料保温材料一般有加气混凝土板、泡沫混凝土板、膨胀珍珠岩板、膨胀蛭石板、矿棉板、岩棉板、泡沫塑料板、木丝板、刨花板、甘蔗板等。其中最常用的是加气混凝土板和泡沫混凝土板。泡沫塑料板价格较贵,只在高级工程中采用。植物纤维板只有在通风条件良好、不易腐烂的情况下才比较适宜采用。

(2)屋顶保温层的位置

①保温层设在防水层的上面

保温层设在防水层的上面也称“倒铺法”。优点是防水层受到保温层的保护,保护防水层不受阳光和室外气候以及自然界的各种因数的直接影响,耐久性增强。而对保温层则有一定的要求,应选用吸湿性小和耐气候性强的材料,如聚苯乙烯泡沫塑料板、聚氨酯泡沫塑料板等,加气混凝土板和泡沫混凝土板因吸湿性强,故不宜选用。保温层需加强保护,应选择有一定荷载的大粒径石子或混凝土作保护层,保证保温层不因下雨而“漂浮”。

②保温层与结构层融为一体

加气钢筋混凝土屋顶板,既能承载又能保温,构造简单,施工方便,造价降低,使保温与结构融为一体,但承载力小,耐久性差,可适用于标准较低的不上人屋顶中。

③保温层设在防水层的下面

这是目前广泛采用的一种形式。以下的屋顶保温构造就以此为例。

(3)屋顶的保温构造

屋顶的保温构造,有多个构造层次,如图2-141所示。

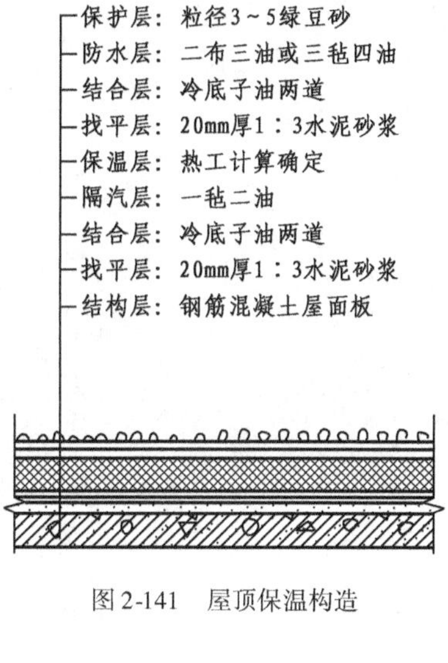

图2-141　屋顶保温构造

①结构层

多为整体刚度好、变形小的各类钢筋混凝土屋顶板。

②找平层

通常采用20mm厚1:3的水泥砂浆。

③结合层

在加强整体性的同时扩散隔气层隔绝的水蒸气,常将冷底子涂成油点状或条状的通气道。

④隔汽层

隔汽层是为了隔绝穿过结构层的室内水蒸气,常用沥青卷材。从热工原理中知道,建筑物室内外的空气中都含有一定量的水蒸气,当室内外温差不相等时,水蒸气就会从室内高温的一侧透过结构层向低温的一侧渗透。水蒸气进入保温层达到临界值凝结为水，而水的导热系数比空气大得多，一旦多孔隙的保温材料中浸入了水，即会降低其保温效果。因此保温层下面应设隔汽层。隔汽层设置应符合下列规定：

a. 隔汽层应设置在结构层上，保温层下。

b. 隔汽层应选用气密性、水密性好的材料。

c. 隔汽层应沿周边墙面向上连续铺设，高出保温层上表面不得小于150mm。

隔汽层是隔绝室内湿气通过结构层进入保温层的构造层，常年湿度很大的房间，如温水游泳池、公共浴室、厨房操作间、开水房等的屋面应设置隔汽层。

⑤保温层

保温层起保温作用，若用散状材料可同时起找坡作用。保温层厚度根据热工计算确定。

防水保温构造如图 2-142 ~ 图 2-146 所示。

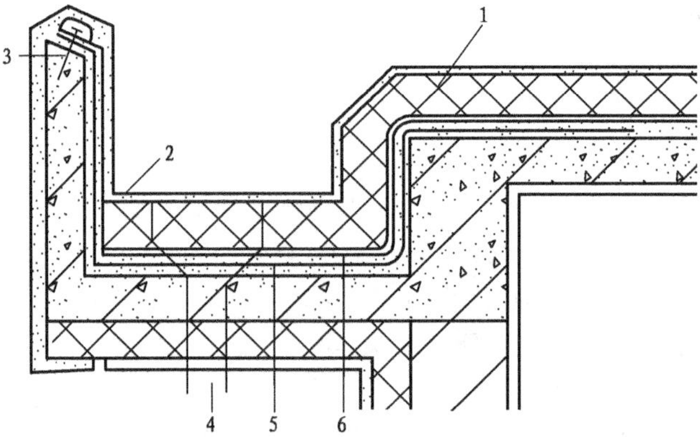

图 2-142　天沟、檐沟的防水保温构造

1-保温层；2-密封材料；3-压条钉压；4-水落口；5-防水附加层；6-防水层

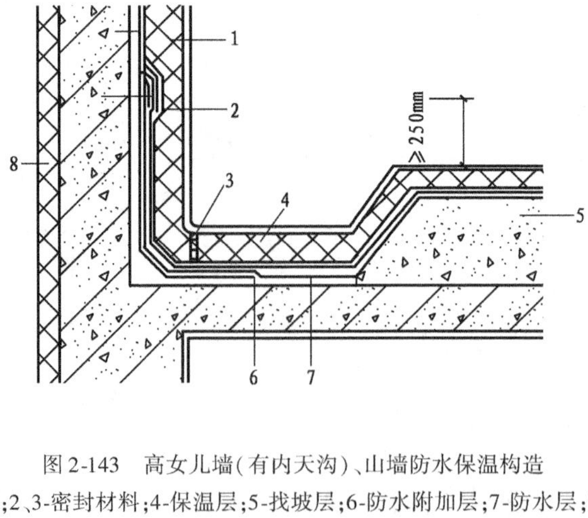

图 2-143　高女儿墙（有内天沟）、山墙防水保温构造

1-金属盖板；2、3-密封材料；4-保温层；5-找坡层；6-防水附加层；7-防水层；8-外墙保温

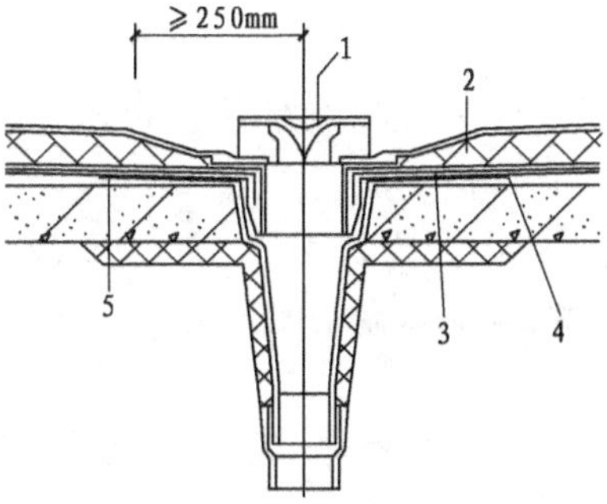

图 2-144　直排水落口处防水保温构造
1-水落口;2-保温层;3-防水附加层;4-防水层;5-找坡层

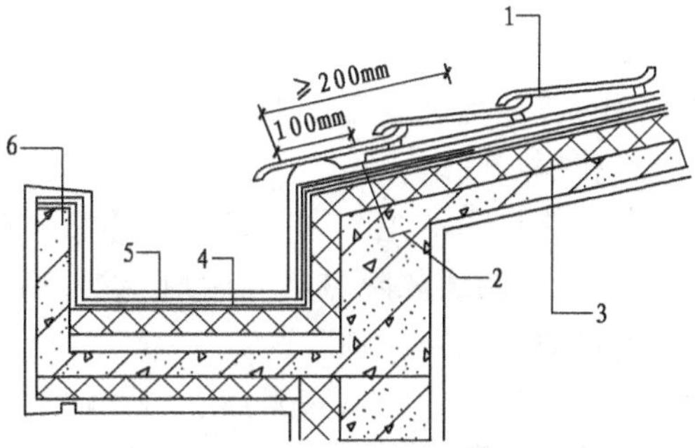

图 2-145　瓦屋面檐沟防水保温构造
1-屋面瓦;2-锚筋;3-保温层;4-防水附加层;5-防水层;6-压条钉压

⑥透气层

透气层用于扩散保温层中的湿气,一般保温材料中含有水分,遇热后转化为蒸汽,体积大为膨胀,会造成卷材防水层起鼓甚至开裂。宜在保温层上铺设透气层。如图 2-147 所示。

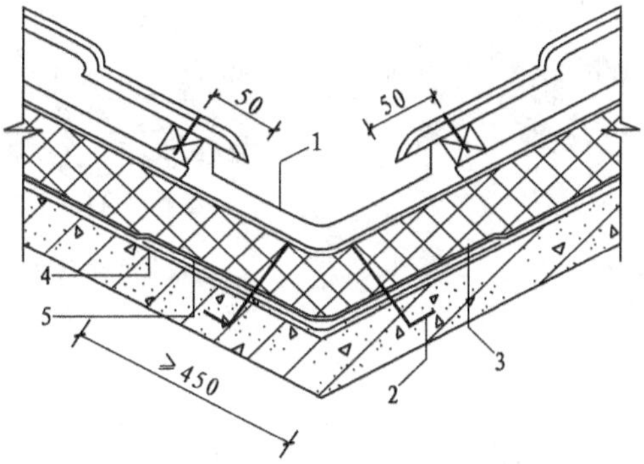

图 2-146　瓦屋面天沟防水保温构造
(尺寸单位:mm)
1-防水金属板瓦;2-预埋锚筋;3-保温层;4-防水附加层;5-防水层

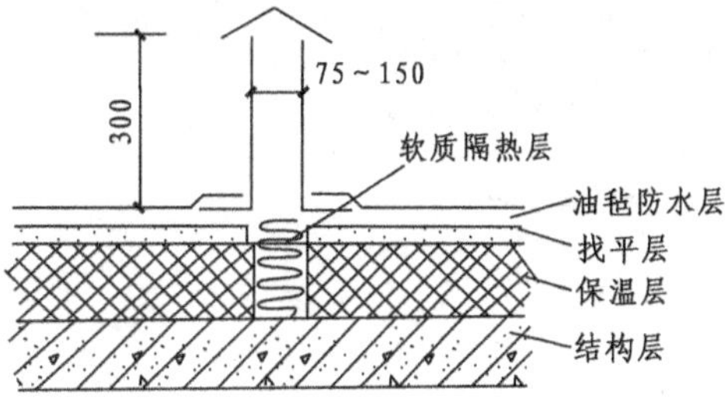

图 2-147　保温层设透气槽做法
(尺寸单位:mm)

⑦找平层

通常采用 20~30mm 厚 1:3 水泥砂浆。

⑧结合层

通常采用冷底子油、沥青胶和溶剂型胶黏剂等。

⑨防水层

通常采用沥青类卷材、高聚物改性沥青类防水卷材和合成高分子类防水卷材等。

⑩保护层

通常采用绿豆砂、氯丁银粉胶等。

2)屋顶的隔热

南方炎热地区,在夏季太阳辐射和室外气温的综合作用下,将从屋顶传入室内大量热量,影响室内的热环境。为创造人们生活和工作的舒适室内条件,应采取适当的构造措施解决屋顶的降温和隔热问题。

屋顶隔热降温的主要目的是减少热量对屋顶表面的直接作用。所采用的方法包括反射隔热降温屋顶、间层通风隔热降温屋顶、蓄水隔热降温屋顶、种植隔热降温屋顶等。

①反射隔热降温屋顶

利用表面材料的颜色和光洁度对热辐射的反射作用,对平屋顶的隔热降温有一定的效果。如屋顶采用淡色砾石铺面或用石灰水刷白对反射降温都有一定的效果。如果在通风屋顶中的基层加一层铝箔,则可利用其第二次反射作用,对屋顶的隔热效果将有进一步的改善。

②间层通风隔热降温屋顶

间层通风隔热降温就是在屋顶设置架空通风间层,使其上层表面遮挡阳光辐射,同时利用风压和热压作用把间层中的热空气不断带走,使通过屋顶板传入室内的热量大为减少,从而达到隔热降温的目的。通风间层的设置通常有两种方式:一种是在屋顶上做架空通风隔热间层,如图 2-148 所示;另一种是利用吊顶棚内的空间做通风间层,如图 2-149 所示。

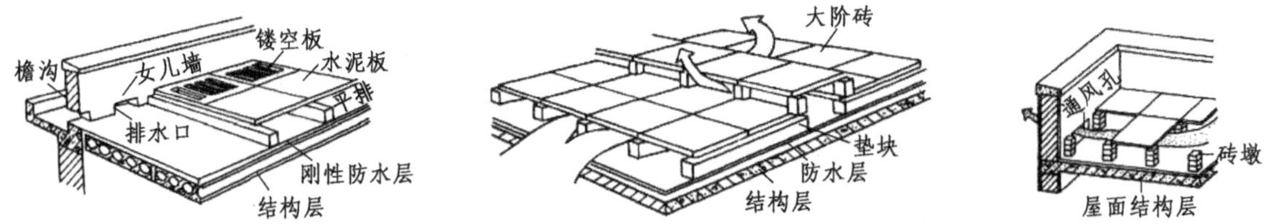

a)预制混凝土板　　b)预制大阶砖　　c)柱墩支承架空板

图 2-148　架空通风隔热

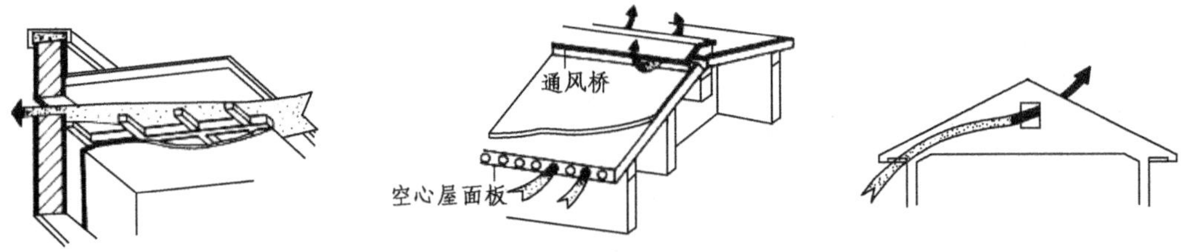

a)外墙通风孔　　b)屋脊设通风桥　　c)山墙上部通风孔

图 2-149　顶棚通风

③蓄水隔热降温屋顶

蓄水隔热降温屋顶利用平屋顶所蓄积的水层来达到屋顶隔热降温的目的。蓄水层的水面能反射阳光,减少阳光辐射对屋顶的热作用;蓄水层能吸收大量的热,部分水由液体蒸发为气体,从而将热量散发到空气中,减少了屋顶吸收的热能,起到隔热降温的作用。蓄水隔热降温屋顶应满足下列要求。

a. 蓄水区的划分。

为了便于分区检修和避免水层产生过大的风浪,蓄水屋顶应划分为若干蓄水区,每区的边长不宜超过 10m。蓄水区间用混凝土做成分仓壁，壁上留过水孔，使各蓄水区的水连通，如图 2-150所示。但在变形缝的两侧应设计成互不连通的蓄水区。当蓄水屋顶的长度超过 40m 时，应做横向伸缩缝一道。分仓壁也可用水泥砂浆砌筑砖墙，顶部设置直径 6mm 或 8mm 的钢筋砖带。

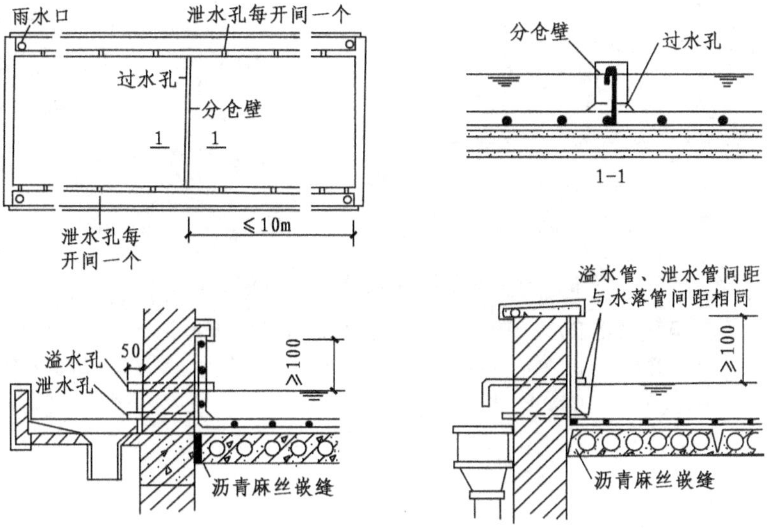

图 2-150　蓄水隔热降温屋顶(尺寸单位:mm)

b. 水体深度。

过厚的水体会加大屋顶荷载，过薄的水体在夏季又容易被晒干，不便于管理。从理论上讲，50mm 深的水体即可满足降温与保护防水层的要求，但实际比较适宜的水层深度为 150～200mm。为保证屋顶蓄水深度的均匀，蓄水屋顶的坡度不宜大于 0.5%。在南方部分地区也有深蓄水屋顶，其蓄水深度可达 600～700mm，自然积蓄雨水并可养殖。但这种屋顶的荷载很大，超过一般屋顶板承受的荷载。为确保结构安全，应单独对屋顶结构进行设计。

c. 分仓壁。

蓄水屋顶四周可做女儿墙并兼作蓄水池的仓壁。在女儿墙上应将屋顶防水层延伸到墙面形成泛水，泛水的高度应高出溢水孔 100mm。若从防水层面起算，泛水高度则为水层深度与 100mm 之和，即 250～300mm。

d. 过水孔、溢水孔与泄水孔。

蓄水屋顶为避免暴雨时蓄水深度过大，应在蓄水池外壁上均匀布置若干溢水孔，通常每个开间大约设一个孔，以使多余的雨水溢出屋顶。为上水需求，仓壁底部应设过水孔。为便于检修时排除蓄水，应在池壁根部设泄水孔，每开间约设一个。泄水孔和溢水孔均应与排水檐沟或落水管连通。

④种植隔热降温屋顶

种植隔热降温屋顶是在平屋顶上种植植物，借助栽培介质隔热及植物吸收阳光进行光合作用和遮挡阳光的双重功效来达到降温隔热的目的。

种植隔热降温根据栽培介质层构造方式的不同可分为一般种植隔热降温和蓄水种植隔热降温两类。如图 2-151 所示。

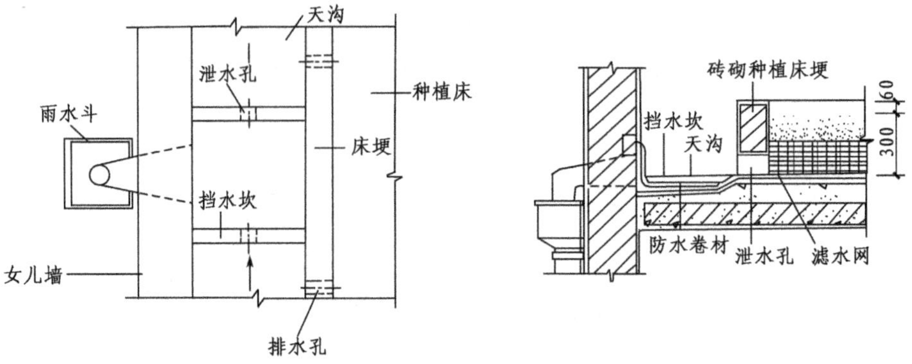

a）平面布置　　b）剖面

图 2-151　种植隔热降温屋顶（尺寸单位：mm）

种植屋顶不但在隔热降温的效果方面有优越性，而且在净化空气、美化环境、改善城市生态、提高建筑物综合利用效益等方面都具有极为重要的作用，是具有一定发展前景的屋顶形式。

项目 3
建筑施工图识图

【项目描述】

通过识读与绘制建筑施工图，熟悉建筑施工图中各图纸的图示内容，明确《房屋建筑制图统一标准》(GB/T 50001—2017)对各图纸的相关规定，掌握各建筑施工图识读方法和绘制步骤。

任务 3.1 识读建筑施工图首页图和总平面图

【任务描述】

通过识读建筑施工图首页图，完成识图报告，并绘制建筑总平面图，明确首页图和建筑总平面图的图示内容，熟悉总平面图有关制图规范标准，掌握首页图及建筑总平面图的识读及建筑总平面图的绘制方法。

【能力目标】

(1)能在识图与绘图中应用国家制图标准和相关规范。

(2)能正确识读施工总说明和总平面图。

【知识目标】

(1)了解建筑施工图图纸目录。

(2)明确建筑设计总说明的内容。

(3)掌握建筑总平面图的图示内容与识读方法。

【学习性工作任务】

(1)识读建筑施工图首页图和总平面图，完成识图报告。

(2)补绘及测绘总平面图。

习题：补绘总平面图

3.1.1 首页图

首页图是施工图的第一页,一般包括图纸目录、设计说明、工程做法表、门窗表等。

1)图纸目录

图纸目录又称标题页,说明该套图纸有几类,各类图纸分别有几张,每张图纸的图号、图名、图幅大小。如果采用标准图,应写出所使用标准图的名称、所在的标准图集和图号或页次。编制图纸目录的目的是便于查找图纸。

现以××商住楼工程施工图为例,识读首页图中图纸目录的内容。从附录建施 00 可知,该套图纸均为建筑施工图,共有 19 张,图幅皆为 A3,其中底层平面图的图号是建施 05,比例为 1:100。

2)设计说明

建筑设计总说明一般为建筑施工图的第一张图纸,中小型房屋的设计说明也常与总平面图一起放在建筑施工图内。有时与结构总说明合并,成为整套施工图的首页,放在所有施工图的最前面。首页图中的设计说明主要说明该工程的性质、设计的依据和对施工提出的总要求。参见附录建施 01 和附录建施 02。

3)工程做法表

工程做法表主要是对屋面、楼地面、顶棚、墙面、勒脚、台阶等构造做法的说明,可在总说明里说明,也可用局部图示或表格进行说明,例如建施 02 中的构造做法表。如采用标准图集中的做法,应注明所采用标准图集的代号、做法编号,如有改变,在备注中说明。

4)门窗表

门窗表是汇总整个建筑物中所包含的门、窗的编号,宽度和长度,数量,开启方式,所采用的材料及制作要求等,便于订货和加工,并为编制预算提供方便,例如由附录建施 02 可知,TLM1821 为铝合金推拉门,宽为 1.800m,高为 2.100m,此类门共有 8 扇。一般门窗制作安装前需现场校核尺寸。

3.1.2 总平面图

在画有等高线或坐标方格网的地形图上,将拟建工程四周一定范围内的新建、拟建、原有和拆除的建筑物、构筑物连同其周围的地形地物状况,用水平投影方法和相应图例所绘制的图样,即为总平面图。总平面图是用来表示整个建筑基地的总体布局,包括新建房屋的位置、朝向以及周围环境(如原有建筑物、交通道路、绿化、地形、风向等)的情况。总平面图是新建房屋定位、放线以及布置施工现场的依据。

视频:建筑总平面图识图

总平面图一般采用 1:500、1:1000 或 1:2000 的比例,用图例来表明新建、原有、拟建的建筑物,附近的地物环境、交通和绿化布置。表 3-1 摘录了《总图制图标准》(GB/T 50103—2010)部分图例。如果该标准中图例还不够使用时,可自行设定图例,但绘图时应在总平面图上专门另行画出自定的图例,并注明其名称。

1)总平面图的图示内容

①表示整个建筑基地的总体布局。除表达整个建筑基地范围内新建建筑物位置外,还要表达出原有建筑、拆除建筑的位置,周围的地形地物,例如道路、河流等。

总 平 面 图 例 表3-1

序号	名　　称	图　　例	备　　注
1	新建建筑物	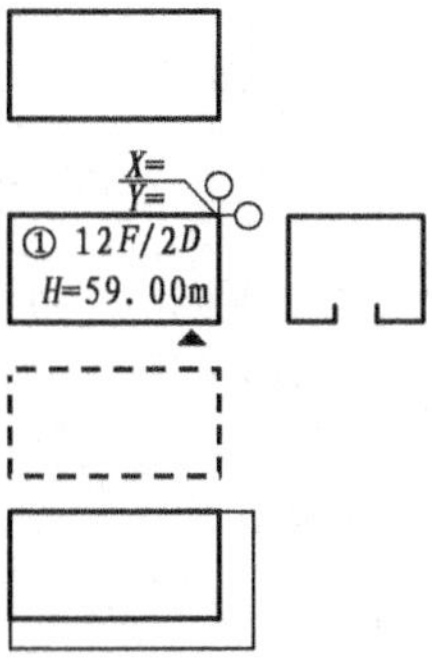	新建建筑物以粗实线表示与室外地坪相接处 ±0.00 外墙定位轮廓线 建筑物一般以 ±0.00 高度处的外墙定位轴线交叉点坐标定位。轴线用细实线表示,并标明轴线号 根据不同设计阶段标注建筑编号,地上、地下层数,建筑高度,建筑出入口位置(两种表示方法均可,但同一图纸采用一种表示方法) 地下建筑物以粗虚线表示并标注位置 建筑上部(±0.00 以上)外挑建筑用细实线表示 建筑物上部连廊用细虚线表示并标注位置
2	原有建筑物		用细实线表示
3	计划扩建的预留地或建筑物		用中粗虚线表示
4	拆除的建筑物	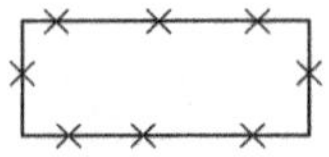	用细实线表示
5	建筑物下面的通道	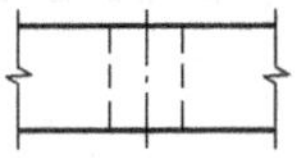	
6	坐标	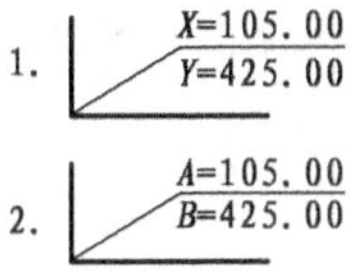	1. 表示地形测量坐标系 2. 表示自设坐标系 坐标数值平行于建筑标注
7	围墙		
8	台阶及无障碍坡道	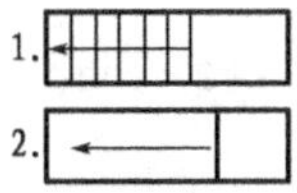	1. 表示台阶(级数仅为示意) 2. 表示无障碍坡道
9	铺砌场地	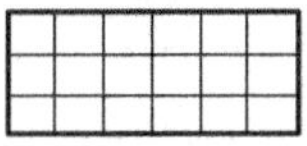	
10	室内地坪标高	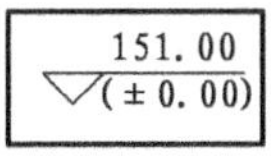	数字平行于建筑物书写
11	室外地坪标高		室外标高也可采用等高线

续上表

序号	名称	图例	备注
12	新建的道路	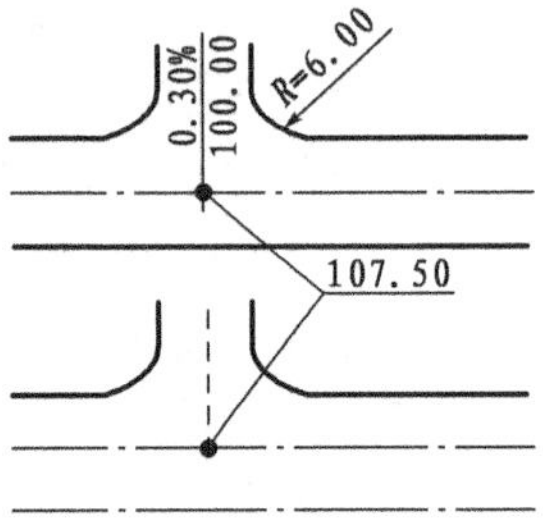	"$R=6$"表示道路转弯半径;"107.50"为道路中心线交叉点设计标高,两种表示方式均可,同一图纸采用一种方式表示;"100.00"为变坡点之间距离,"0.30%"表示道路坡度
13	原有的道路		
14	计划扩建的道路		
15	拆除的道路	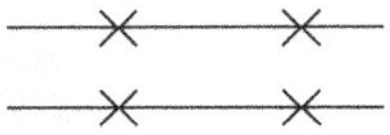	
16	桥梁	 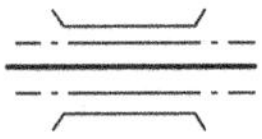	用于旱桥时应注明 上图为公路桥,下图为铁路桥
17	填挖边坡	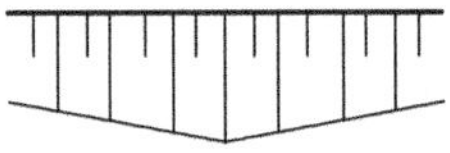	
18	挡土墙	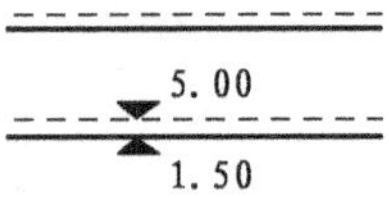	挡土墙根据不同设计阶段的需要标注 $\frac{\text{墙顶标高}}{\text{墙底标高}}$

②表达新建建筑物的定位。新建建筑物的定位有两种,一种是利用周围其他建(构)筑物的尺寸关系进行定位;另一种是利用坐标方格网进行定位。坐标网用测量坐标系(常用 X、Y 表示)或自设坐标系(常用 A、B 表示),如图 3-1 所示。

测量坐标:与地形图同比例的 50m×50m 或 100m×100m 的方格网。X 为南北方向轴线,X 的增量在 X 轴线上;Y 为东西方向轴线,Y 的增量在 Y 轴线上。测量坐标网交叉处画成十字线。

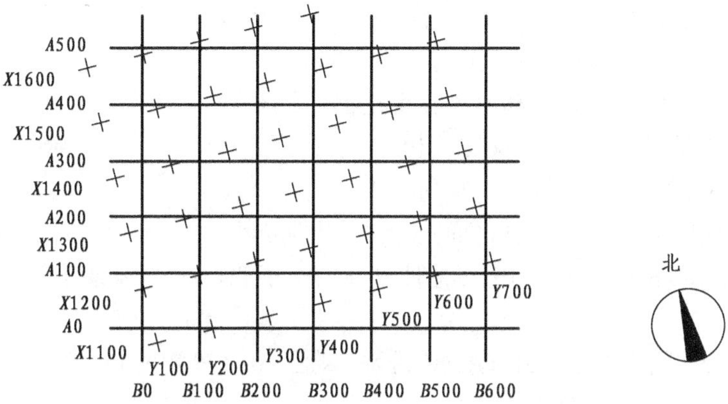

图 3-1　测量坐标与建筑坐标系统

建筑坐标:建筑物、构筑物平面两方向与测量坐标网不平行时采用。*A* 轴相当于测量坐标中的 *X* 轴,*B* 轴相当于测量坐标中的 *Y* 轴,选适当位置作坐标原点。画垂直的细实线。若同一总平面图上有测量和建筑两种坐标系统,应注两种坐标的换算关系。

总平面图中的尺寸以“米”为单位,准确到小数点后两位。一般标注总长与总宽。

③反映新建建筑物层数及室内外标高。总平面图中的标高采用绝对标高,取小数后两位;若标注的是相对标高,应注明相对标高与绝对标高的关系;地形平坦时可不画等高线。

④表明建筑物的朝向。一般用指北针表示朝向,有些则绘制风向频率玫瑰图,表达该地区的常年风向(实线表示全年风向频率,虚线表示按 6、7、8 三个月统计的夏季风向频率)。

⑤其他。建筑物使用编号时,需开列“建筑物名称编号表”。

在总平面图中的每个图样所用的图线,应根据其所表示的不同重点,采用不同的粗细线型。

粗实线:新建建筑物 ±0.000 高度的可见轮廓线。

中实线:新建构筑物、道路、桥涵、围墙、边坡、挡土墙等的可见轮廓线、新建建筑物 ±0.00 高度以外的可见轮廓线。

中虚线:计划预留建(构)筑物等轮廓。

细实线:原有建(构)筑物、建筑坐标网格等以细实线表示。

注:总平面图的内容具体根据工程的特点和实际情况而定,对一些简单的工程,可不画等高线、坐标网或绿化规划和管道的布置等。参见附录建施 03。

2)总平面图的识读

阅读总平面图的一般步骤:

①看图名、比例、图例及有关文字说明。总平面图因包括的地方范围较大,所以绘制时都用较小比例,如 1:500、1:1000、1:2000 等。如附录中建施 03,绘图比例为 1:500。

②了解新建工程的性质与总体布置,了解各建筑物及构筑物的位置、道路、场地和绿化等布置情况以及各建筑物的层数等,如附录中新建工程为 5 幢 5 层商住楼,位于广福路南侧。

③明确新建工程或扩建工程的具体位置,新建工程或扩建工程通常根据原有房屋或道路来定位。当新建成片的建筑物和构筑物或较大的建筑物时,往往用坐标来确定每一建筑物及道路转折点等的位置。当地形起伏较大的地区,还应画出等高线。

如附录中新建建筑物总长 18.64m，总宽 11.14 m，楼间相距 6.00m，离广福路 4.00m；新建建筑物南侧已有 5 幢 2 层的建筑物，离南侧最近的原有建筑 16.72m。

④看新建房屋底层室内地面和室外整平地面的绝对标高，可知室内外地面的高差，及正负零与绝对标高的关系，例附录××商住楼相对标高的零点相当于室外绝对标高 80.60m，室外绝对标高为 80.15m，室内外高差为 0.450m。

⑤明确拟建房屋的朝向。看总平面图中的指北针或风向频率玫瑰图，可明确新建房屋、构筑物的朝向和该地区的常年风向频率，有时也可只画指北针。例附录中新建商住楼为坐北朝南，出入口位于南侧。

⑥需要时，在总平面图上还画有给水、排水、采暖、电气等管网布置图。这种图一般与给排水、采暖、电气的施工图配合使用。

任务 3.2　识读建筑平面图

【任务描述】

通过识读建筑平面图，完成识图报告，并绘制建筑平面图；明确建筑平面图的图示内容，熟悉建筑平面图有关制图标准及规范；掌握建筑平面图的识读及绘制方法。

任务工作单

【能力目标】

(1)能应用国家制图标准和相关规范，正确识读与绘制建筑平面图。

(2)能对照识读各层建筑平面图。

【知识目标】

(1)熟悉《房屋建筑制图统一标准》(GB/T 50001—2017)相关内容。

(2)掌握建筑平面图的图示内容。

(3)掌握建筑平面图的识图方法步骤。

(4)掌握建筑平面图的绘制方法步骤。

习题：识读某厂房平面图，完成识图报告

【学习性工作任务】

(1)识读各层建筑平面图，完成识图报告。

(2)绘制各层建筑平面图。

素材：某厂房施工图

建筑平面图是经建筑物门窗洞水平剖切后绘制的水平投影图，简称平面图，其形成示意图参见图 1-73。建筑平面图表达了房屋的平面形状，房间布置，内外交通联系，以及墙、柱、门窗等构配件的位置、尺寸、材料和做法等内容，是建筑施工图的主要图样之一。平面图是施工过程中，房屋的定位放线、砌墙、设备安装、装修及编制概预算、备料等的重要依据。

平面图常用1∶50、1∶100、1∶200的比例绘制，实际工程中常用1∶100的比例绘制。因建筑平面图的绘图比例较小，所以在平面图中某些建筑构造、配件和卫生器具等都不能按其真实投影画出，而是按国标中规定的图例表示，见表3-2。

常用建筑构配件　　表3-2

名　称	图　例	说　明
楼梯	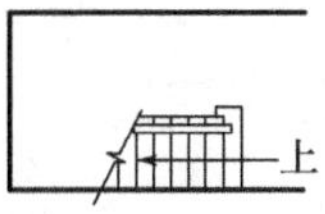	1. 上图为底层楼梯平面，中图为中间层楼梯平面，下图为顶层楼梯平面； 2. 楼梯及栏杆扶手的形式和步数应按实际情况绘制
	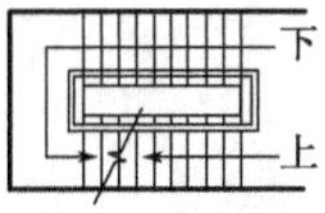	
	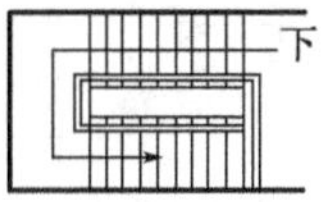	
检查孔		左图为可见检查孔，右图为不可见检查孔
孔洞		阴影部分可以涂色代替
坑槽		
烟道	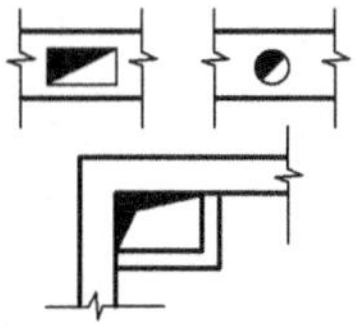	1.阴影部分可以涂色代替； 2.烟道与墙体为同一材料，其相接处墙身线应断开
通风道	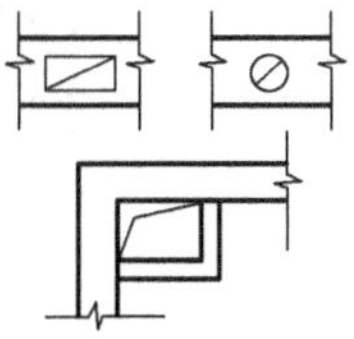	

名　称	图　例	说　明
单扇门（包括平开或单面弹簧）	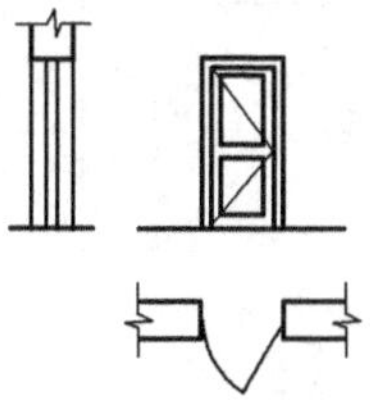	1. 门的名称代号用M表示； 2. 图例中剖面图左为外、右为内，平面图下为外、上为内； 3. 立面图上开启方向线交角的一侧为安装合页的一侧；实线为外开，虚线为内开； 4. 平面图上门线90°或45°开启，开启弧线宜绘出； 5. 立面图上的开启线在一般设计图中可不表示，在详图及室内设计图上应表示； 6. 立面形式应按实际情况绘制
双扇门（包括平开或单面弹簧）	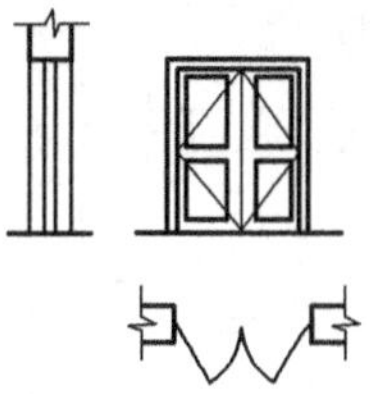	
对开折叠门	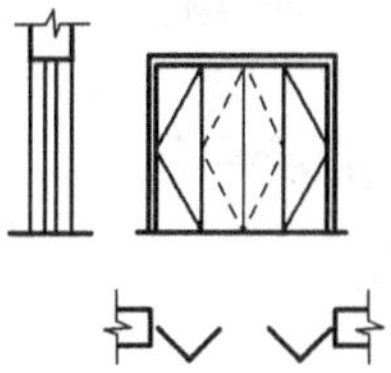	
墙中单扇推拉门	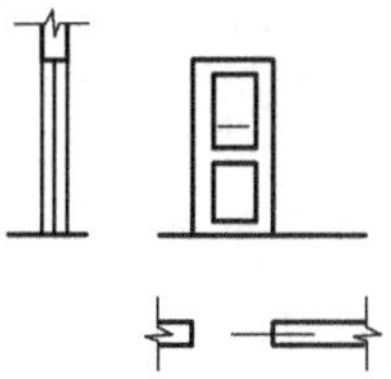	同单扇门等的说明中的1、2、6
单扇双面弹簧门	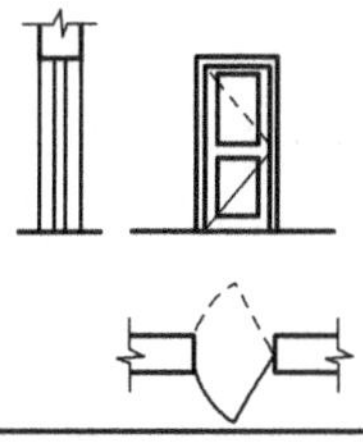	同单扇门等的说明

续上表

名　称	图　例	说　明
双扇双面弹簧门	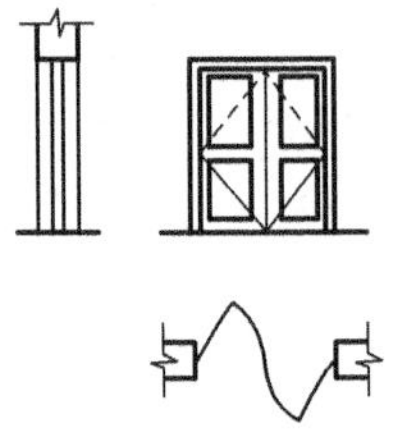	同单扇门等的说明
单层固定窗	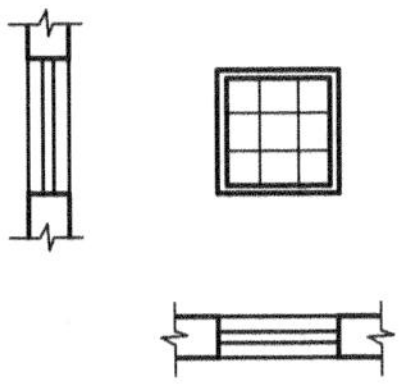	1. 窗的名称代号用C表示； 2. 立面图中的斜线表示窗的开启方向，实线为外开，虚线为内开；开启方向线交角的一侧为安装合页的一侧，一般设计图中可不表示
单层外开上悬窗	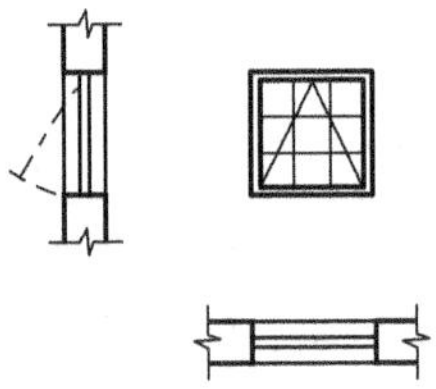	
单层中悬窗	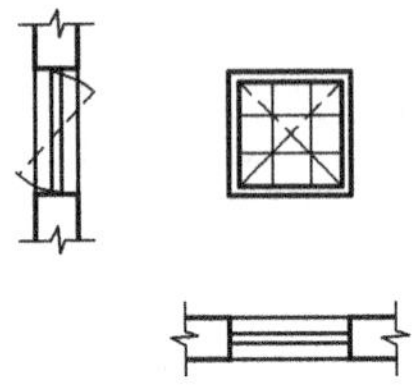	1. 图例中，剖面图所示左为外，右为内，平面图所示下为外，上为内； 2. 平面、剖面图上的虚线，仅说明开关方式，在设计图中不需要表示； 3. 窗的立面形式应按实际绘制； 4. 小比例绘图时，平面、剖面的窗线可用单粗实线表示
单层外开平开窗	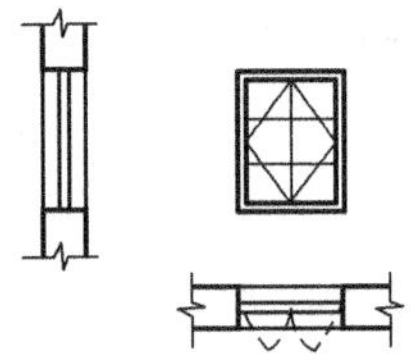	
推拉窗	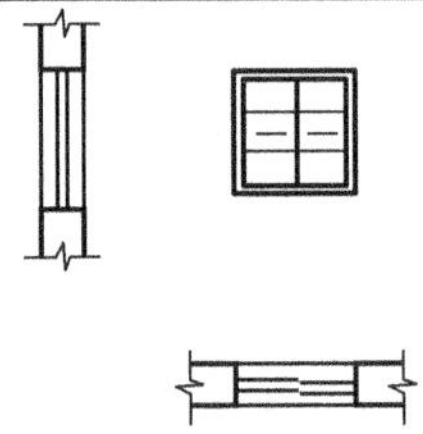	同“单层固定窗”等的说明中的1、3、5、6

一般情况下，房屋有几层就应画几个平面图，并在图的下方标注相应的图名，如“底层平面图”、“二层平面图”、“屋顶平面图”等。图名下方应加一粗实线，图名右方标注比例。当房屋中间若干层的平面布局、构造情况完全一致时，则可用一个平面图来表达这相同布局的若干层，称之为 $m \sim n$ 层平面图。参见附录建施 04 ~ 建施 09。

3.2.1 建筑平面图的图示内容与图示方法

建筑平面图的方向宜与总平面图的方向一致，平面图的长边宜与横式幅面图纸的长边一致。

建筑平面图的图示内容主要有：

1）图名、比例及朝向

建筑平面图一般以层数来命名；朝向用指北针表示，一般绘制在底层平面图中。

视频：建筑平面图的图示内容与图示方法

2）定位轴线及编号

凡承重的墙、柱，都必须标注定位轴线，并按规定给予编号。平面图上定位轴线的编号,宜标注在图样的下方与左侧。组合较复杂的平面图中定位轴线也可采用分区编号,编号的注写形式应为“分区号—该分区编号”,分区号采用阿拉伯数字或大写拉丁字母表示;圆形平面图中定位轴线的编号,其径向轴线宜用阿拉伯数字表示,从左下角开始,按逆时针顺序编写,其圆周轴线宜用大写拉丁字母表示,从外向内顺序编写,如图 3-2、图 3-3 所示。

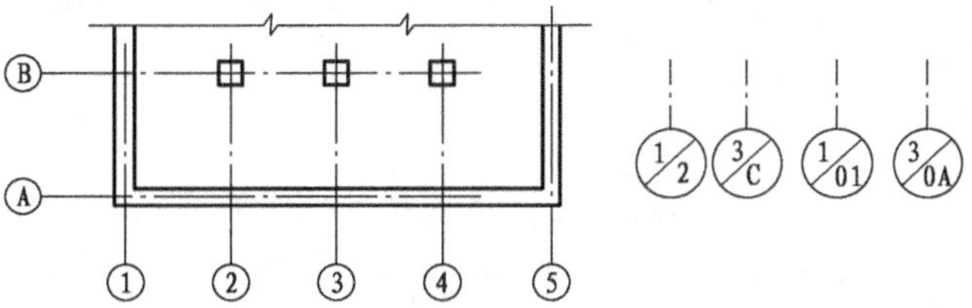

图 3-2 定位轴线编写及附加轴线

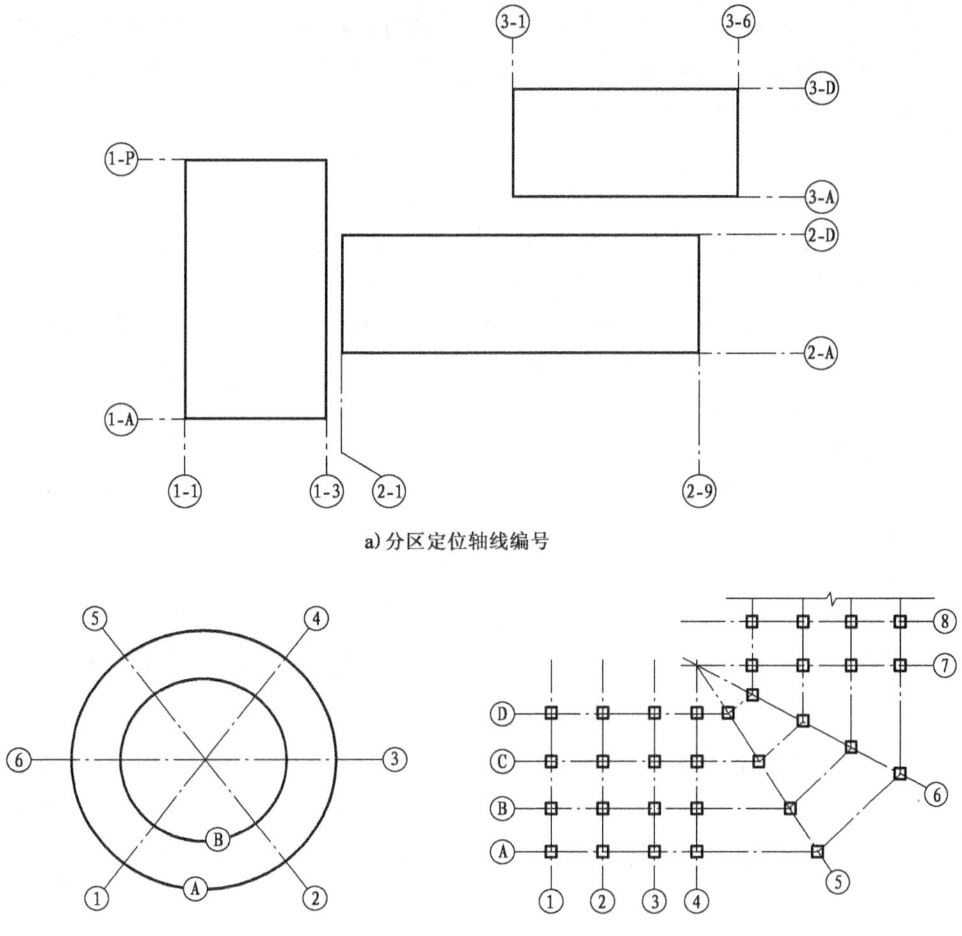

a) 分区定位轴线编号

b) 圆形平面定位轴线编号

c) 折线形平面定位轴线编号

图 3-3 分区、圆形平面和折线形平面定位轴线编号

3) 墙柱断面、门窗位置及类型、各房间的名称

凡被剖切到的墙、柱的断面轮廓线用粗实线画出,并画出断面材料图例。1∶100 ~ 1∶200 的平面图中断面材料可简画(钢筋混凝土涂黑),且不画抹灰层面层线;比例大于 1∶50 的平面

图,应画出抹灰层面层线,并宜画出断面材料图例;比例等于 1∶50 的平面图,抹灰层面层线应根据需要而定。没有剖切到的可见轮廓线,如墙身、窗台、梯段等用中粗实线画出,尺寸线、引出线用细实线画出,轴线用细单点长画线画出。

门窗按表 3-2 的规定用图例表示并注明代号(门、窗的代号分别为 M、C),对于不同类型的门、窗,应在代号后面写上编号,以示区别。各种门、窗的形式和具体尺寸,可在汇总编制的门、窗表中查对。每个房间都应注明名称。

4)其他构配件和固定设施

除墙、柱、门、窗外,在建筑平面图中,还应绘制其他主要建筑构造、固定设施及固定家具的位置,如阳台、雨篷、台阶、坡道、散水、配电箱、消火栓、墙上预留洞、通风道、高窗、卫生器具、水池、橱柜、隔断等。凡不可见的或在剖切平面以上部位的内容,用虚线表示,如高窗。

除室内情况外,各层平面图表达有所区别,底层平面图还应表达室外的台阶、花坛、明沟、散水和雨水管的形状和位置,中间各层还应表达本层的室外阳台和下一层室外的雨篷、遮阳板等。屋顶平面图则表明屋顶的形状,屋面排水方向及坡度,天沟或檐沟的位置,还有女儿墙、屋檐线、雨水管、上人孔及水箱的位置等。

5)尺寸及标高

尺寸分内部尺寸与外部尺寸。内部尺寸主要是说明房间的净空大小、室内的门窗洞、墙厚及固定设施的大小与位置。外部尺寸一般分三道,第一道靠近图样的尺寸,为细部尺寸,表达外墙、柱、门窗洞口的尺寸及与定位轴线的关系尺寸。第二道尺寸为各定位轴线间的尺寸,表达房间的开间和进深尺寸。第三道尺寸为总尺寸,即房屋的外包尺寸,表达房屋的总长和总宽尺寸。

标高应标注室外地坪、底层地面、各楼层、地下室各层及地平台、阳台、卫生间等处的完成面标高。存在高差的地方,应画出分界线。

6)楼梯、电梯位置及楼梯的上下方向

楼梯、电梯用图例及文字表达。一般用箭头表示上或下楼梯的方向,用数字表达到达上(或下)层楼梯的级数。

7)有关符号(索引符号、剖切符号等)

在底层平面图中,除指北针外,须在需要绘制剖面图的部位,绘出剖切符号及编号。

在各层平面图中,需另绘详图表达的局部构造或构件,应在图中的相应部位绘制索引符号。

3.2.2 建筑平面图识图

视频:建筑平面图识图

1)阅读平面图的一般步骤

①看图名、比例,了解该图是哪一层平面图,绘图比例是多少。

②看底层平面图上画的指北针,了解房屋的朝向。

③看房屋平面外形和内部墙的分隔情况,了解房屋平面形状和房间分布、用途、数量及相互间联系,如入口、走廊、楼梯和房间的位置等。

④在底层平面图上看室外台阶、花池、散水坡(或明沟)及雨水管的大小和位置。

⑤看图中定位轴线的编号及其间距尺寸。从中了解各承重墙(或柱)的位置及房间大小,以便于施工时定位放线和查阅图纸。

⑥看平面图的各部分尺寸。从各道尺寸的标注，可知各房间的开间、进深、门窗及室内设备的大小位置。

⑦看地面标高。楼地面标高是表明各层楼地面对标高零点（即正负零）的相对高度。一般平面图分别标注下列标高：室内地面标高、室外地面标高、室外平台标高、卫生间地面标高、楼梯平台标高等。

⑧看门窗的分布及其编号。了解门窗的位置、类型及其数量。

⑨在底层平面图上看剖面的剖切符号，了解剖切部位及编号，以便与有关剖面图对照阅读。

⑩查看平面图中的索引符号。当某些构造细部或构件，需另画比例较大的详图或引用有关标准图时，则须标注出索引符号，以便与有关详图符号对照查阅。

2）建筑平面图读图举例

以附录××商住楼各层平面图为例，读图过程如下。

（1）地下室平面图的识读

①地下室平面图。绘图比例是1:100。该地下室地面标高为－3.200m，房屋平面外轮廓总长为18640mm，总宽为10640mm。

②地下室通过M1021门经楼梯间进入底层，此门的宽度为1000mm，高度为2100mm。Ⓖ号定位轴线上有5个C2406的窗，该窗的宽度为2400mm，高度为600mm。图中虚线表示该窗为高窗（剖切平面以上的窗）。

③楼梯间设在④～⑥、Ⓑ～Ⓔ号定位轴线之间，通过定位轴线表明各房间的开间和进深情况，其开间为2800mm。

（2）底层平面图的识读

①底层平面图。绘图比例是1:100。从图中指北针可知房屋坐北朝南。底楼为商业用房，标高为±0.000m。房屋平面外轮廓总长为18640mm，总宽为11140mm。室内外高差为450mm，从北侧出入口可进入商业用房，从南侧出入口可经楼梯上楼。南北出入口均设有三步台阶。楼房四周除北侧外均有散水坡，宽度为1000mm；墙厚均为240mm。

②底层商业用房与楼梯间不能通行，以区分商业空间与居住空间；楼梯间位置在南侧居中，为双跑式楼梯。

③底层平面图中，各种类型的门窗洞口尺寸，详见平面图外尺寸中间一道尺寸。如南面中间有一个M1824外开双扇门，门洞宽为1800mm，门洞高为2400mm。北面有五个卷帘门代号为JLM，尺寸详见门窗表。

④底层平面图中有一个剖切符号，表明剖切平面的位置。1-1在④～⑥之间，剖过底层的南面台阶、楼梯间的门、楼梯的上行梯段、Ⓔ号轴线的墙身、北侧中间的卷帘门和北侧的台阶及室外平台。

⑤底层平面图中有详图索引符号，$\frac{1}{17}$表示散水的剖面详图（1号详图）绘制在“建施17”中，$\frac{2}{17}$表示入口处的台阶及室外平台的剖面详图（2号详图）绘制在“建施17”。

（3）楼层平面图的识读

二楼以上为住宅，二楼楼梯间南面外墙外可见一个雨篷，该雨篷的详图绘制在第15页的第1号图中。除了雨篷二、三、四楼平面布置相同，二楼楼面标高为4.200m，三楼楼面标高为

7.000m,四楼楼面标高为10.600m。一梯两户完全对称,户型为两室两厅一厨一卫。从楼梯间经过门M1021进入客厅,客厅北侧为餐厅,客厅南侧通过推拉门TLM2421与阳台相连。餐厅的一侧通过推拉门TLM1821进入厨房、通过门M0821进入储藏室。从客厅再往里通过门M0921进入南北两卧室,两卧室之间是一个卫生间,卫生间地面比室内地面低0.030m。

顶层平面图与下面几层相比较,少了储藏间和客厅,把原来的客厅和阳台位置改为露台。

(4)屋顶平面图的识读

该屋顶采用四坡同坡屋面,坡度为1∶2,设外挑檐沟,檐沟挑出外墙轴线620mm,檐沟的排水坡度为1%,共有8个雨水口。图中有关构造用索引符号进行索引说明,檐沟的详图绘制在“建施18”的第1号图中。露台及栏杆扶手的构造详图详见“建施18”的2号详图。

视频:建筑平面图绘制

3.2.3 建筑平面图的绘制

1)确定比例和图幅

根据建筑物的长度、宽度、复杂程度及要进行标注所占用的位置和必要的文字说明的位置确定图纸的比例和幅面。

2)画底图

画出图框线和标题栏的外边线,布置图面画出定位轴线、墙线,在墙体上确定门洞口的位置,画楼梯散水等细部构造线。

3)加深线条和符号标注

检查无误后,按建筑平面图的线形要求进行加粗,并标注轴线、尺寸、门窗等编号、剖切符号等。

4)标注文字

用长仿宋体写图名、比例及其他内容。

5)抹灰层、材料图例绘制

平面图中被剖切到的构配件断面上,其抹灰层和材料图例应根据不同的比例采用不同的画法:

①比例大于1∶50的平面图,应画出抹灰层的面层线,并宜画出材料图例。

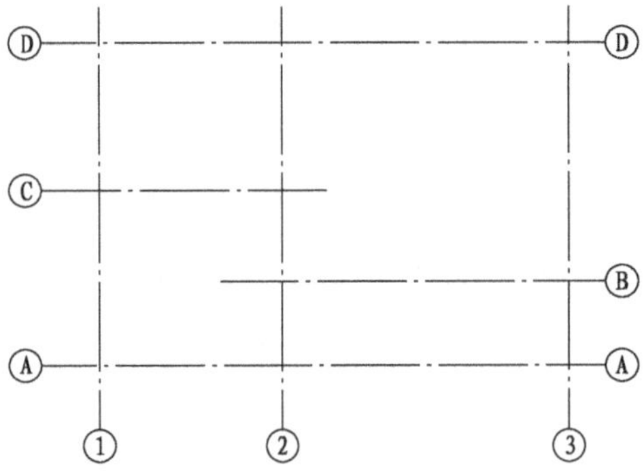

图3-4　建筑平面图作图过程1

②比例等于1∶50的平面图,抹灰面层线应根据需要而定。

③比例小于1∶50的平面图,可不画抹灰层的面层线。

④比例为1∶100～1∶200的平面图,可简化材料图例,如砖墙涂红、钢筋混凝土涂黑等。

⑤比例小于1∶200的平面图,可不画材料图例。

6)绘图步骤

下面以某传达室建筑施工图为例说明绘图过

程，如图 3-4 ~ 图 3-7 所示。

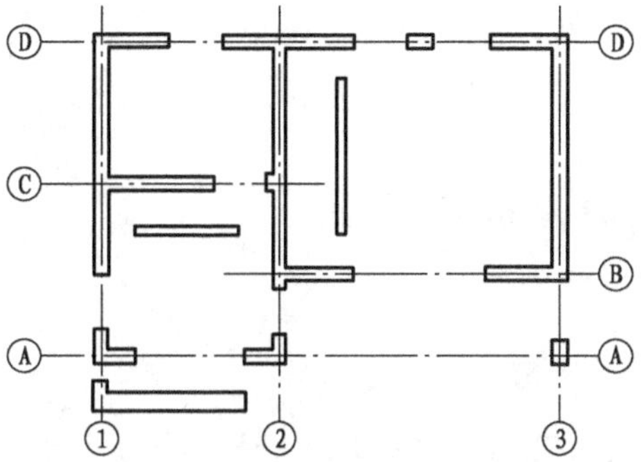

图 3-5　建筑平面图作图过程 2

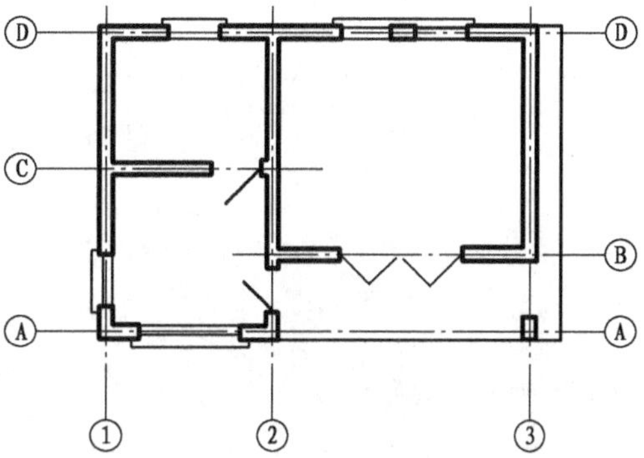

图 3-6　建筑平面图作图过程 3

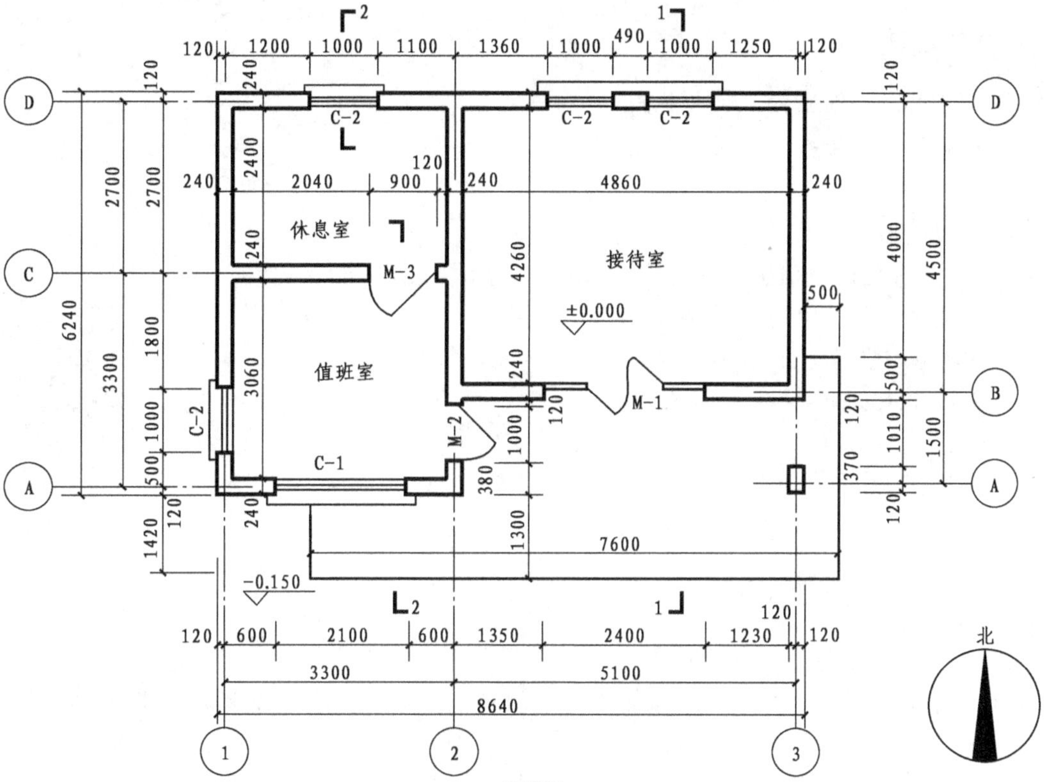

平面图 1:50

图 3-7　建筑平面图作图过程 4(尺寸单位:mm)

(1)画定位轴线

先画横向和纵向的最外两道定位轴线，再根据开间和进深尺寸定出各定位轴线。

(2)画墙和柱的轮廓线及门窗洞口

墙身厚度以轴线为基准绘制，确定门窗洞位置时，应从轴线往两边定窗间墙宽，根据尺寸画门窗。

确定门窗洞位置时，应从轴线往两边定窗间墙宽，根据尺寸画门窗。

(3)画门窗洞和细部构造、楼梯、台阶、平台、散水等细部和其他设备等

(4)标注尺寸、加深

经检查无误后,擦去多余的作图线,按施工图要求加深或加粗图线或上墨线。并标注轴线、尺寸、门窗编号、房间名称、剖切位置线、图名、比例及其他文字说明。

任务3.3 识读建筑立面图

【任务描述】

通过识读建筑立面图,完成识图报告,并绘制建筑立面图,明确建筑立面图的图示内容,熟悉立面图有关制图标准及规范,掌握建筑立面图的识读及绘制方法。

【能力目标】

(1)能应用国家制图标准和相关规范。

(2)能正确识读与绘制建筑立面图。

【知识目标】

(1)熟悉《房屋建筑制图统一标准》(GB/T 50001—2017)相关内容。

(2)掌握建筑立面图的图示内容。

(3)掌握建筑立面图的识图方法步骤。

(4)掌握建筑立面图的绘制方法步骤。

习题:识读某厂房立面图,完成识图报告

【学习性工作任务】

(1)识读各建筑立面图,完成识图报告。

(2)抄绘建筑立面图。

建筑立面图是在与房屋立面相平行的投影面上所做的正投影图,简称立面图。建筑物主要立面的艺术处理、造型及装修,直接影响着建筑物的美观。立面图主要表现建筑物的体形与外貌、外墙装修做法等。立面图是施工中确定门窗、雨篷、阳台、雨水管、引条线、勒脚等的形状与位置及指导房屋外部装修施工的依据,也是编制概预算、备料等的重要依据。

当房屋左右对称时,立面图可绘一半,并在对称轴线处画对称符号。房屋立面若有一部分不平行于投影面,可将该部分展开到与投影面平行后再画立面图,并注明“展开”字体。

视频:建筑立面图的图示内容与图示方法

3.3.1 建筑立面图的图示内容与图示方法

1)图名、比例

建筑立面图宜根据两端定位轴线编号命名,也可按立面的主次命名,反映主要出入口或比较显著地反映房屋外貌性的那面立面图,称为正立面,其余称

为背立面图和侧立面图；也可按朝向命名，例如南立面图、北立面图、东立面图和西立面图。

建筑立面图绘图比例一般与平面图相同，采用1∶50、1∶100、1∶200。

2）定位轴线及编号

立面图一般画出两端定位轴线及编号，分段绘制立面图的则画出分段的轴线及编号，例如①～⑩立面图。

3）立面外轮廓、门窗位置及开启方式、其他构配件的形式与位置

门窗及其他构配件用相应图例表达，门窗还应表明开启方向。

为使立面图主次分明、图面美观，通常将建筑物外轮廓用粗实线表示；室外地坪线用加粗实线（$1.4b$）表示；外墙上凸出或凹进部位如阳台、雨篷、门窗洞口、挑檐等投影用中粗实线表示；门窗的细部分格及外墙上的装饰线用细实线表示。

4）外墙面装修做法

立面图应表达外墙面、阳台、雨篷、勒脚、引条线等的材料、颜色及装修做法，可用引出线作出文字说明，或用详图另作表达。

外墙面的装饰材料除可画出部分图例外，还应用文字加以说明。图中相同的门窗、阳台、外檐装饰、构造做法等可在局部重点表示，绘出其完整图形，其余可只画轮廓线。

5）标高、尺寸

立面图着重于高度方向的标注，除必要的尺寸用尺寸、数字等表示外，宜用标高形式标注室内外地坪、楼面、阳台、平台、窗台、门窗顶、屋顶、女儿墙及其他装饰构造的标高。

6）索引符号

当在建筑立面图中需要索引出详图时，应加注索引符号。

视频：建筑立面图识图

3.3.2　建筑立面图识图

1）识读立面图的一般步骤

①看图名比例。确认立面图的比例及投影方向。

②看立面外形。了解立面外形和门窗、屋檐、台阶、阳台、烟囱、雨水管等的形状及位置。

③看立面图中的标高尺寸。了解各细部高度、室内外高差、各层高度和总高度。

④看房屋外墙表面装修做法和分格形式。了解装饰细部构造做法及具体位置。

⑤查看图上的索引符号。查详图索引符号的位置与其作用，了解细部做法。

⑥识读过程中，注意立面图与平面图对照识读。

2）建筑立面图读图举例

以附录××商住楼各层立面图为例，读图过程如下：

①通览全图可知该建筑绘有三个立面图，分别为南立面图、北立面图、西立面图，若用房屋的首尾轴线标注立面图的名称，可分别命名为①～⑨立面图、⑨～①立面图、Ⓖ～Ⓐ立面图，也可把它看成是房屋的正立面、背立面、左侧立面图，绘图的比例均为1∶100。图中表明该房屋共5层，坡屋顶。对照各层平面图可知，各层及屋顶各标高尺寸吻合。

②南立面图对照西立面图，可了解建筑物的外观造型，入口大门、室外台阶及雨篷、阳台等构件的位置和外形。例如一层外墙材料为天然花岗岩贴面；了解整个商住楼各立面门窗的分布和式样，了解檐沟、墙面的分格、装修的材料和颜色、面砖、外墙专用涂料等。

③看立面图的标高尺寸(它与剖面图相一致),可知该房屋室外地坪为 -0.450m,雨篷顶部标高是4.200m,檐沟底部标高为16.600m。最高处屋顶标高为18.235m。从各层楼地面标高推算,一层层高为4200mm,其余各层层高为3200mm。

3.3.3 绘图步骤

立面图的画法和步骤与建筑平面图基本相同,同样先选定比例和图幅,经过画底图、加深、标注、文字说明等步骤。下面以某传达室建筑施工图为例说明绘图过程,如图3-8~图3-11所示。

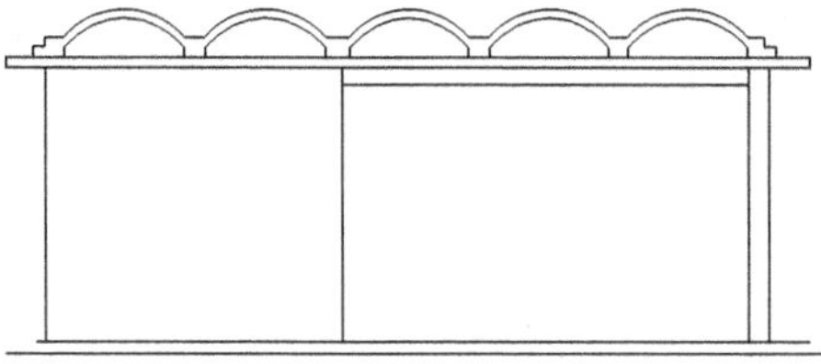

图3-8 立面图绘制过程1

①定室外地坪线、外墙轮廓线、屋面檐口线。屋脊线由侧立面或剖面图投影到正立面图上或根据高度尺寸得到。

在合适的位置画上室外地坪线。定外墙轮廓线时,如果平面图和正立面图画在同一张图纸上,则外墙轮廓线应由平面图的外墙外边线,根据“长对正”的原理向上投影而得。根据高度尺寸画出屋面檐口线。如无女儿墙时,则应根据侧立面或剖面图上屋面坡度的脊点投影到正立面定出屋脊线。

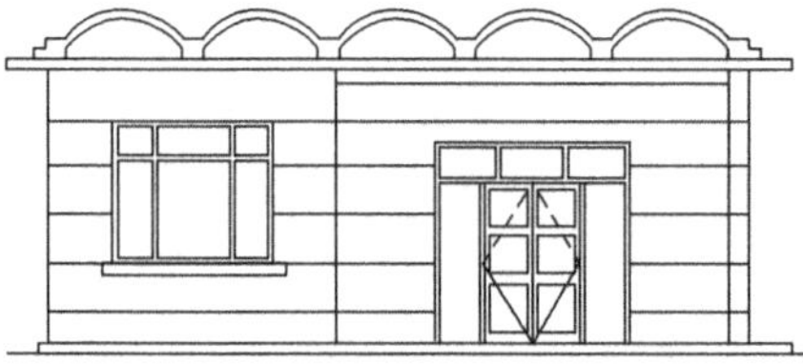

图3-9 立面图绘制过程2

图3-10 立面图绘制过程3

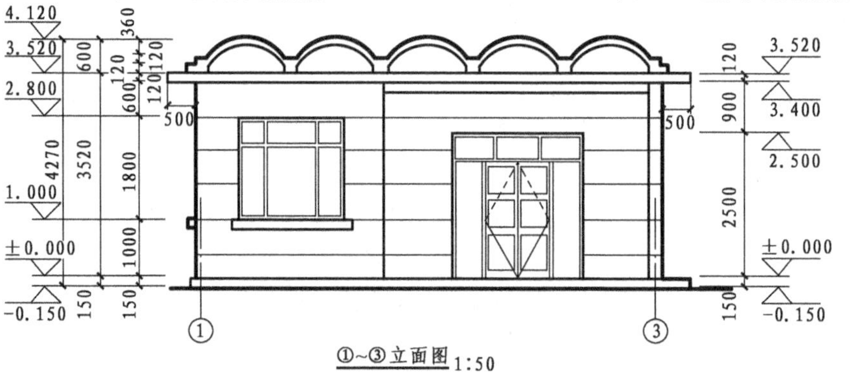

视频:建筑立面图绘制

图3-11 立面图绘制过程4(尺寸单位:mm)

②确定门窗洞口位置,再画出门窗、檐口等细部。

③经检查无误后,擦去多余的线条,按立面图的线型要求加粗、加深线型或上墨线。画出少量门窗扇、装饰、墙面分格线。立面图线型,习惯上屋脊线和外轮廓线用粗实线,室外地坪线用加粗实线。轮廓线内可见的墙身、门窗洞、窗台、台阶等轮廓线用中粗实线,门窗格子线、墙面分格线为细实线。

④最后标注标高,应注意各标高符号的45°等腰直角三角形的顶点在同一条竖直线上,书写墙面装修文字、注写图名、比例、首尾轴线和文字说明,说明文字一般用5号字,图名用10号字,完成全图。

任务 3.4　识读建筑剖面图

【任务描述】

通过识读建筑剖面图，完成识图报告，并绘制建筑剖面图，明确建筑剖面图的图示内容，熟悉剖面图有关制图标准及规范，掌握建筑剖面图的识读及绘制方法。

【能力目标】

(1)能应用国家制图标准和相关规范。

(2)能正确识读与绘制建筑剖面图。

【知识目标】

(1)熟悉《房屋建筑制图统一标准》(GB/T 50001—2017)相关内容。

(2)掌握建筑剖面图的图示内容。

(3)掌握建筑剖面图的识图方法步骤。

(4)掌握建筑剖面图的绘制方法步骤。

习题：识读某厂房剖面图，完成识图报告

【学习性工作任务】

(1)识读各建筑剖面图，完成识图报告。

(2)抄绘建筑剖面图。

建筑剖面图是房屋的垂直剖面图，是假想地平行于正立面或侧立面竖直剖切开建筑物，移去剖切平面与观察者之间的那部分，作出剩下建筑物的正投影所得到的图样，简称剖面图。剖切时常用一个剖切平面，需要时也可转折。剖切位置一般选择在房屋构造比较复杂和典型的部位，如通过楼梯间梯段、门、窗洞口等。剖切位置符号应在底层平面图中标出。

剖面图主要用来表示房屋内部的分层、结构形式、构造方式、材料、做法、各部位的联系及高度等情况，它与平面图、立面图互相配合用于计算工程量，是施工中进行分层、砌筑内墙、铺设(浇筑)楼板、屋面板和楼梯、内部装修等工作的依据。

3.4.1　建筑剖面图的图示内容与图示方法

1)图名、比例及定位轴线

剖面图的图名应与底层平面图上所标注剖切符号的编号一致，如 1-1 剖面图、2-2 剖面图等。比例一般与平面图、立面图相同。

2)剖切到或可见的建筑构配件

剖切到或可见的主要结构和建筑构造，如室外地面、底层地面、各层楼面、屋顶、檐口、吊顶、女儿墙、门窗、台阶、坡道、散水、阳台、雨篷等。

视频：建筑剖面图的图示内容与图示方法

被剖到的室外地坪线用加粗实线(1.4b)表示，被剖切到的墙、梁、板等轮廓用粗实线表示，没有被剖切但可见的部分用中实线或细实线表示。剖面图一般不画基础，剖面图断面材料图例与粉刷面层和楼、地面面层线的表示原则及方法，与平面图的处理相同。

3）标高、尺寸及坡度

剖面图应标注房屋外部、内部必要尺寸和标高。外部高度方向一般标注三道尺寸：最外的总高度尺寸（由室外地坪起算）；中间的层间高度尺寸；最里的门窗高度、窗间墙高度、室内外高差、女儿墙高度等。内部尺寸如内墙上的门、窗洞，窗台和墙裙高度，预留孔洞等。标高宜标注主要结构和建筑构造的标高，如室外地坪、室内地面、底层地面、各层楼面、屋面板、阳台、平台、檐沟、女儿墙顶、高出屋面的建筑（构）物及其他构件等。剖面图中标注的标高与尺寸，应与建筑平面图与立面图尺寸相一致。

另外，剖面图中还应标注屋面、散水、排水沟、坡道等处的坡度。

4）索引符号及某些构造的用料说明和做法

在需要绘制详图的部位，应绘出索引符号。地面、楼面、屋顶、内墙等的构造与材料、做法，可用引出线引出，按多层构造层次，逐层用文字说明，也可用构造说明一览表的形式表达。

3.4.2 建筑剖面图识读举例

1）阅读剖面图的一般步骤

（1）看图名、轴线编号和绘图比例

与首层平面图对照，确定剖切平面的位置及投影方向，从中了解所画出的剖面图是房屋的哪部分投影。

视频：建筑剖面图识图

（2）看房屋内部构造和结构形式

如各层梁、板、楼梯、屋面的结构形式、位置及其与其他墙（柱）的相互关系等。

（3）看房屋各部位的高度

如房屋总高、室外地坪、门窗顶、窗台、檐口等处标高，室内底层地面、各层楼面及楼梯平台面标高等。

（4）看楼地面、屋面的构造

在剖面图中表示楼地面、屋面的构造时，通常用一引出线指着需说明的部分，并按其构造层次顺序地列出材料等说明。有时将这一内容放在墙身剖面详图中表示。

（5）看图中有关部位坡度的标注

如屋面、散水、排水沟与坡道等，需要作成斜面时，都标有坡度符号，如2%等。

（6）查看图中索引符号

剖面图尚不能表示清楚的地方，还注有详图索引，说明另有详图表示。

2）建筑剖面图读图举例

以附录××商住楼1-1剖面图为例，读图过程如下：

①对照一层平面图中1-1剖切位置可知，1-1剖面图的剖切位置在④～⑥定位轴线之间，剖切后向左（西）投影，一层剖切到的构造有南侧台阶、楼梯间的门、楼梯的下行梯段、Ⓔ轴线的墙身、北侧中间的卷帘门和北侧的台阶平台等。

②从 1-1 剖面图可知，该建筑为五层楼房加一地下室，坡屋顶，四周有挑檐沟，框架结构。室外地面标高 -0.450m，上三步台阶到达室外平台处，地下室地面标高为 -3.200m，一层商业用房地面标高为 ±0.000m（正负零）。室内情况是：二层以上各层的楼面标高分别为 4.200m、7.400m、10.600m、13.800m，一楼北墙上门洞高是 3700mm，其余各层北墙上的窗洞高度为 1800mm，各层窗台距本层地面 900mm。另外，还显示了楼板的形式，内墙、可见的楼梯间门洞等。

3.4.3 绘图步骤

下面以某传达室建筑施工图为例说明绘图过程，如图 3-12 ~ 图 3-15 所示。

①依次画出墙身定位轴线、室内外地面线和女儿墙顶部线，再画各楼层等处标高控制线和墙厚。

②在墙身上画出门窗位置，再画台阶、阳台、女儿墙、屋面、烟道、通风道等细部。

③按图线层次加深各图线。

④注写标高和尺寸数字，写文字说明、图名、比例等。

图 3-12 建筑剖面图绘制步骤 1

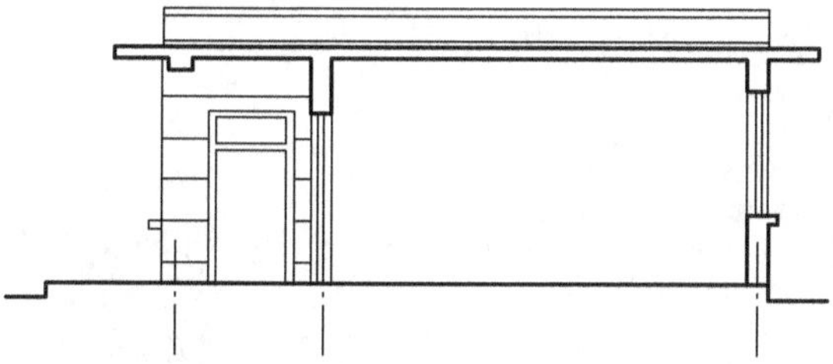

图 3-13 建筑剖面图绘制步骤 2

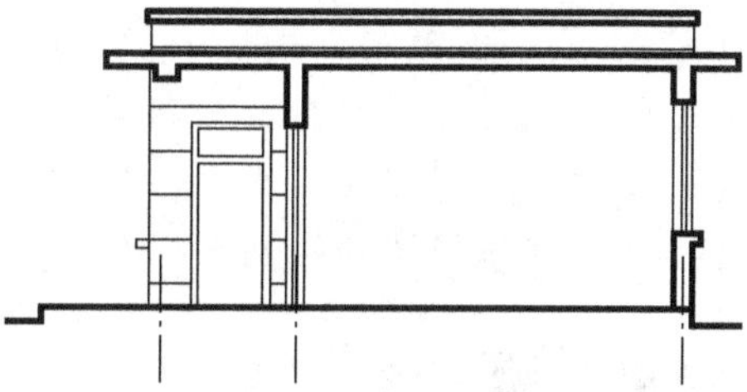

图 3-14 建筑剖面图绘制步骤 3

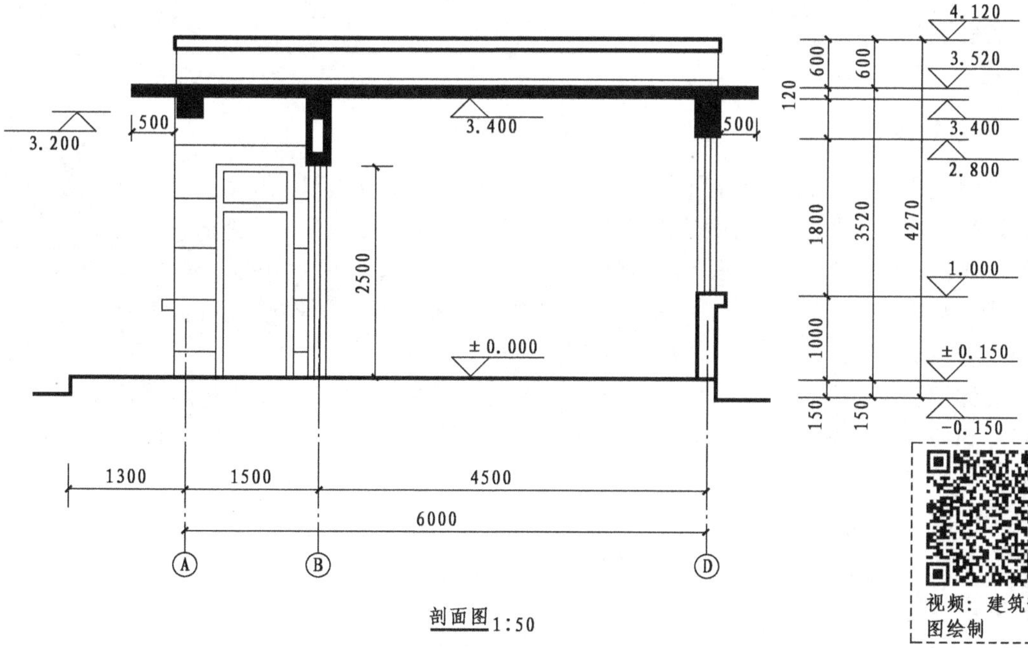

视频：建筑剖面图绘制

图 3-15 建筑剖面图绘制步骤 4（尺寸单位：mm）

任务 3.5 识读建筑详图

【任务描述】

通过识读建筑外墙节点详图和楼梯详图，完成识图报告，并绘制外墙节点详图和楼梯详图，明确外墙节点详图和楼梯详图的图示内容，熟悉建筑详图有关制图规范标准，掌握建筑详图(重点是外墙节点详图和楼梯详图)的识读及绘制方法。

【能力目标】

(1)能应用国家制图标准和相关规范。

(2)能正确识读与绘制建筑详图。

【知识目标】

(1)熟悉《房屋建筑制图统一标准》(GB/T 50001—2017)相关内容。

(2)掌握建筑详图的图示内容。

(3)掌握建筑详图的识图方法步骤。

(4)掌握建筑详图的绘制方法步骤。

【学习性工作任务】

(1)识读各建筑详图，完成识图报告。

(2)测绘建筑详图。

习题：识读某厂房详图，完成识图报告

视频：建筑详图识图

3.5.1 概述

由于建筑平面图、立面图、剖面图用较小比例绘制，对构造节点的细部构造，如形状、层次、尺寸、材料和做法等无法完全表达清楚，为满足施工要求，应用较大比例(1∶50、1∶20、1∶10 等)详细绘出建筑的细部构造，即为详图。建筑详图是建筑平面图、立面图、剖面图等基本图纸的补充和深化，是建筑工程的细部施工、建筑构配件的制作及编制预算的依据。

建筑详图包括楼梯详图、墙身详图、卫生间详图、门窗详图、阳台详图、雨篷详图等。对于采用标准图或通用详图的建筑构配件和剖面节点，只要注明所采用的图集名称、编号或页次，则可不必再画详图。

详图的特点是比例大、图示详尽、尺寸齐全。

下面主要介绍外墙身详图和楼梯详图。

3.5.2 建筑详图的主要内容与图示方法

建筑详图的图示内容应根据所绘的建筑细部构造或构配件的复杂程度而定，如墙身节点可用一个剖面图表达，楼梯间宜用每层的楼梯平面图、剖面图及若干个节点详图表达，门窗用立面详图和若干剖（断）面图表达。详图有几个图样组成表达时，可按需要用不同比例绘制。其主要内容包括：

①图名、比例，表达图名的详图符号应与相应的索引符号相对应。

②表达出构配件各部分的构造连接方法及相对位置关系。

③表达出各部位、各细部的详细尺寸。

④详细表达构配件或节点所用的各种材料及其规格。

⑤有关施工要求及制作方法说明等。

3.5.3 外墙身详图

1）外墙身详图的形成及表达内容

外墙身详图实际上是建筑剖面图中有关外墙身部位的局部放大图。外墙身详图主要表达房屋的屋面、楼面、地面和檐口的构造，楼板与墙的连接以及窗台、窗顶、勒脚、室内外地面、防潮层、散水等处的构造、尺寸和用料等。

外墙身详图往往在窗洞中间断开，成为几个节点详图的组合。多层房屋中如各层情况相同时，则可只画出底层、顶层或加一个中间层。有时，也可不画整个墙身详图，只分别用几个节点详图表示。

在墙身详图中，一般应注明室内底层地面、室外地面、楼层地面、窗台、窗顶、顶棚及檐口底面的标高。在图样的同一位置表示几个不同标高时，其他位置标高采用加括号表示。另外应注明高度方向的尺寸及墙身细部的尺寸。

2）外墙身详图读图举例

以教材附录××商住楼建施18墙身详图为例，读图过程如下：

阅读外墙身详图时，首先应根据详图中的轴线编号找到所表示的建筑部位，然后与平面图、立面图、剖面图对照阅读。看图时应由下而上或由上而下逐个节点阅读，了解各部位的详细做法与构造尺寸，并注意与总说明中的材料表核对。

由详图中的定位轴线编号并对照平面图、立面图、剖面图可知，该外墙Ⓑ号墙身详图。读图时可由下而上或由上而下依次阅读。

（1）勒脚、散水节点

主要表达外墙面在墙角处的勒脚和散水的做法，以及室内外底层地面的构造和外墙防潮层的位置、做法等情况。散水的多层材料做法由下而上分别是素土夯实、150厚3:7灰土、50厚C15混凝土撒1:1水泥砂子压实赶光，散水坡度3%，外沿高出室外地坪20mm。

（2）窗台窗顶节点

该窗为飘窗，外窗台材料为钢筋混凝土，厚度100mm，并做有滴水，内窗台不出挑。从图中还可以看到楼地面、内外墙及顶棚的做法。

（3）檐口节点

屋面采用坡屋顶，屋顶的承重层为现浇钢筋混凝土屋面板，图中绘制并标注出了屋顶的各构造层次，檐沟出挑500mm，高度400mm，檐沟底部标高为16.600m。屋面与檐沟的详细做法详见施工说明。

3)外墙身详图绘制

①确定比例,布置图面,绘制定位轴线。

②绘制墙体厚度,绘制室内外地坪、楼层面、屋面等位置线和窗台、窗顶、挑檐底部等位置线,绘制窗口图例,并在窗口适当位置折断。

③绘制楼地层、屋顶各多层材料构造,绘制墙身及楼地面等的面层线。绘制出各层次构造的材料图例。

④检查并加深图线。

⑤标注楼地层和屋顶的多层材料构造。标注室内外地坪、楼层面、屋面等位置线和窗台、窗顶、挑檐底部等处标高。标注出各细部构造的尺寸。

⑥绘制定位轴线,写上图名、比例。

注:外墙中各节点——勒脚、散水、窗台、檐口等节点可以连续按实际相互位置关系上下对齐整体绘制,也可以通过详图索引符号分别绘制。

3.5.4 楼梯详图

楼梯是由楼梯段(简称梯段,包括踏步或斜梁)、平台(包括平台板和梁)和栏杆(或栏板)等组成。房屋中的楼梯通常用现浇或预制的钢筋混凝土楼梯,或者部分现浇,部分预制构件相组合的楼梯。

楼梯的构造较为复杂,需另画详图表示,以表达楼梯的类型、结构形式、各部位的尺寸及装修做法,楼梯详图是楼梯施工放样的主要依据。

楼梯详图一般由楼梯平面图、剖面图及踏步、栏杆、扶手等节点详图组成。楼梯平面图与楼梯剖面图比例要一致,常用比例为1∶50,以便对照阅读。踏步、栏杆等节点详图比例要更大一些,以便能清楚地表达该部分的构造情况。

楼梯平面图中,楼梯段被水平剖切后,其剖切线是水平线,而各级踏步也是水平线,为了避免混淆,剖切处规定画45°折断符号,首层楼梯平面图中的45°折断线应以楼梯平台板与梯段的分界处为始点画出,使第一梯段的长度保持完整。

1)楼梯平面图

楼梯平面图实质上是建筑平面图中楼梯间放大图样,一般每层都要画楼梯平面图,若中间各层的楼梯位置、梯段数、踏步数和大小都相同时,可绘底层楼梯平面图、中间层楼梯平面图和顶层楼梯平面图。楼梯平面图的剖切位置,通常是通过该层门窗洞或上行第一梯段(休息平台下)的任一位置处,按国标规定,各层被剖切到的梯段,均在平面图中以45°折断线表示;标注上行或下行方向的长箭头,注明"上"或"下"字样及踏步数,表示上行、下行的方向及到达上(或下)一层楼地面的方向与踏步总数。

在楼梯平面图中,除注出楼梯间的开间和进深尺寸、楼地面和平台面的尺寸及标高外,还须注出各细部的详细尺寸。通常用踏面数与踏面宽度的乘积来表示梯段的长度。楼梯平面图一般包括底层楼梯平面图、中间层楼梯平面图和顶层楼梯平面图,通常这三个平面图画在同一张图纸上,并互相对齐,这样既便于阅读,又可省略标注一些重复的尺寸。

阅读楼梯平面图时,要掌握各层平面图的特点。底层平面图中±0.000m以上只有一个被剖到的上行梯段;顶层平面图中由于剖切平面在栏杆扶手之上,剖切平面未剖到任何梯段,平面图中反映完整的下行梯段和楼梯平台;中间层平面图则表达了上行梯段、下行梯段、楼梯平台等,其上行梯段、下行梯段以45°折断线为界。

读图时还应注意的是,各层平面图上所画的每一分格表示梯段的一级。但因最高一级的踏面与平台面或楼面重合,所以平面图中每一梯段画出的踏面数,总比级数少一个。

2)楼梯剖面图

假想用一个竖直剖切平面通过各层的一个梯段及门窗洞将楼梯剖开,向未剖到的梯段方向进行投影而绘制的投影图为楼梯剖面图。剖切位置宜通过楼梯上行第一梯段及楼梯间门窗洞。剖切位置标注在底层楼梯平面图中。

楼梯剖面图能清楚地表明楼梯梯段的结构形式、踏步的踏面宽度、踢面高度、踏步级数以及楼地面、楼梯平台、墙身、栏杆、栏板等的构造做法及其相对位置。

在多层建筑中,若中间层楼梯完全相同时,楼梯剖面图可只画出底层、中间层、顶层的楼梯剖面,中间用折断线分开,但各层相关标高宜完整标注。若楼梯间的屋面构造做法没有特殊之处,一般不再画出。

在楼梯剖面图中,应标注楼梯间的进深尺寸及定位轴线编号,各梯段和栏杆栏板的高度尺寸,楼地面的标高以及楼梯间外墙上门窗洞口的高度尺寸和标高。梯段的高度尺寸可用级数与踢面高度的乘积来表示。

标注与梯段坡度相同的倾斜栏杆栏板的高度尺寸,应从踏面的中部起垂直量到扶手顶面,标注水平栏杆栏板的高度尺寸,应以栏杆栏板所在地面为起点量取。

在楼梯剖面图中,需另画详图的部位,应画上索引符号。

3)楼梯节点详图

楼梯节点详图主要表达楼梯栏杆、踏步、扶手等的做法,参见附录楼梯详图部分;如采用标准图集,则引注标准图集的代号。

踏步详图表明踏步的截面形状、大小、材料及面层的做法。为防行人滑跌,在踏步口可设置防滑条。

栏杆与扶手详图主要表明栏板及扶手的形式、大小、所用材料及其与踏步的连接等情况。

4)读图举例

以附录××商住楼楼梯详图为例,读图过程如下:

如附录楼梯平面图,楼梯间的开间和进深尺寸分别为2800mm和5700mm。底层楼梯间的入口门M1824,宽1800mm;以上各层楼梯间的入户门M1021,宽1000m。梯段宽度为1230mm,梯井100mm。由图还可看出,楼梯的踏步宽及各楼层平台、休息平台标高等。该楼梯的踏步宽为280mm。楼梯踏步高为160mm。此外在底层平面图中还标有剖切符号,表示剖切到一层的上行的第一梯段,并剖到M1824,向未剖到的梯段作投影。

由附录的楼梯剖面图所示,根据楼梯平面图中剖切符号表示的含义来读A-A楼梯剖面图。该楼梯除一层有三个梯段,其余均为双跑式楼梯,即两楼层间的楼梯由两个楼梯段组成,两个梯段之间设有楼梯平台。该剖面图中共有11个楼梯段,涂黑的梯段表示剖到的,没涂黑的表示未剖到但可见的梯段。通过标注的尺寸可以看出细部尺寸、层高及各楼梯段高度、平台标高等尺寸。

5)绘图步骤

(1)比例及布图

平面图与剖面图常用1∶50比例绘制,节点详图自主选择合适比例。布图建议如图3-16所示。

(2)楼梯平面图的画法

楼梯平面图的画法如图3-17~图3-20所示。

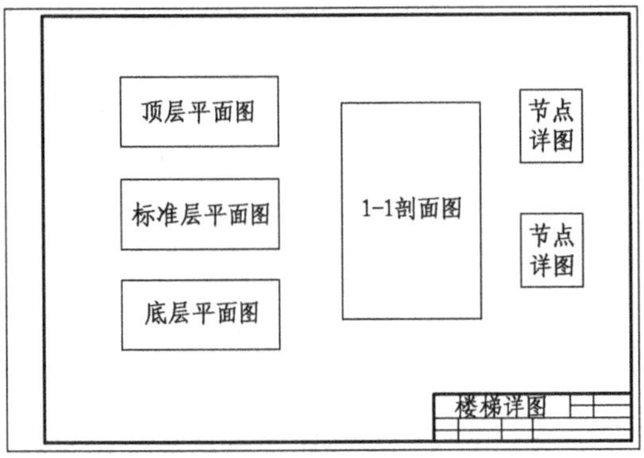

图3-16 楼梯详图的布图建议

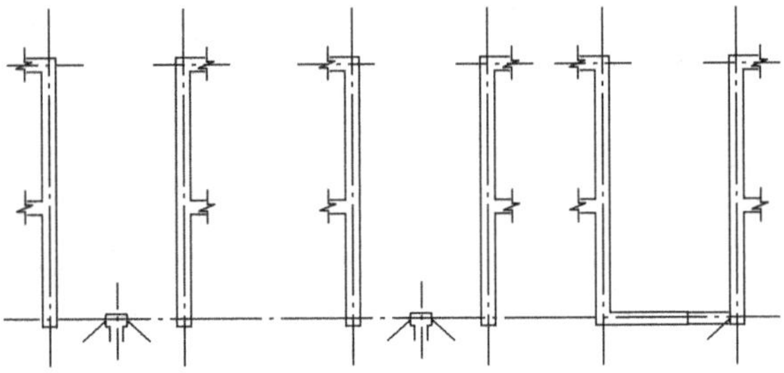

图3-17 楼梯平面图的绘制1

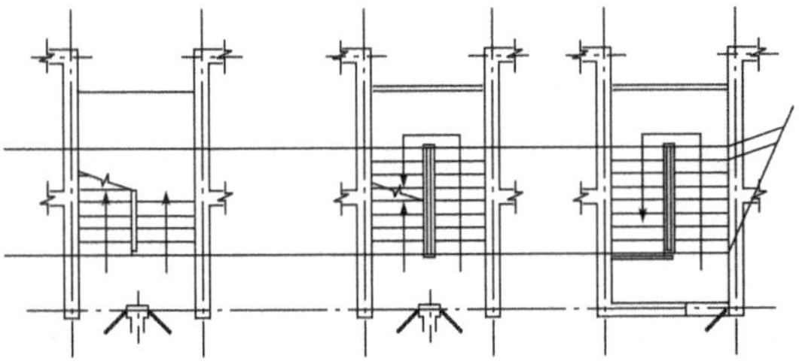

图3-18 楼梯平面图的绘制2

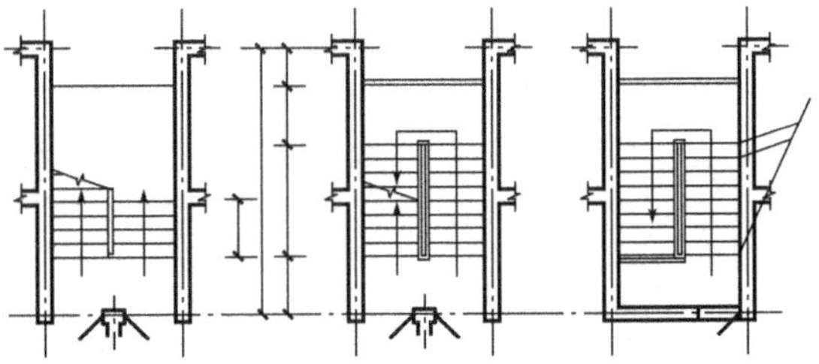

图3-19 楼梯平面图的绘制3

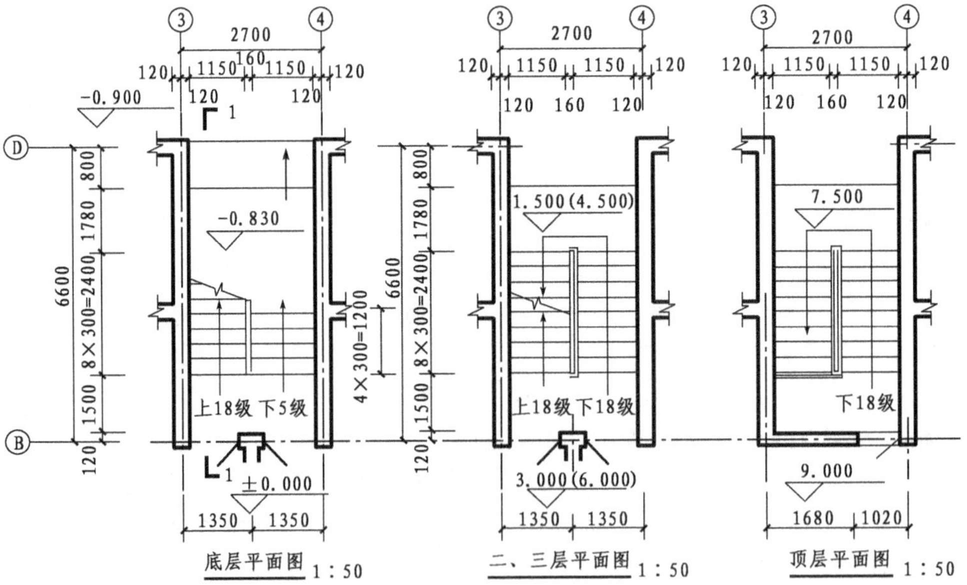

图3-20 楼梯平面图的绘制4(尺寸单位:mm)

①确定楼梯间的定位轴线位置，并画出梯段长度、平台深度、梯段宽度、梯井宽度等。

②根据踏面数和宽度，用几何作图中等分平行线的方法等分梯段长度，画出踏步。

③画栏杆、箭头等细部，并按线型要求加深图线。

④标注标高、尺寸、定位轴线、图名、比例等。

(3)楼梯剖面图的画法

绘制楼梯剖面图时，注意图形比例应与楼梯平面图一致。画栏杆或栏板时，其坡度应与梯段一致。具体画法步骤如图3-21～图3-24所示。

①确定楼梯间定位轴线的位置，画出楼地面、平台面与梯段的位置。

②确定墙身及踏步位置，确定踏步时仍用等分平行线间距的方法。

③画细部如窗、梁、栏杆等。

④经检查无误后，按线型要求加深图线。

⑤标注定位轴线、尺寸、标高、索引符号、图名、比例等。

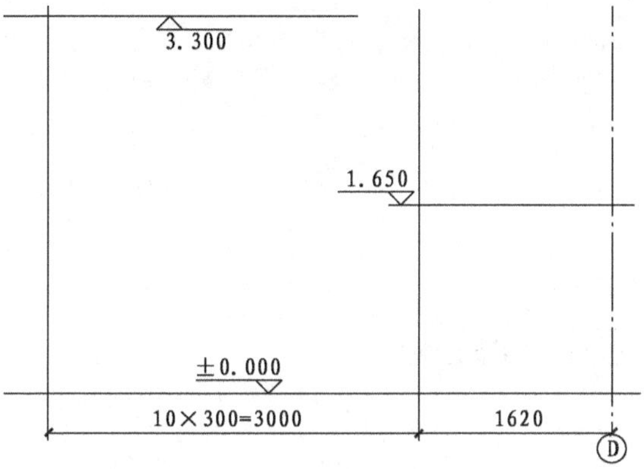

图3-21 楼梯剖面图绘制1(尺寸单位:mm)

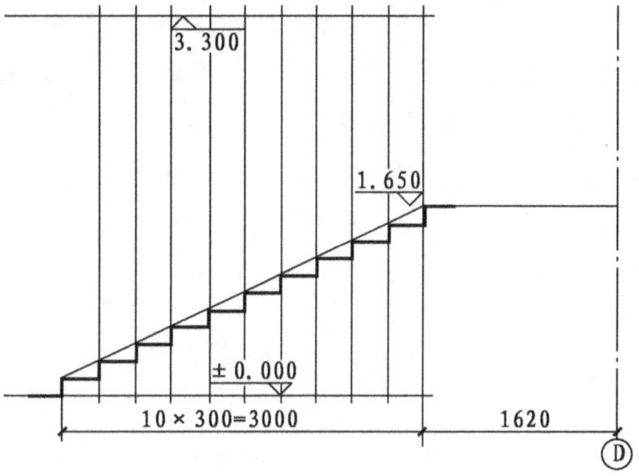

图3-22 楼梯剖面图绘制2(尺寸单位:mm)

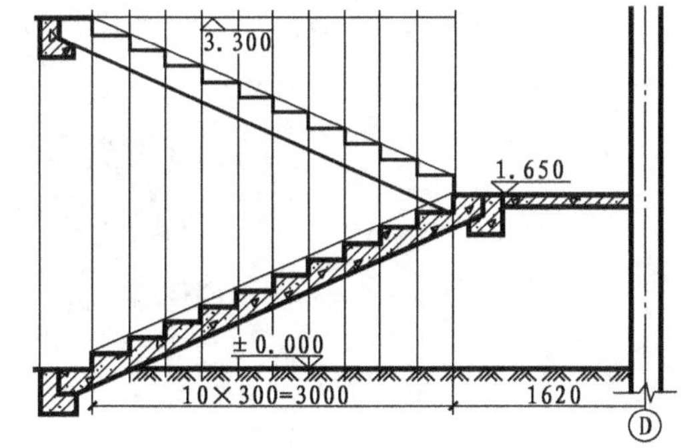

图3-23 楼梯剖面图绘制3(尺寸单位:mm)

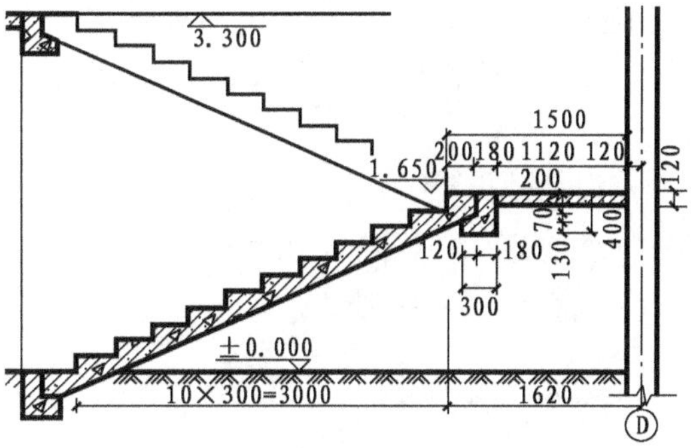

图3-24 楼梯剖面图绘制4(尺寸单位:mm)

项目 4
结构施工图识图

【项目描述】

通过本项目的学习，了解结构施工图的分类、内容和一般规定，能基本读懂结构施工图的设计总说明；了解钢筋混凝土有关知识，掌握钢筋混凝土构件的图示方法，能识读钢筋混凝土构件详图；掌握基础图、楼层结构平面图、楼梯结构图的形成及图示方法，能识读基础图、楼层结构平面布置图等图样；了解钢筋混凝土构件的平面整体表示法，能利用平法制图规则基本识读结构平面布置图及构件详图。

任务 4.1　识读结构设计总说明

【任务描述】

通过结构施工图目录与设计说明的识读，完成识图报告，明确结构设计总说明一般应包含的内容；了解现行规范的要求、选用的标准图集等内容。

视频：识读结构设计总说明

【能力目标】

(1)能基本读懂结构施工设计总说明中的内容。

(2)能查阅相关图集。

【知识目标】

(1)明确结构设计总说明一般应包含的内容。

(2)了解结构设计所遵循的标准、规范和选用的标准图集。

习题：识读某厂房结构设计总说明，完成识图报告

【学习性工作任务】

识读结构施工图目录与设计总说明，完成识图报告。

4.1.1　结构施工图的形成与作用

房屋的结构施工图是根据房屋建筑中的承重构件进行结构设计后画出的图样。结构设计是根据建筑各方面的要求，通过结构选型、材料选用、构件布置和力学计算等，确定房屋各承重构件，如基础、承重墙、梁、板、柱等的布置、大小、形状、材料以及连接情况。结构施工图是施工定位、放线、基槽开挖、支模板、绑扎钢筋、设置预埋件、浇筑混凝土、安装梁、板、柱及编制预算和施工进度计划的重要依据。

视频：结构施工图概述

结构施工图必须与建筑施工图密切配合，结构施工图不得与建筑施工图有矛盾。

4.1.2　结构施工图的主要内容

结构施工图一般包括：结构设计说明、结构平面布置图和构件详图。

1）结构设计说明

结构设计总说明是结构施工图的综合性文件，结合现行规范及建筑工程结构的通用性与特殊性，将结构设计的依据、选用的结构材料、选用的标准图集、结构构造要求及施工的特殊要求等，用文字及图表形式表达的设计文件。包括：工程概况；结构设计的依据（如建筑的耐久年限、抗震设防烈度、地基状况等）；对主要材料如钢材、水泥等的要求；采用的标准图、通用图；施工的注意事项；新结构、新工艺及特殊部位的施工顺序、方法及质量验收标准等。

2）结构平面布置图

结构平面布置图主要表达各标高部位结构构件的平面布置及连接情况。一般有：基础结构平面布置图、楼层结构平面布置图和屋顶结构平面布置图。

3）构件详图

表达结构构件基础、梁、板、柱、楼梯、屋架等的形状、大小、材料及施工要求。

4.1.3　结构施工图的一般规定

在建筑结构专业制图中，除应遵循《房屋建筑制图统一标准》（GB/T 50001—2017）中的基本规定外，还必须遵守《建筑结构制图标准》（GB/T 50105—2010）的规定。

1）图线

结构施工图中各种图线的用法见表4-1。

图　　线　　　　表4-1

名　称		线　型	线　宽	用　途
实线	粗		b	螺栓、主钢筋线、结构平面图中的单线结构构件线、钢木支撑及系杆线，图名下横线、剖切线
	中粗		$0.7b$	结构平面图及详图中剖到或可见的墙身轮廓线，基础轮廓线，钢、木结构轮廓线，钢筋线
	中		$0.5b$	结构平面图及详图中剖到或可见的墙身轮廓线、基础轮廓线，可见的钢筋混凝土构件轮廓线、钢筋线
	细		$0.25b$	标注引出线、标高符号线、索引符号线、尺寸线

续上表

名称		线型	线宽	用途
虚线	粗		b	不可见的钢筋线、螺栓线，结构平面图中的不可见的单线结构构件线及钢、木支撑线
	中粗		$0.7b$	结构平面图的不可见构件、墙身轮廓线及不可见钢、木结构构件线及钢、木支撑线
	中		$0.5b$	结构平面图中的不可见构件、墙身轮廓线及不可见钢、木结构构件线、不可见的钢筋线
	细		$0.25b$	基础平面图中的管沟轮廓线、不可见的钢筋混凝土构件轮廓线
单点长画线	粗		b	柱间支撑、垂直支撑、设备基础轴线图中的中心线
	细		$0.25b$	定位轴线、中心线、对称线、重心线
双点长画线	粗		b	预应力钢筋线
	细		$0.25b$	原有结构轮廓线
折断线	细		$0.25b$	断开界线
波浪线	细		$0.25b$	断开界线

2）比例

结构施工图的比例选用表4-2中的常用比例，特殊情况下也可选用可用比例。

当构件的纵横向断面尺寸相差悬殊时，可在同一详图中的纵横向选用不同的比例绘制。

结构施工图的比例 表4-2

图名	常用比例	可用比例
结构平面图、基础平面图	1∶50、1∶100、1∶150、1∶200	1∶60
圈梁平面图、总图中管沟、地下设施等	1∶200、1∶150	1∶300
详图	1∶10、1∶20	1∶5、1∶25、1∶4

3）构件代号

在结构施工图中，构件种类繁多、布置复杂，为了方便阅读，简化标注，构件的名称应用代号来表示，代号后应用阿拉伯数字标注该构件的型号或编号，也可为构件的顺序号。构件的顺序号采用不带角标的阿拉伯数字连续编排。常用的结构构件代号见表4-3。

4）定位轴线

结构施工图上的轴线及编号应与建筑施工图一致。

5）尺寸标注

结构施工图上的尺寸应与建筑施工图相符合，但也不完全相同。结构施工图中所注尺寸是结构的实际尺寸，即一般不包括结构表面粉刷或面层的厚度。

常用的结构构件代号 表 4-3

序号	名　称	代号	序号	名　称	代号	序号	名　称	代号
1	板	B	19	圈梁	QL	37	承台	CT
2	屋面板	WB	20	过梁	GL	38	设备基础	SJ
3	空心板	KB	21	连系梁	LL	39	桩	ZH
4	槽形板	CB	22	基础梁	JL	40	挡土墙	DQ
5	折板	ZB	23	楼梯梁	TL	41	地沟	DG
6	密肋板	MB	24	框架梁	KL	42	柱间支撑	ZC
7	楼梯板	TB	25	框支梁	KZL	43	垂直支撑	CC
8	盖板或沟盖板	GB	26	屋面框架梁	WKL	44	水平支撑	SC
9	挡雨板或檐口板	YB	27	檩条	LT	45	梯	T
10	吊车安全走道板	DB	28	屋架	WJ	46	雨篷	YP
11	墙板	QB	29	托架	TJ	47	阳台	YT
12	天沟板	TGB	30	天窗架	CJ	48	梁垫	LD
13	梁	L	31	框架	KJ	49	预埋件	M
14	屋面梁	WL	32	刚架	GJ	50	天窗端壁	TD
15	吊车梁	DL	33	支架	ZJ	51	钢筋网	W
16	单轨吊车梁	DDL	34	柱	Z	52	钢筋骨架	G
17	轨道连接	DGL	35	框架柱	KZ	53	基础	J
18	车挡	CD	36	构造柱	GZ	54	暗柱	AZ

任务 4.2　识读钢筋混凝土构件详图

【任务描述】

通过钢筋混凝土构件详图的识读与绘图，明确钢筋混凝土构件图的传统表达方法，能识读常用构件，例如梁、板、柱等的配筋图。

【能力目标】

(1) 能读懂梁配筋图。
(2) 能读懂板配筋图。
(3) 能读懂柱配筋图。

【知识目标】

(1) 了解钢筋混凝土构件的基本知识。
(2) 明确钢筋混凝土构件图的传统表达方法与识图内容。
(3) 了解结构设计所遵循的标准、规范和选用的标准图集。

【学习性工作任务】

识读钢筋混凝土构件详图，完成识图报告；完成钢筋混凝土构件详图补图。

4.2.1 钢筋混凝土构件基础知识

1）混凝土

混凝土是指由胶凝材料将骨料胶结成整体的工程复合材料的统称。通常讲的混凝土是指用水泥作胶凝材料，砂、石作骨料；与水（加或不加外加剂和掺合料）按一定比例配合，经搅拌、成型、养护而得的混凝土，也称普通混凝土。普通混凝土按立方体抗压强度标准值划分为 C15、C20、C25、C30、C35、C40、C45、C50、C55、C60、C65、C70、C75、C80 共 14 个强度等级。混凝土的抗压强度高，抗拉强度低，在外力荷载作用下，受拉处开裂而损坏，如图 4-1a）所示，若在混凝土构件中加入一定数量的钢筋，形成钢筋混凝土构件，可有效地提高其抗拉强度，如图 4-1b）所示。

视频：钢筋混凝土构件基本知识

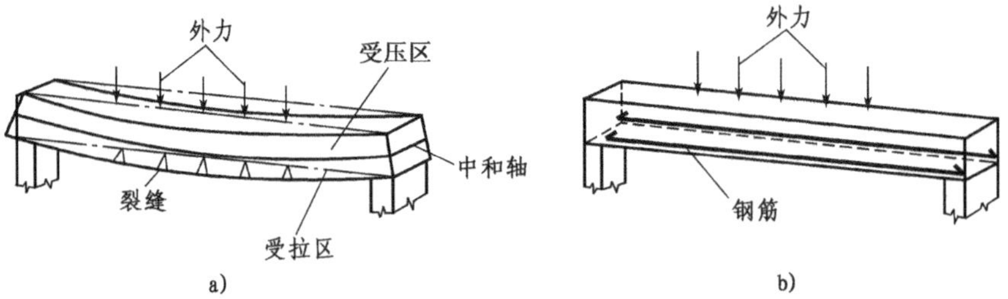

图 4-1　钢筋混凝土梁受力示意图

为了提高构件的抗拉和抗裂性能，在制作构件过程中，通过张拉钢筋对混凝土预加一定的压力，制成预应力钢筋混凝土构件。

钢筋混凝土构件按施工方法的不同，又可分为现浇钢筋混凝土构件和预制钢筋混凝土构件。

2）钢筋

（1）常用钢筋类型和钢筋符号

普通混凝土结构及预应力混凝土结构的钢筋：纵向受力普通钢筋采用 HRB400、HRB500、HRBF400、HRBF500 钢筋，也可采用 HRB335、HRBF335、HPB300、RRB400 钢筋（但 RRB400 钢筋不应用于重要部位受力钢筋）；箍筋宜采用 HRB400、HRBF400、HPB300、HRB500、HRBF500 钢筋，也可采用 HRB335、HRBF335 钢筋。预应力钢筋宜采用预应力钢丝、钢绞线和预应力螺纹钢筋。

常用钢筋的种类与符号见表 4-4。

常用钢筋的种类与符号　　表 4-4

钢筋符号	ϕ	Φ	Φ^{F}	Φ	Φ^{F}	Φ^{R}	Φ	Φ^{F}
牌号	HPB300	HRB335	HRBF335	HRB400	HRBF400	RRB400	HRB500	HRBF500

(2)钢筋的作用与分类

①受力筋。承受拉力或压力的钢筋,在梁、板、柱等各种钢筋混凝土构件中都有配置。

②架立筋。一般只在梁中使用,与受力筋、钢箍一起形成钢筋骨架,用以固定钢筋的位置。

③钢箍。也称箍筋,一般用于梁和柱内,用以固定受力筋位置,并承受一部分斜拉力。

④分布筋。一般用于板内,与受力筋垂直,布置于受力钢筋的内侧,用以固定受力筋的位置,与受力筋一起构成钢筋网,使力均匀分布到受力筋,并抵抗热胀冷缩所引起的温度变形。

⑤其他钢筋。因构造或施工需要而设置在混凝土中的钢筋,如锚固钢筋、腰筋、构造筋、吊钩等,如图 4-2 所示。

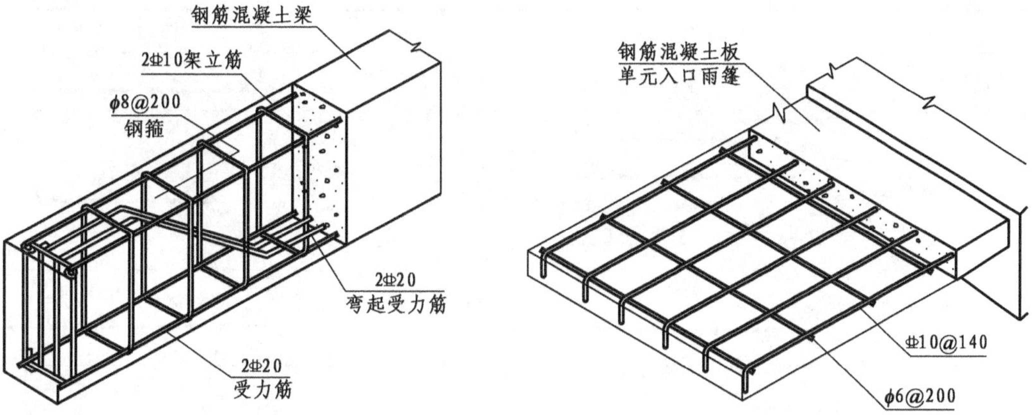

图 4-2　梁、板内钢筋的作用

(3)钢筋的弯钩及保护层

①钢筋弯钩的作用。增强钢筋与混凝土的黏结力,防止钢筋在受力时滑动(一般光圆钢筋做弯钩,带肋钢筋不做)。钢筋弯钩形状如图 4-3 所示。

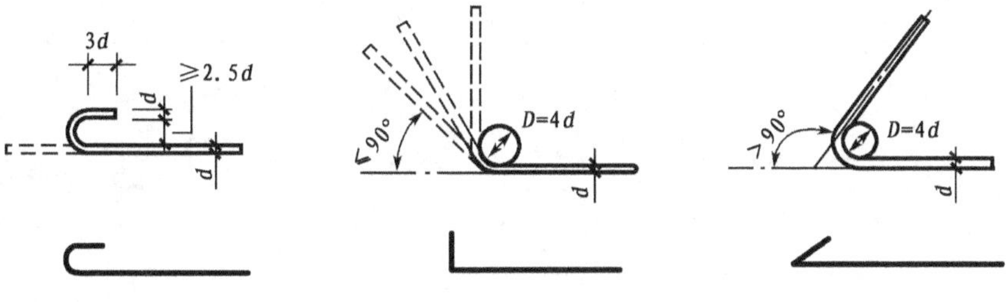

a)半圆弯钩　　b)直弯钩　　c)斜弯钩

图 4-3　钢筋的弯钩

②钢筋的保护层。为了防止钢筋在空气中锈蚀,并使钢筋与混凝土有足够的黏结性,钢筋外边缘和混凝土构件外表面应有一定的厚度,这个厚度的混凝土层叫做保护层。保护层的厚度与钢筋的作用及其位置有关,详见表 4-5。

(4)钢筋的图示方法与标注

在结构施工图中,为了突出钢筋的位置、形状和数量,钢筋一般用粗实线绘制,具体表示方法见表 4-6、表 4-7。

混凝土保护层最小厚度(单位:mm) 表 4-5

环境类别	板、墙	梁、柱	环境类别	板、墙	梁、柱
一	15	20	三 a	30	40
二 a	20	25	三 b	40	50
二 b	25	35			

注:构件中受力钢筋的保护层厚度不应小于钢筋的公称直径 d;设计使用年限为 50 年的混凝土结构,最外层钢筋保护层厚度见表 4-5;设计年限为 100 年的混凝土结构,最外层钢筋保护层厚度应不小于表 4-5 的 1.4 倍;当混凝土强度等级不大于 C25 时,保护层厚度在表 4-5 的基础上应增加 5mm。钢筋混凝土基础的钢筋保护层厚度不小于 40mm。

一般钢筋的表示方法 表 4-6

名称	图例及说明	名称	图例及说明
钢筋横断面	●	无弯钩的钢筋搭接	
无弯钩的钢筋端部	 下图表示长短钢筋投影重叠时,短钢筋的端部用 45°斜短线表示	带半圆弯钩的钢筋搭接	
带半圆形弯钩的钢筋端部		带直弯钩的钢筋搭接	
带直钩的钢筋端部		花篮螺丝钢筋接头	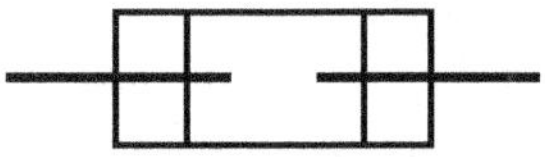
带丝扣的钢筋端部		机械连接的钢筋接头	 用文字说明机械连接的方式

钢筋的画法 表 4-7

序号	说明	图例
1	在平面图中配置钢筋时,底层钢筋弯钩应向上或向左,顶层钢筋则向下或向右	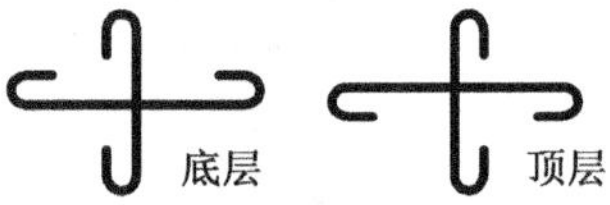
2	配双层钢筋的墙体,在配筋立面图中,远面钢筋的弯钩应向上或向左,而近面钢筋则向下或向右	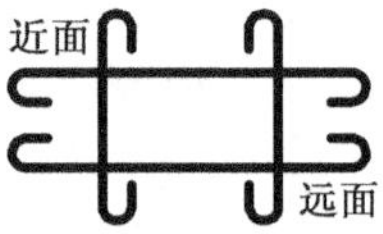
3	如在断面图中不能表示清楚钢筋的配置,应在断面图外面增加钢筋大样图	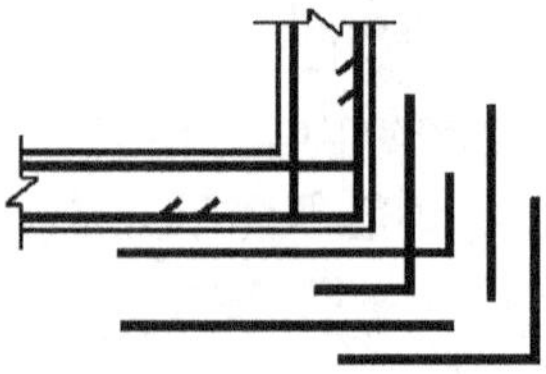

续上表

序号	说 明	图 例
4	图中所表示的钢筋、环筋，应加画钢筋大样及说明	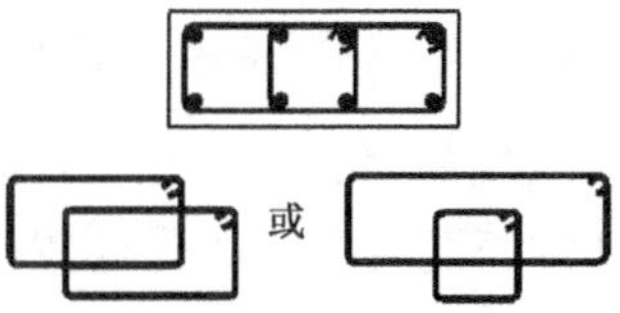
5	每组相同的钢筋、箍筋或环筋，可以用粗实线画出其中一根来表示，同时用一横穿的细线表示其余的钢筋、箍筋或环筋，横线的两端带斜短线表示该号钢筋的起止范围	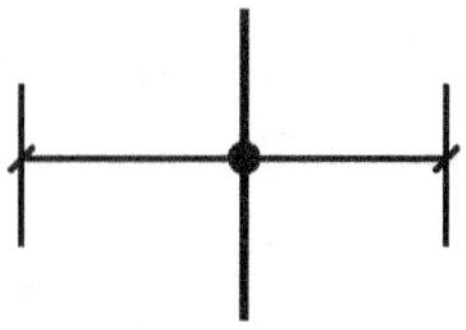

在钢筋混凝土构件图中，钢筋需标注其级别、直径和数量或钢筋中心距，如图4-4所示。

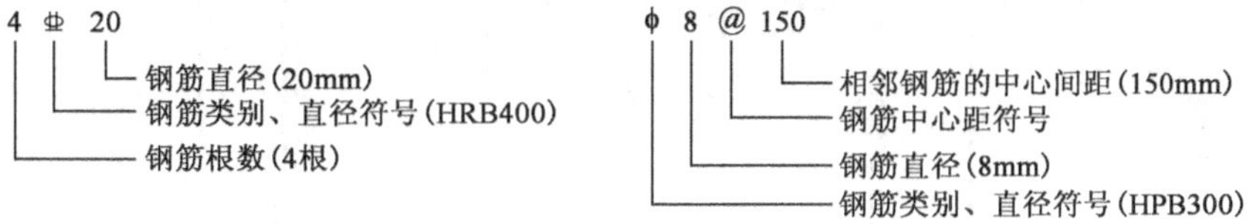

图4-4 钢筋表示方法

4.2.2 钢筋混凝土构件的图示内容与方法

用钢筋混凝土制成的梁、板、柱、基础等构件，称为钢筋混凝土构件。

钢筋混凝土构件详图是钢筋混凝土构件施工的依据，一般包括模板图、配筋图、钢筋表和文字说明。

视频：钢筋混凝土构件的图示内容与方法

1）模板图

模板图是表明构件的外形、预埋件、预留插筋、预留空洞的位置及各部尺寸，有关标高以及构件与定位轴线的位置关系等。一般在构件较复杂或有预埋件时才画模板图，模板图用细实线绘制。

模板图通常由构件的立面图和剖面图组成。模板图是模板制作和安装的主要依据。

2）配筋图

配筋图着重表达构件内部钢筋的配置情况，需标记钢筋的规格、级别、数量、形状大小。配筋图是钢筋下料以及绑扎钢筋骨架的依据，是构件详图的主要图样。

配筋图通常由构件立面图、断面图和钢筋详图组成。

图示特点：为了突出构件中钢筋配置情况，规定构件的外形轮廓用细实线绘制，而构件中配置的钢筋用单根粗实线绘制，钢筋的断面用黑圆点表示，且在构件的断面图中，不绘制钢筋混凝土材料图例。钢筋的级别、数量和尺寸大小，需加注规定标注。

3）钢筋表

为了便于钢筋下料、制作和方便预算，通常在每张图纸中都有钢筋表。钢筋表的内容包括钢筋名称、钢筋简图、钢筋规格、长度、数量和重量等。

注：文字说明是对图中标注的补充，例如钢筋级别、混凝土等级、板内分布筋的规格和间距、梁板主筋的保护层厚度等。

视频：钢筋混凝土构件详图识图

4.2.3 钢筋混凝土构件图示例

1）钢筋混凝土梁配筋图识图

钢筋混凝土梁的配筋图一般由梁的立面图、断面图、钢筋详图和钢筋表所组成。

如图 4-5 所示为一钢筋混凝土梁配筋图，由立面图、断面图和钢筋详图组成。从立面图可知，梁的长度为 8480mm，由Ⓑ、Ⓒ轴线墙体支承，Ⓑ、Ⓒ轴墙体厚 240mm。

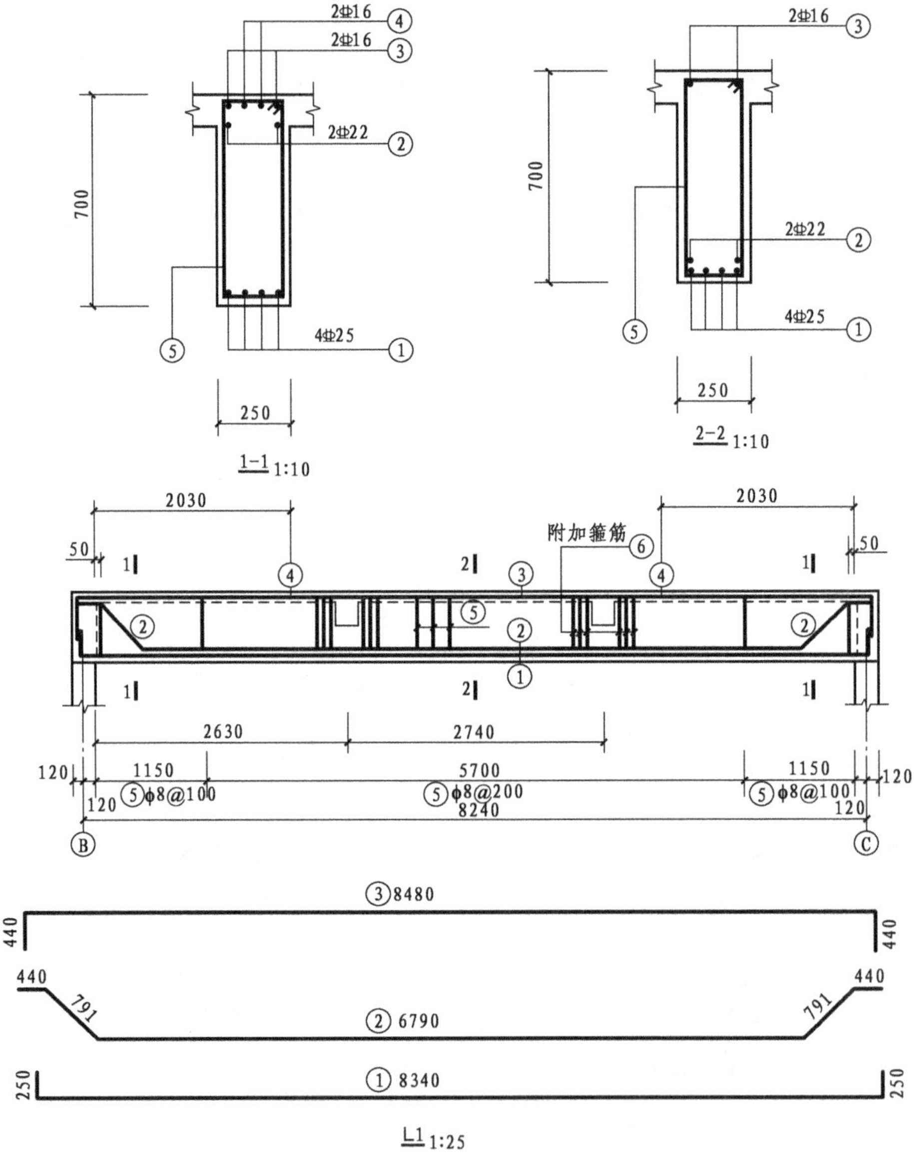

图 4-5　钢筋混凝土梁 L1 配筋图（尺寸单位：mm）

对照梁立面图，识读梁断面图1-1、2-2可知，梁的截面高度为700mm，宽度为250mm，在梁的下部配置钢筋编号为①的4根直径为25mm的HRB400钢筋；编号为②的2根直径为22mm的HRB400钢筋，为弯起筋，梁跨中位于下部，在支座附近位于上部；梁上部配置了编号为③的2根直径为16mm的HRB400钢筋，为架立筋，在支座附近距轴2030mm范围内增设编号为④的2根直径为16mm的HRB400钢筋；梁的箍筋编号为⑤，是直径为8mm的HPB300钢筋，钢筋中心距加密区100mm，非加密区200mm；主次梁相交处增设附加箍筋，编号为⑥。

2）钢筋混凝土板施工图识图

对于钢筋混凝土板，通常只用一个平面图表示其配筋情况。

如图4-6所示为某钢筋混凝土板配筋图，在板底配置了③、④号钢筋。③、④号钢筋是两端带有向上弯起的半圆弯钩的HPB300钢筋。③号钢筋直径为8mm，间距200mm；④号钢筋直径6mm，间距150mm。在板顶层配置了①、②号钢筋，①、②号钢筋为支座处的构造筋，直径8mm，间距均为200mm；布置在板的上层，90°直钩向下弯。

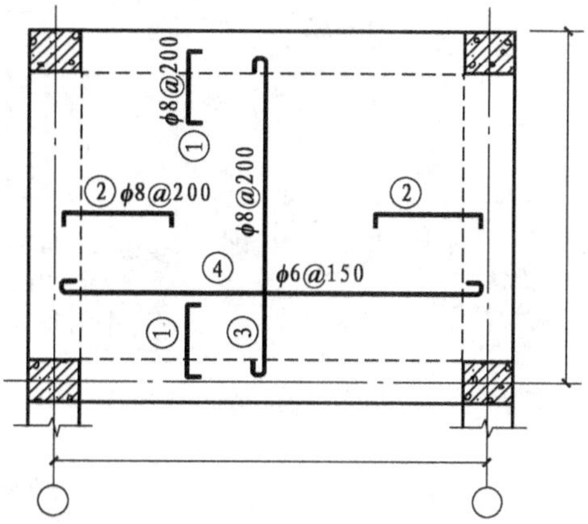

图4-6　钢筋混凝土板配筋图

3）钢筋混凝土柱施工图识图

如图4-7所示为一钢筋混凝土牛腿柱的施工图。

从图中可知，该柱施工图由模板图、配筋图（立面图和断面图）、预埋件详图、钢筋表和说明组成。

从模板图可知，该柱高10550mm，分上柱和下柱两部分，因该柱为预制柱，为了防止安装时受损，在模板图中标明柱子施工时的翻身点和吊装点。柱子上设有三个预埋件，分别在柱子顶端、牛腿上面和上柱侧面，具体位置见图中尺寸标注，其代号分别为M-1、M-2和M-3。柱子埋入地面下1250mm，牛腿上面标高为6.000m，柱子顶端标高为9.300m。

从配筋图和1-1断面图可知，上柱配有4根①号钢筋，结合钢筋表，①号钢筋为直径22mm的HPB300钢筋，箍筋为⑤号筋，直径6mm，间距200mm，柱顶550mm范围内加密，距离100mm。上柱截面尺寸为400mm×400mm。下柱为工字形，两端翼缘配置的钢筋分别为2根②号筋和2根③号筋，其中③号筋在中部，②号筋在端部，直径分别为18mm和16mm。腹板配置2根④号筋，直径为10mm，箍筋为⑧号筋，形状如钢筋表，间距200mm。下柱截面尺寸为600mm×400mm，腹板、翼缘厚度都为100mm。牛腿配置的钢筋为⑨号筋和⑩号筋，形状如钢筋详图，都是4根，直径12mm，HRB400钢筋。箍筋为⑦号筋和⑥号筋，⑥号筋间距150mm。牛腿的截面尺寸为950mm×400mm，高度800mm。

3块预埋件详图在右上角，M-1尺寸为400mm×250mm×10mm，下部焊有4根直径为16mm的钢筋，长度300mm；M-2尺寸为400mm×150mm×8mm，下面焊有4根直径为14mm，长度300mm的钢筋；M-3尺寸为400mm×200mm×10mm，下面焊有4根直径为14mm，长度300mm的钢筋。

在说明中主要说明混凝土的强度等级、钢筋的级别和焊缝的要求。

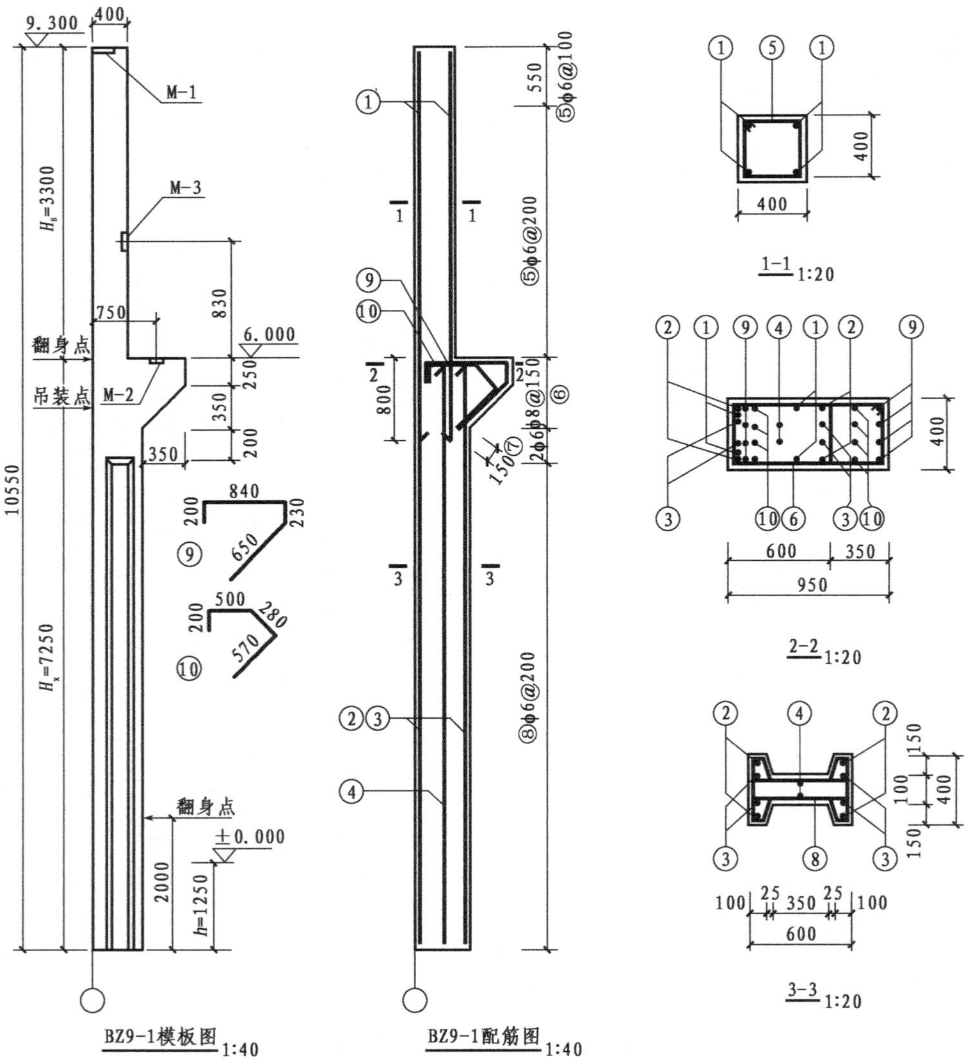

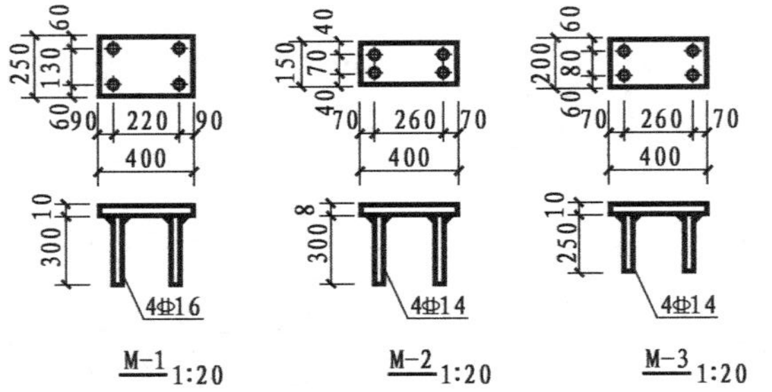

钢筋编号	钢筋规格	简图	数量	长度(mm)	质量(kg)	混凝土体积(m^3)
①	Φ22		4	4330		
②	Φ18		4	7430		
③	Φ16		4	7400		
④	Φ10		2	7300		
⑤	ϕ6		14	1500		
⑥	ϕ8		5	2280		
⑦	ϕ6		2	1900		
⑧	ϕ6		33	2700		
⑨	Φ12		4	1900		
⑩	Φ12		4	1600		
共计					29.9	1.60

说明:
1. 预制钢筋混凝土采用C20混凝土。
2. 钢筋ϕ为Ⅰ级钢，Φ为Ⅲ级钢。预埋件均采用Ⅰ级钢板。
3. 焊条用E4303，焊缝取H=8mm。

图4-7 钢筋混凝土牛腿柱(尺寸单位：mm)

任务4.3　识读房屋结构施工图

【任务描述】

通过基础平面布置图、基础详图、楼层结构布置图、屋面结构布置图等的识读与绘图，掌握相关图样的表达内容，能识读基础平面布置图、基础详图、楼层结构布置图、屋面结构布置图等，能查阅相关的制图标准与规范。

【能力目标】

(1)能识读基础结构平面布置图。
(2)能识读基础详图。
(3)能识读与绘制楼层结构布置图、屋面结构布置图。
(4)能查阅制图标准与规范。

【知识目标】

(1)掌握基础施工图表达的内容及识读方法。
(2)掌握楼层结构布置图、屋面结构布置图的内容及识读方法。
(3)基本掌握相关图样的绘图步骤与方法。

习题：识读某厂房结构施工图，完成识图报告

【学习性工作任务】

绘制基础平面图与基础详图，识读与绘制楼层(屋顶)结构布置图。

4.3.1　基础平面图和基础详图

基础施工图主要反映房屋在相对标高 ±0.000m 以下基础结构的平面布置及详细构造，通常包括基础平面图、基础详图、文字说明等，是施工放线、开挖基坑、砌筑基础的依据。

1)基础平面图

(1)基础平面图的形成

基础平面图是用一个假想的水平剖切平面沿房屋的地面或地下室地面剖开后，移去剖切平面以上的房屋和基础回填土，向下作正投影所得到的水平投影图，用以表明基础的平面布置及定位关系。桩基础需绘制桩位平面布置图。

视频：识读基础图

(2)基础平面图的图示内容与图示方法

①图名、比例、轴线。比例、定位轴线及编号，应与建筑平面图一致，并标注轴线和房屋总长、总宽尺寸。

②基础平面布置、基础墙厚度及与轴线的位置关系，基础底面宽度及与轴线的位置关系。

在基础平面图中，主要表达基础位置而非基础的具体形状。例如在条形基础平面图中，只

画出基础墙与基础底部轮廓的投影,中间大放脚细部的投影在基础平面图中不予表示;独立基础的平面图中,主要表示每个独立基础的位置和大小及基础底板的配筋。

③基础墙上留洞的位置及洞的尺寸和洞底标高,以及基础梁位置及基础梁代号和编号。

④桩基的桩位平面布置、桩承台的平面尺寸及承台底标高。

⑤标注相关尺寸、基础详图的剖切位置及编号。

(3)基础平面图的识读

①看图名、比例和定位轴线及编号。了解基础类型、布置,基础间定位轴线尺寸。一般里面一道为轴线间距离,外面一侧为轴线总长。

②了解基础与定位轴线的平面位置、相互关系以及轴线间的尺寸。注意轴线位置的中分或偏分。

③了解基础墙(或柱)、垫层、基础梁等的平面布置、形状、尺寸、型号等内容。

④了解基础断面图的剖切位置及其编号,了解基础断面图的种类、数量及其分布位置。

⑤通过文字说明了解基础的用料、施工注意事项等内容。

⑥注意与其他有关图纸的对照识图,如注意和建筑平面图的定位轴线与编号是否一致。

由附录××商住楼桩位平面布置图(结施03)可知,该建筑基础形式为桩基础,桩位共24个,施工桩长30m,桩顶标高为-4.800m,桩中心大多不在定位轴线上,如Ⓑ号轴线附近的桩,其中心与轴线偏心130mm。基础结构平面(结施04)表达了各承台的平面布置,反映了承台形状、平面尺寸及与轴线间的关系,承台有单桩承台、双桩承台和三桩承台,图中分别命名为CT-1、CT-2、CT-3,其中CT-3又据位置不同,命名为CT-3a、CT-3b。承台类型不同,其外形也不同。承台间由基础梁JL1连系。图中涂黑的为剪力墙。

2)基础详图

(1)基础详图形成与作用

基础详图实为基础断面图,在基础某处用铅垂剖切平面,沿垂直于定位轴线方向切开基础所得的断面图,称为基础详图。表达了基础的形状、大小、材料、配筋、构造做法及埋置深度等,是基础施工的重要依据。

(2)基础详图的图示方法与内容

基础断面图绘图参照一般断面图的画法,断面内画出材料图例;但对钢筋混凝土基础,则重点突出钢筋的位置、形状、数量和规格,钢筋用粗实线(或黑点),基础轮廓用细实线,不画材料图例。

基础详图常采用1:10、1:20等比例绘制,尽可能与基础平面图画在同一张图纸上。

凡基坑宽、基础墙(柱)尺寸、基础底标高、大放脚等做法不相同时,均应绘制基础详图,且基础详图的编号应与基础平面图上标注的剖切编号一致。

基础详图图示内容:

①表示基础断面形状、大小、材料、配筋、圈梁、防潮层、基础垫层,基础梁的断面尺寸和配筋等。

②标注基础断面的详细尺寸、标高及轴线关系等。

③对桩基础,绘出承台梁或承台板的钢筋混凝土结构,绘制出桩插入承台的构造等。

④附注说明。

(3)基础详图的识读

①了解图名与比例,因基础的种类往往比较多,读图时,将基础详图的图名与基础平面图的剖切符号、定位轴线对照,了解该基础在建筑中的位置。并注意与建筑施工图的对照识图。

②了解基础的形状、大小与材料。

③了解基础各部位的标高,计算基础的埋置深度。

④了解基础的配筋情况。

⑤了解垫层的厚度尺寸与材料;了解管线穿越洞口的详细做法。

附录××商柱楼结施04,绘制了承台CT-1、CT-2、CT-3a的详图。三承台的顶面结构标高皆为-3.250m。CT-2中,在承台底部配置了15Φ20钢筋,上部配置了4Φ16钢筋,中部每侧配置3Φ14构造钢筋,共6根。

4.3.2 楼层结构平面布置图

1)楼层结构平面布置图的形成与作用

楼层结构平面图是表示建筑物室外地面以上各层平面承重构件(梁、板、柱、墙等)布置的图样,一般包括结构平面图和屋顶平面图。

楼层结构平面图是沿楼板结构面水平剖切楼板层,移去上部建筑物,向下投影得到的水平剖面图,表达楼面(或屋面)各构件的平面布置,或现浇板的配筋情况等。各楼层的结构构件在建筑中的平面位置,若多层结构布置相同时,可采用共用一平面图的方法表示。楼层结构平面图是建筑结构施工进行支模、绑扎钢筋、浇筑混凝土、计算工程量和编制预算等的重要依据。

视频：识读楼层结构平面布置图

由于钢筋混凝土楼板有预制楼板和现浇楼板两种,其表达方式不同。如楼板层是预制楼板,则在结构平面布置图中,主要表示支撑楼板的墙、梁、柱等结构构件的位置,预制楼板直接在结构平面图中进行标注,如图4-8所示。图中9YKB3662各代号的含义:9表示构件的数量,Y表示预应力,KB表示空心楼板,36表示板的长度为3600mm,6表示板的宽度为600mm,2表示板的荷载等级为2级。

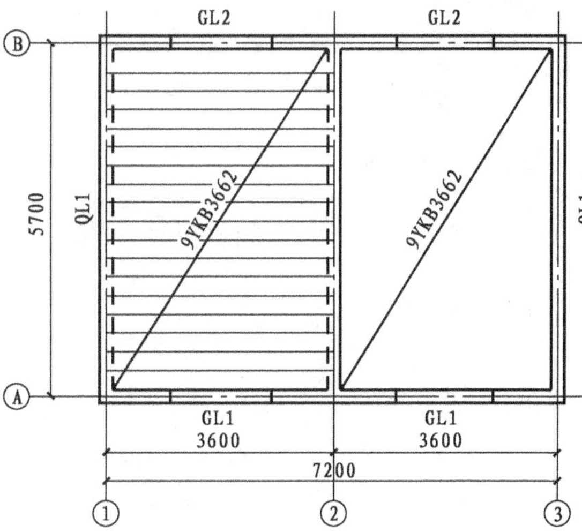

图4-8 预制楼板的表示方法(尺寸单位:mm)

2)楼层结构平面图的图示方法与内容

可见钢筋混凝土楼板用细实线表示,剖切到的墙身轮廓线用中(或细)实线,楼板下面不可见的墙身轮廓线用中虚线表示,过梁、圈梁的中心位置线用粗虚线表示,板内钢筋用粗实线,剖切到的柱子涂黑表示。

(1)楼层结构平面图图示内容

①图名、比例、轴网等,比例同建筑平面图。

②现浇楼板的配筋(或预制楼板的规格、数量和铺设方向),它与梁、墙体的关系。

③各种梁的布置位置及梁底标高，各种柱的位置，其配筋图另有构件详图表示。

④尺寸、各节点的剖切位置及必要的文字说明。

(2)楼层结构平面图的识读

①看图名、比例、轴网等。了解轴网的布置、轴线编号与建筑平面图、基础平面图的对应关系，各构件的名称编号、布置及定位尺寸等。

②看板配筋情况。了解板中钢筋是双向双层还是双向单层布置，支座附近的负弯矩钢筋的配置，包括钢筋编号、类型、大小、间距等。

③若为预制装配构件，则应了解预制构件的类型、位置和数量，预制构件的定位尺寸及连接情况等。

④看剖切位置及文字说明。

用"混凝土结构施工图平面整体表达方法制图规则"绘制的楼层平面图，须按其平法制图规则识图，详见任务4.4。

任务4.4　识读房屋结构施工图——平法识图

【任务描述】

理解与掌握《混凝土结构施工图平面整体表达方法制图规则和构造详图》的基本知识，能利用平法制图规则，识读一般工程的结构施工图，绘制给定梁、板、柱等构件的配筋图。

【能力目标】

(1)能利用平法制图规则，识读结构平面布置图，绘制有关构件详图。

(2)能查阅相关制图标准、规范及图集。

【知识目标】

(1)理解与掌握《混凝土结构施工图平面整体表达方法制图规则和构造详图》的基本知识。

(2)明确建筑结构制图标准。

【学习性工作任务】

(1)利用平法制图规则，识读结构施工图，完成识图报告。

(2)绘制框架梁等构件的配筋图。

习题：平法识图，完成识图报告

混凝土结构施工图平面整体表示方法(简称平法)是把结构构件的尺寸和钢筋等，按照平面整体表示方法制图规则，整体直接表达在各类构件的结构平面布置图上，再与标准构造详图相配合，即构成一套完整的结构施工图的方法。它改变了那种传统的将构件从结构平面布置图中索引出来，再逐个绘制配筋详图的繁琐方法，是混凝土结构施工图设计方法的重大改革。

由住房和城乡建设部批准发布的国家建筑标准设计图集——《混凝土结构施工图平面整体表示方法制图规则和构造详图》系列图集（16G101-1、16G101-2、16G101-3），是国家重点推广的科技成果，已在全国广泛使用。

视频：柱平法识图

在结构平面布置图上表示各构件尺寸和配筋的方式，分平面注写方式、列表注写方式和截面注写方式三种。

4.4.1 柱平法施工图制图规则

柱平法施工图是在柱平面图布置图上用列表法和截面注写法表达。

1）*列表注写方式*

列表注写方式是在柱平面布置图上分别在同一编号的柱中选择一个截面标注几何参数代号；在柱表中注写柱号、柱段起止标高、几何尺寸与配筋的具体数值，并配以各种柱截面形状及其箍筋类型图的方式表达柱平法施工图。柱列表注写内容如图 4-9 所示。

（1）注写柱编号

编号由代号和序号组成，方法见表 4-8。

柱编号　　表 4-8

柱类型	代号	序号	柱类型	代号	序号
框架柱	KZ	××	梁上柱	LZ	××
框支柱	KZZ	××	剪力墙上柱	QZ	××
芯柱	XZ	××			

（2）注写各段柱的起止标高

自柱根部往上以变截面位置或截面未变但配筋改变处为界分段注写。框架柱和框支柱的根部标高是指基础顶面标高，梁上柱的根部标高是指梁顶面标高。

（3）截面尺寸

对于矩形柱，注写截面尺寸 $b \times h$ 及与轴线关系的几何参数代号 b_1、b_2 和 h_1、h_2 的具体数值，需对应于各段柱分别注写。其中 $b = b_1 + b_2$，$h = h_1 + h_2$。当截面的某一边收缩变化至与轴线重合或偏到轴线另一侧时，b_1、b_2、h_1、h_2 中的某项为零或为负值。对于圆柱，改用在圆柱直径数字前加 d 表示，$d = b_1 + b_2 = h_1 + h_2$。

（4）注写柱纵筋

当纵筋直径相同，各边根数也相同时，将纵筋注写在"全部纵筋"一栏中；除此之外，柱纵筋分角筋、截面 b 边中部筋和 h 边中部筋三项分别注写。

（5）注写箍筋类型号及箍筋肢数

（6）注写柱箍筋

包括钢筋级别、直径与间距。例如φ 10@100/250，表示箍筋为 HPB300 钢筋，直径 10mm，加密区间距为 100mm，非加密区间距为 250mm。当圆柱采用螺旋箍筋时，需在箍筋前加 L。

2）*截面注写方式*

柱平法施工图截面注写方式，系在柱平面布置图的柱截面上，分别在同一编号的柱中选择一个截面，以直接注写截面尺寸和配筋具体数值的方式来表达柱平法施工图，如图 4-10 所示。

层号	标高(m)	层高(m)
屋面2	65.670	
楼层2	62.370	3.30
屋面1(楼层1)	59.070	3.30
16	55.470	3.60
15	51.870	3.60
14	48.270	3.60
13	44.670	3.60
12	41.070	3.60
11	37.470	3.60
10	33.870	3.60
9	30.270	3.60
8	26.670	3.60
7	23.070	3.60
6	19.470	3.60
5	15.870	3.60
4	12.270	3.60
3	8.670	3.60
2	4.470	4.20
1	-0.030	4.50
-1	-4.530	4.50
-2	-9.030	4.50

结构层楼面标高
结构层高

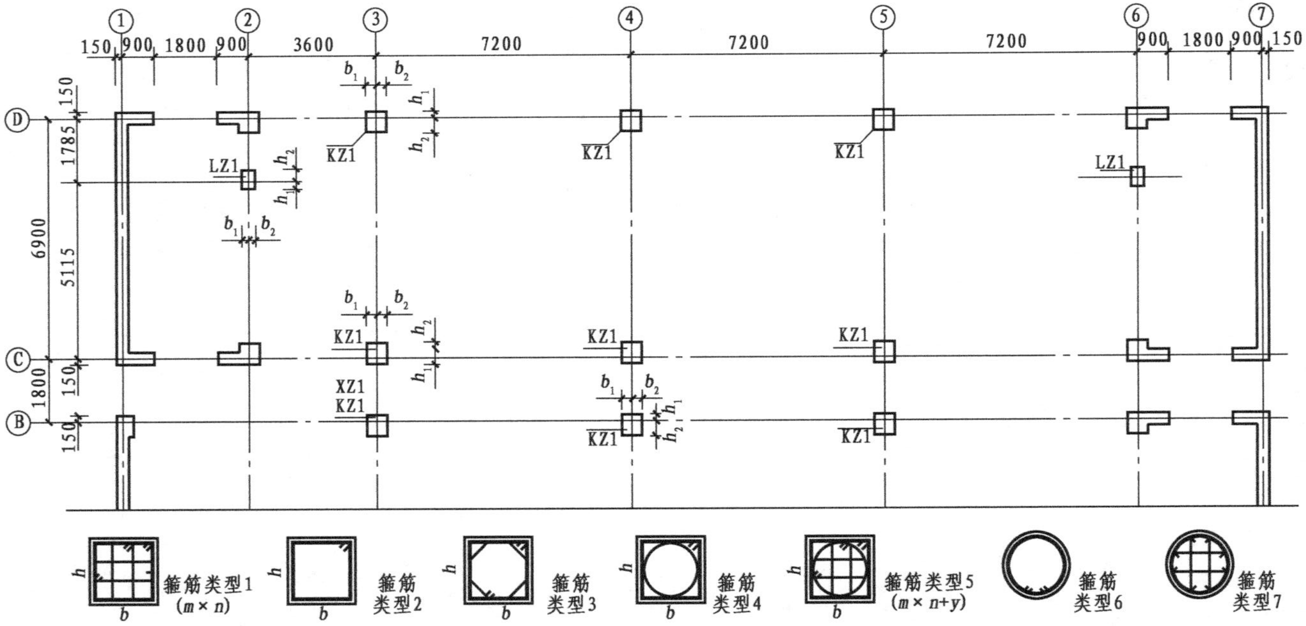

柱号	标高	b×h (圆柱直径D)	b_1	b_2	h_1	h_2	全部纵筋	角筋	b边一侧中部筋	h边一侧中部筋	箍筋类型号	箍筋	备注
KZ1	-0.030~19.470	750×700	375	375	150	550	24Φ25				1(4×4)	φ10@100/200	
	19.470~37.470	650×600	325	325	150	450		4Φ22	5Φ22	4Φ20	1(4×4)	φ10@100/200	
	37.470~59.070	550×500	275	275	150	350		4Φ22	5Φ22	4Φ20	1(4×4)	φ8@100/200	
KZ1	-0.030~8.670						8Φ25				按标准构造详图	φ10@200	

图4-9 柱列表注写方式(-0.030~59.070柱平法施工图)

层号	标高(m)	层高(m)
屋面2	65.670	
楼层2	62.370	3.30
屋面1(楼层1)	59.070	3.30
16	55.470	3.60
15	51.870	3.60
14	48.270	3.60
13	44.670	3.60
12	41.070	3.60
11	37.470	3.60
10	33.870	3.60
9	30.270	3.60
8	26.670	3.60
7	23.070	3.60
6	19.470	3.60
5	15.870	3.60
4	12.270	3.60
3	8.670	3.60
2	4.470	4.20
1	-0.030	4.50
-1	-4.530	4.50
-2	-9.030	4.50

结构层楼面标高
结构层高

上部结构嵌固部位:-0.030

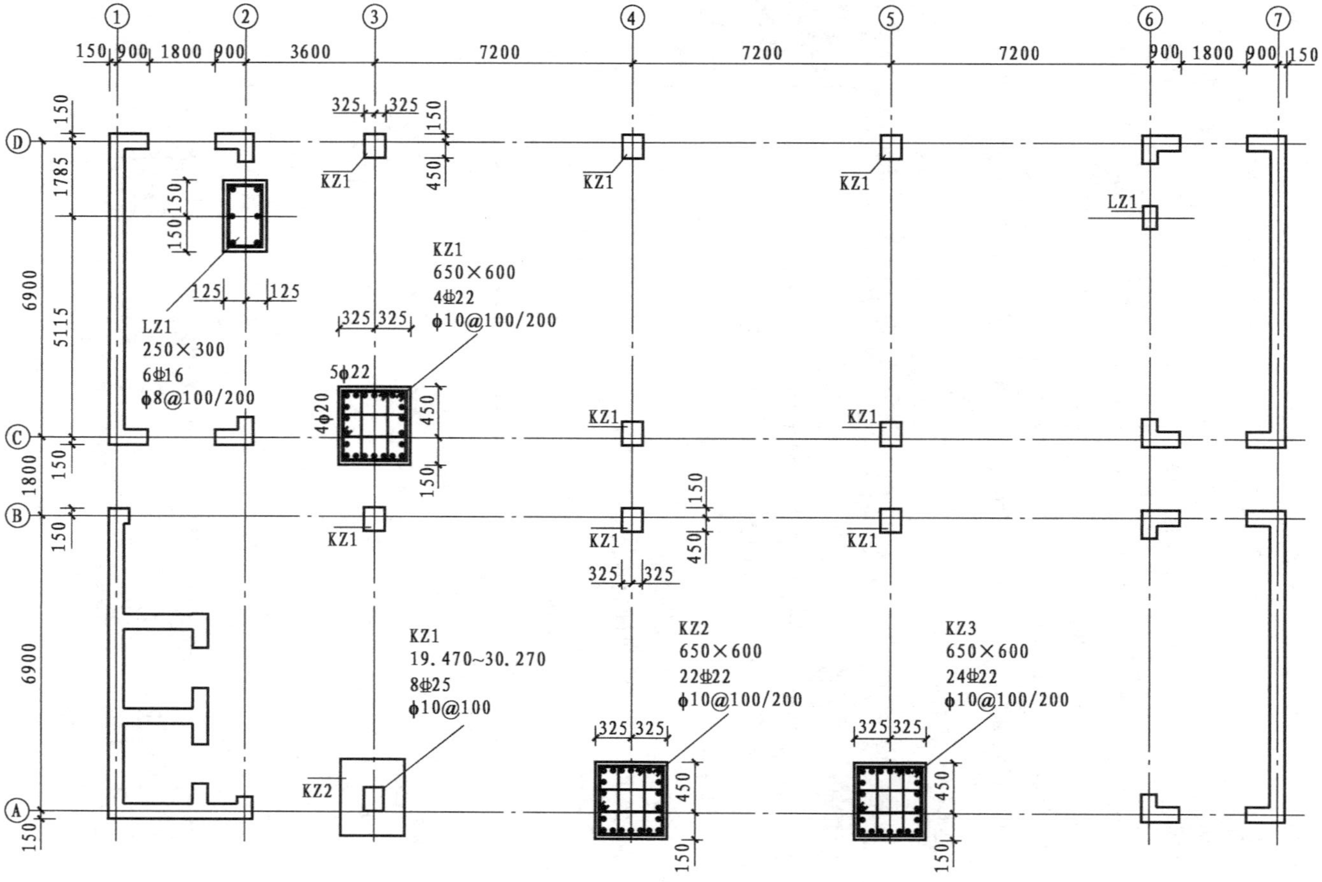

图4-10　柱平法截面注写方式的示例(19.470~37.470柱平法施工图)(尺寸单位:mm)

表达方法是除芯柱之外的所有柱截面，从相同编号的柱中选择一个截面，按另一种比例原位放大绘制柱截面配筋图，并在各配筋图上继其编号后再注写截面尺寸 $b \times h$、角筋和全部纵筋、箍筋的具体数值，以及在柱截面配筋图上标注柱截面与轴线关系 b_1、b_2、h_1、h_2 的具体数值。

【例 4-1】 附录××商住楼结施 08“－0.050～4.150 柱平法施工图”，绘图比例为 1∶100，对照建筑施工图与基础图，轴网一致。本图中共有 KZ1 与 KZ2 两类柱子。其中，KZ1 截面尺寸为 350mm×500mm，由于其所在位置不同，与轴线偏心情况不同，①Ⓑ轴的 KZ1，b_1 = 120mm，b_2 = 230mm，h_1 = 120mm，h_2 = 380mm，其他 KZ1 与轴线偏心的情况详见图中尺寸，KZ1 柱纵向配筋 8 根直径为 18mm 的 HRB400 钢筋，箍筋为直径 8mm 的 HPB300 钢筋，加密区间距为 100mm，非加密区间距为 200mm。其中，④Ⓑ轴、⑥Ⓑ轴相交处 KZ1 箍筋为全高加密。

4.4.2 梁平法施工图制图规则

梁平法施工图是在梁平面布置图上采用平面注写方式或截面注写方式表达。

1）平面注写方法

平面注写方式是在梁平面布置图上，分别在不同编号的梁中各选一根梁，通过在其上注写截面尺寸和配筋具体数值的方式表达梁平法施工图。

视频：梁平法识图

平面注写包括集中标注和原位标注，集中标注表达梁的通用数值，原位标注表达梁的特殊数值。当集中标注中某项数值不适用于梁的某部位时，则将该数值原位标注，施工时，原位标注取值优先，如图 4-11 所示。

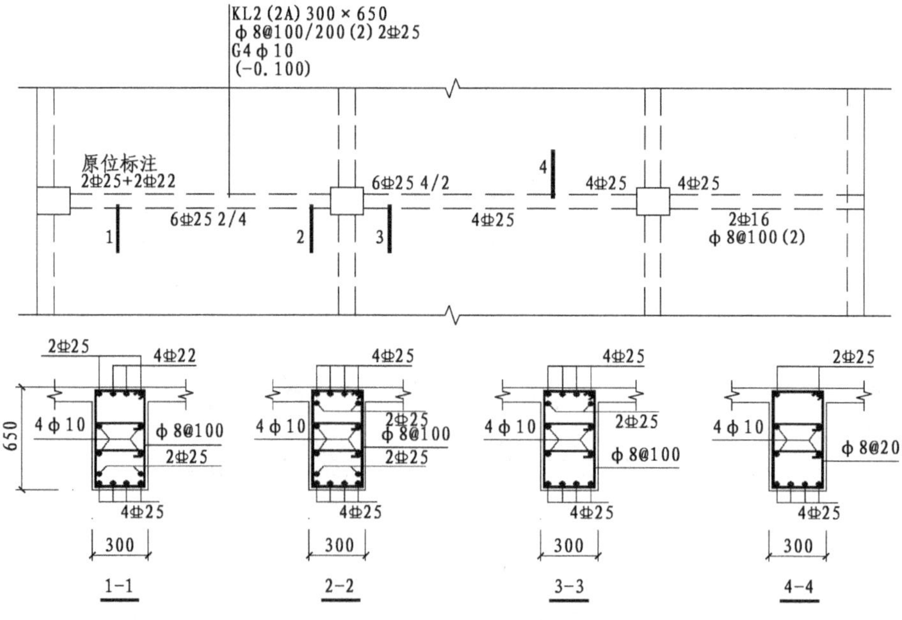

图 4-11 梁平法平面注写方式示例（尺寸单位：mm）

（1）集中注写

梁集中标注的内容有五项必注值和一项选注值，集中标注可以从梁的任意一跨引出。

①梁编号。梁编号为必注值，由梁类型、代号、序号、跨数及有无悬挑代号几项组成，并符合表 4-9 所示。

梁编号 表 4-9

梁类型	代号	序号	跨数及是否带有悬挑
楼层框架梁	KL	××	(××)、(××A)或(××B)
屋面框架梁	WKL	××	(××)、(××A)或(××B)
框支梁	KZL	××	(××)、(××A)或(××B)
非框架梁	L	××	(××)、(××A)或(××B)
悬挑梁	XL	××	
井字梁	JZL	××	(××)、(××A)或(××B)

注：表中(××A)为一端悬挑，(××B)为两端有悬挑，悬挑不计入跨数。

②梁截面尺寸。该项为必注值，当为等截面梁时，用 $b \times h$ 表示，当为竖向加腋梁时，用 $b \times h$　GYC1×C2 表示(C1 为腋长，C2 为腋高)；当为水平加腋梁时，用 $b \times h$　PYC1×C2 表示(C1 为腋长，C2 为腋宽)，加腋部分应在平面图中绘制；当有悬挑梁，且根部和端部的高度不相同时，用 $b \times h_1/h_2$(根部/端部)表示，如图 4-12 所示。

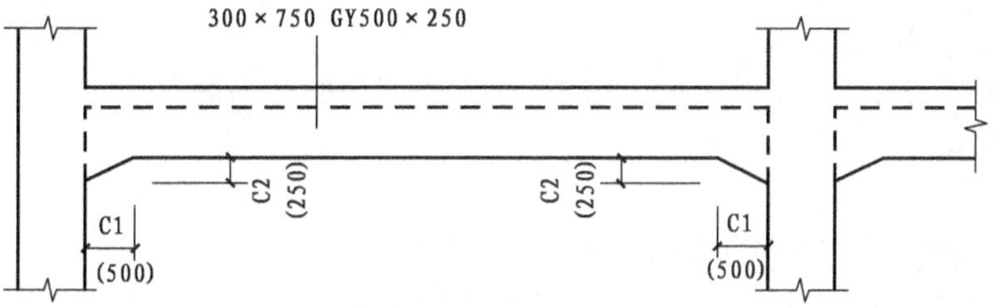

a)竖向加腋梁截面尺寸注写

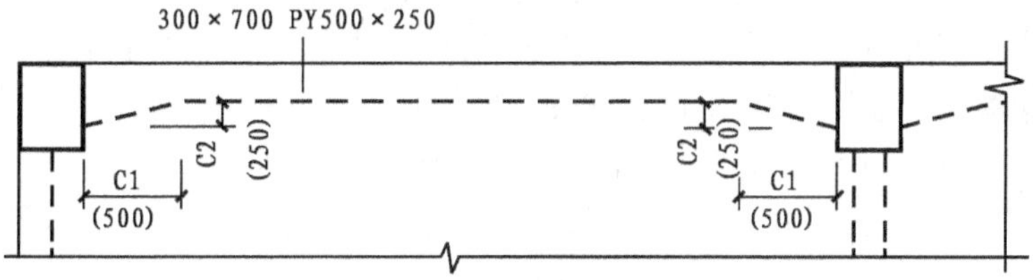

b)水平加腋梁截面尺寸注写

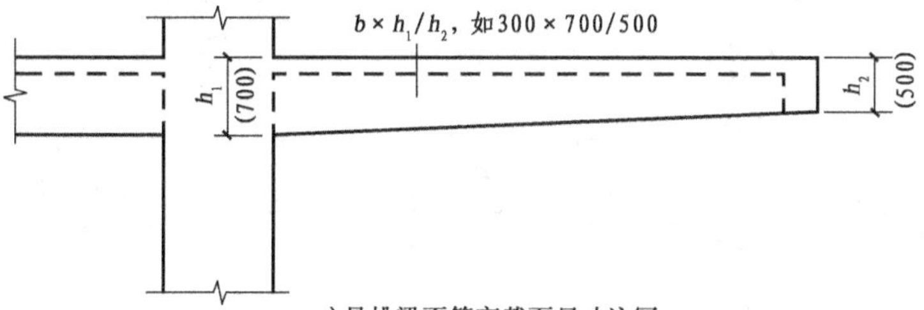

c)悬挑梁不等高截面尺寸注写

图 4-12　变截面梁尺寸的注写(尺寸单位：mm)

③梁箍筋。包括箍筋级别、直径、加密区与非加密区间距及肢数。箍筋加密区与非加密区的不同间距及肢数需用"/"分隔，箍筋支数应写在括号内。

例如φ 10@100/200(4)，表示箍筋为 HPB300 钢筋，直径 10mm，加密区间距为 100mm，非加密区间距为 200mm，均为四肢箍。

④梁上部通长筋或架立筋。此项为必注值，当同排纵筋中既有通长筋又有架立筋时，应用

“+”将通长筋和架立筋相连。注写时将角部纵筋写在加号的前面，架立筋写在加号后面的括号内，以表示不同直径及与通长筋的区别，当全部采用架立筋时，则将其写入括号内。

例如 2 Φ22 +(4 φ 12)用于六肢箍，其中 2 Φ22 为通长筋，4 φ 12 为架立筋。

当梁的上部纵筋和下部纵筋为全跨相同，且多数跨配筋相同时，此项可加注下部纵筋的配筋值，用分号“;”将上部与下部的配筋值分隔开。

例如“3 Φ22;3 Φ20”表示梁上部配置 3 Φ22 的通长筋，下部配置 3 Φ20 的通长筋。

⑤梁侧面纵向构造钢筋或受扭钢筋配置。此项为必注值，当梁腹板高度 $h_w \geq 450$mm 时，须配置纵向构造钢筋，注写以大写字母 G 打头，注写梁两侧面的总配筋值且对称配置，例 G4 φ 12，表示梁的两个侧面共配置 4 φ 12 的纵向构造钢筋，每侧各配置 2 φ 12。当梁侧面需配置受扭纵向钢筋时，注写以大写字母 N 打头。例如 N6 Φ22，表示梁的两个侧面共配置 6 Φ22 的受扭纵向钢筋，每侧各配置 3 Φ22。

⑥梁顶面标高高差。该项为选注值。梁顶面标高高差是指相对于结构层楼面标高的高差值，有高差时，将高差写入括号内，无高差时不注。当梁的顶面高于所在结构层的楼面标高时，其标高高差为正值，反之为负值。

例如某结构层的楼面标高为 44.950m，当某梁的梁顶面标高高差注写为(-0.050)时，即表明该梁顶面标高为 44.900m。

(2)原位标注

①梁支座上部纵筋。该部位含通长筋在内的所有纵筋。

a. 当上部纵筋多于一排时，用“/”将各排纵筋自上而下分开；例如，梁支座上部纵筋注写

为 6 Φ25　4/2，表示上排纵筋为 4 Φ25，下排纵筋为 2 Φ25。

b. 当同排纵筋有两种直径时，用“+”将两种直径的纵筋相连，注写时将角部纵筋写在前面。如 2 Φ25 +2 Φ22，2 Φ25 放在角部，2 Φ22 放在中部。

c. 当梁中间支座两边的上部纵筋不同时，须在支座两边分别标注；当梁中间支座两边的上部纵筋相同时，可仅在支座的一边标注配筋值，另一端省去不注。如图 4-13 所示。

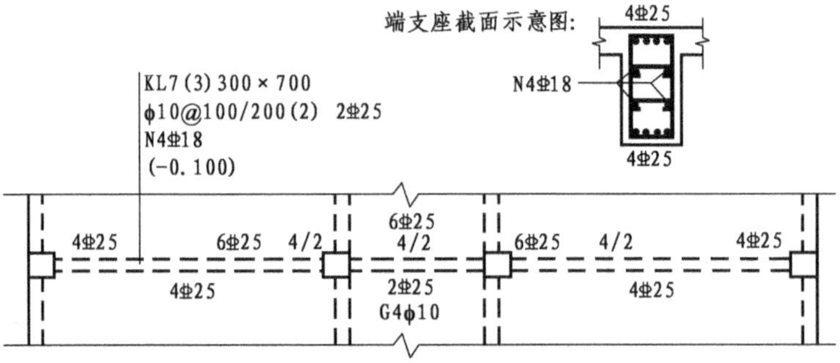

图 4-13　大小跨梁的注写示例

②梁下部纵筋。

a. 当下部纵筋多于一排时，用“/”将各排纵筋自上而下分开。例如梁下部纵筋注写为 6 Φ25　2/4，则表示上排纵筋为 2 Φ25，下排纵筋为 4 Φ25，全部伸入支座。

b. 当同排纵筋有两种直径时，用加号“+”将两种直径的纵筋相连，注写时角筋写在前面。

c. 当梁下部纵筋不全部伸入支座时，将梁支座下部纵筋减少的数量写在括号内。例如梁

下部纵筋注写为 6 Φ25 2(−2)/4，则表示上排纵筋为 2 Φ25，且不伸入支座；下排纵筋为 4 Φ25，全部伸入支座。当梁的下部纵筋注写为 2 Φ25 + 3 Φ22(−3)/5 Φ25，表示上排纵筋为 2 Φ25 和 3 Φ22，其中 3 Φ22 不伸入支座；下排纵筋为 5 Φ25，全部伸入支座。

③附加箍筋和吊筋。将其直接画在平面图中的主梁上，用线引注总配筋值(附加箍筋的肢数注写在括号内)，如图 4-14 所示。

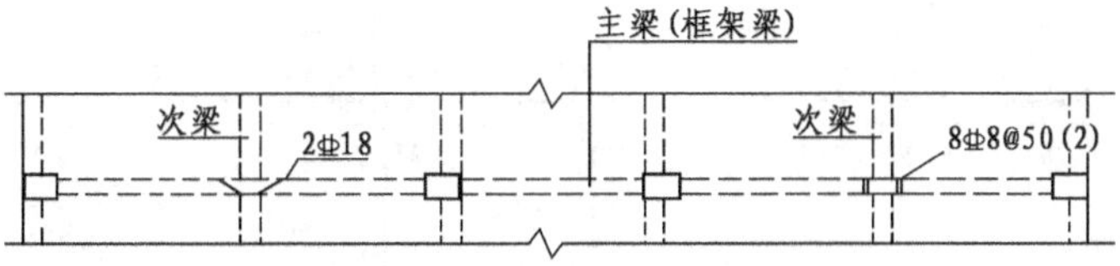

图 4-14　附加箍筋和吊筋的画法

④当在梁上集中标注的内容不适用于某跨或某悬挑部分时，则将其不同数值原位标注在该跨或该悬挑部位，施工时应按原位标注数值取用。

当在多跨梁的集中标注中已注明加腋，而该梁某跨的根部却不需要加腋时，则应在该跨原位标注等截面的 $b \times h$，以修正集中标注中的加腋信息，如图 4-15 所示。

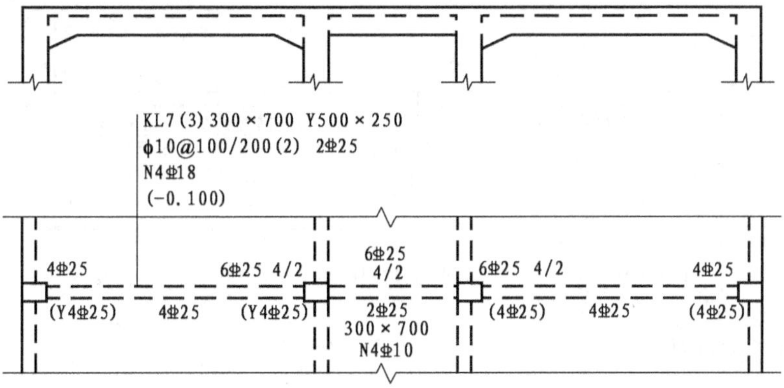

图 4-15　梁加腋平面注写方式表达示例

识读教材附录结施 09"二层梁平法施工图"，该图绘图比例为 1∶100，从图中可知，该层共有框架梁 KL1 ~ KL8、梁 L1 ~ L7、梯梁 TL1 等构件，其中④轴框架梁 KL4 原位标注内容有：一跨一端悬挑(1A)，截面尺寸为 240mm × 550mm，箍筋为直径 8mm HPB300 钢筋，两肢箍，箍筋间距为加密区间距为 100mm，非加密区间距为 200mm。"2 Φ20；2 Φ20 + 2 Φ18"表示，梁上部配置 2 Φ20(即两根直径 20mm 的 HRB400 钢筋)通长筋，梁下部配 2 Φ20 + 2 Φ18 通长筋，其中 2 Φ20 位于角部。梁侧面纵向构造钢筋 G2 Φ14，即梁两侧面共配置构造钢筋 2 Φ14，每侧 1 Φ14。未标注梁顶面标高高差值，说明梁顶面相对于结构层楼面标高无高差。

2)*截面注写方法*

截面注写方式是在梁平面布置图上，分别在不同编号的梁中各选择一根梁用剖面号引出配筋图，并在其上注写截面尺寸和配筋具体数值的方式来表达梁平法施工图。如图 4-16 所示。

对所有梁进行编号，从相同编号的梁中选择一根梁，先将"单边截面号"画在该梁上，再将截面配筋详图画在本图或其他图上。

在截面配筋图上注写截面尺寸 $b \times h$、上部筋、下部筋、侧面构造筋和受扭筋，以及箍筋的具体数值时，其表达方式与平面注写方法相同。

截面注写方式既可以单独使用，也可与平面注写方式结合使用。

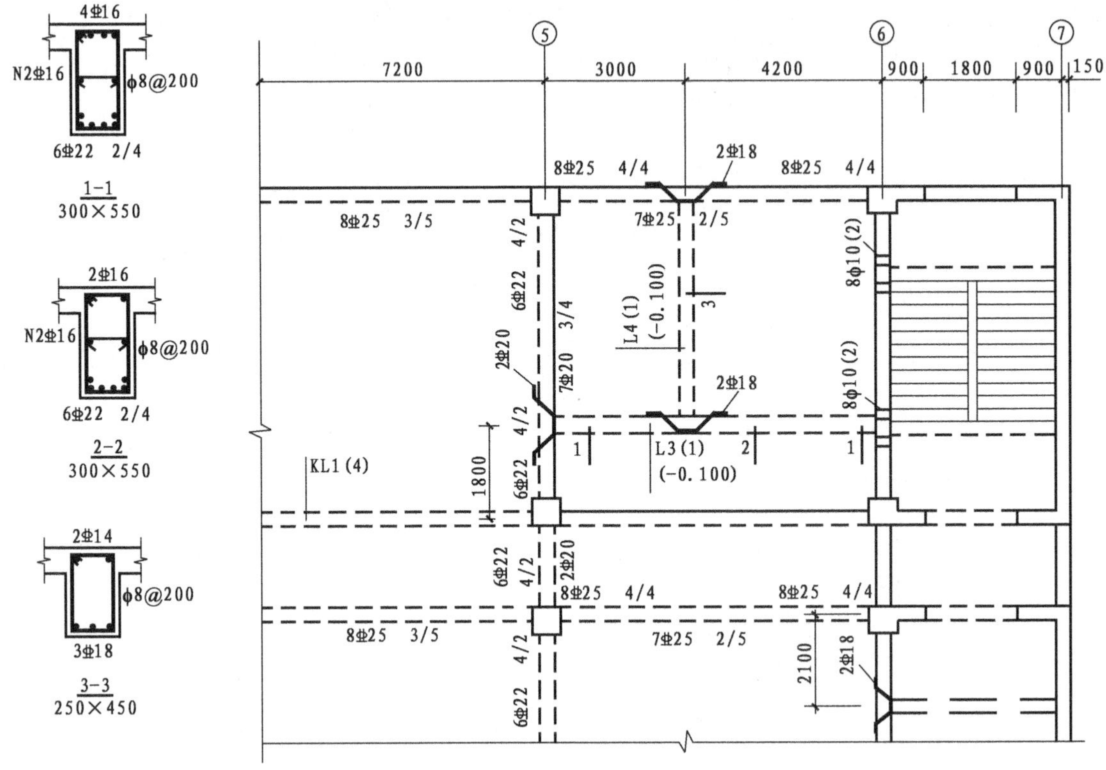

图 4-16　15.870 ~ 26.670 梁平法施工图截面注写方式(尺寸单位:mm)

4.4.3　板平法标注

主要介绍有梁楼盖板的平法标注。有梁楼盖板是指以梁为支座的楼面与屋面板。有梁楼盖板平法施工图是在楼面板和屋面板布置图上，采用平面注写的表达方式。

视频：板平法识图

板平面注写主要包括板块集中标注与板支座原位标注。

为方便设计表达和施工识图，规定结构平面的坐标方向为：当两向轴网正交布置时，图面从左至右为 X 向，从下至上为 Y 向；当轴网转折时，局部坐标方向顺轴网转折角进行相应转折；当轴网向心布置时，切向为 X 向，径向为 Y 向。

1）板块集中标注

板块集中标注的内容为板块编号、板厚、贯通纵筋，以及当板面标高不同时的标高高差等。

(1)板块编号

对于普通楼面，两向均以一跨为一板块；对于密肋楼盖，两向主梁（框架梁）均以一跨为一板块（非主梁密肋不计）。所有板块应逐一编号，相同编号的板块可择其一进行集中标注，其他仅注写置于圆圈内的板编号，以及当板面标高不同时的标高高差。板块编号按表 4-10 的规定进行。

板 块 编 号　　表4-10

板类型	代号	序号	板类型	代号	序号
楼面板	LB	××	纯悬挑板	XB	××
屋面板	WB	××			

注：延伸悬挑板的上部受力钢筋应与相邻跨内板的上部纵筋连通配置。

(2)板厚

板厚注写为 h = ×××(为垂直于板面的厚度)；当悬挑板的端部改变截面厚度时，用斜线分隔根部与端部的高度值，注写为 h = ×××/×××；当设计已在图注中统一注明板厚时，此项可不注。

(3)贯通纵筋

贯通纵筋按板块的下部和上部分别注写(当板块上部不设贯通纵筋时则不注)，并以B代表下部，以T代表上部，B & T代表下部与上部；X向贯通纵筋以X打头，Y向贯通纵筋以Y打头，两向贯通纵筋配置相同时则以X & Y打头。当为单向板时，分布筋可不必注写，而在图中统一注明。当在某些板内(例如悬挑板XB的下部)配置有构造钢筋时，则X向以X_c，Y向以Y_c打头注写，当Y向采用放射配筋时(切向为X向，径向为Y向)，应注明配筋间距的定位尺寸。

图4-17所示表示1号楼面板，板厚120mm，板下部配置的贯通纵筋X向为Φ10@100，Y向为Φ10@150，板上部未配置贯通纵筋。

图4-18所示表示1号延伸悬挑板，板根部厚150mm，端部厚100mm，板下部配置构造钢筋X向为Φ8@150，Y向为Φ8@200；上部X向为Φ8@150，Y向按①号钢筋布置(Φ10@100)。

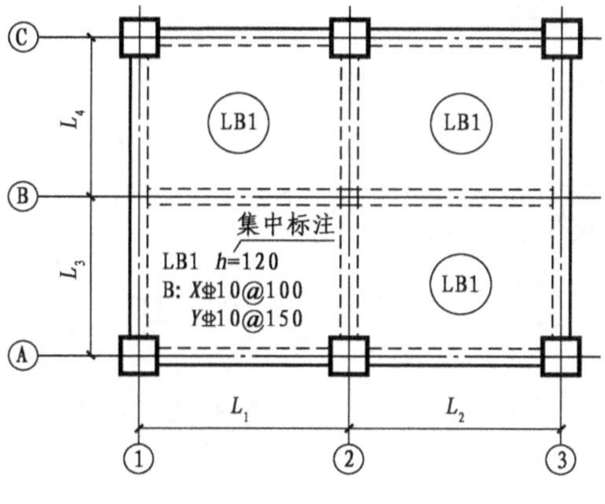

图4-17　板平法集中标注

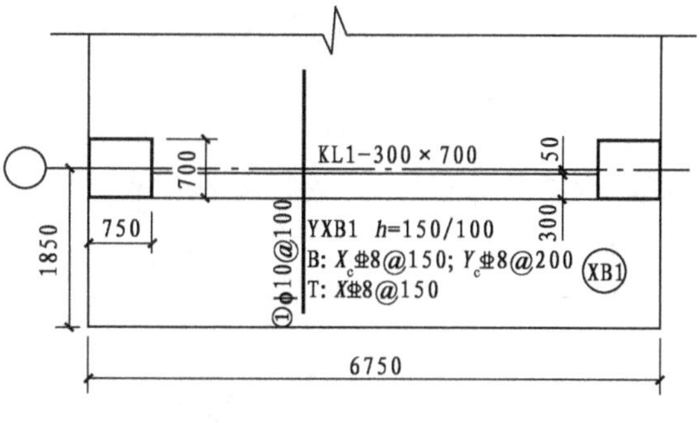

图4-18　延伸悬挑板平法标注(尺寸单位：mm)

(4)板面标高高差

板面标高高差是指相对于结构层楼面标高的高差，应将其注写在括号内，且有高差则注，无高差不注。

(5)有关说明

同一编号板块的类型、板厚和贯通纵筋均应相同，但板面标高、跨度、平面形状以及板支座上部非贯通纵筋可以不同，如同一编号板块的平面形状可为矩形、多边形及其他形状等。

设计与施工应注意：单向或双向连续板的中间支座上部同向贯通纵筋，不应在支座位置连接或分别锚固。当相邻两跨的板上部贯通纵筋配置相同，且跨中部位有足够空间连接时，可在两跨任意一跨的跨中连接部位连接；当相邻两跨的上部贯通纵筋配置不同时，应将配置较大者越过其标注的跨数终点或起点伸至相邻跨的跨中连接区域连接。

2）板支座原位标注

板支座原位标注的内容为：板支座上部非贯通纵筋和悬挑板上部受力钢筋。

板支座原位标注的钢筋，应在配置相同跨的第一跨表达（当在梁悬挑部位单独配置时则在原位标注）。在配置相同跨的第一跨（或梁悬挑部位），垂直于板支座（梁或墙）绘制一段适宜长度的中粗实线（当该筋通长设置在悬挑板或短跨板上部时，实线段应画至对边或贯通短跨），以该线段代表支座上部非贯通纵筋；并在线段上方注写钢筋编号（如①、②等）、配筋值、横向连接布置的跨数（注写在括号内，且当为一跨时可不注），以及是否横向布置到梁的悬挑端。

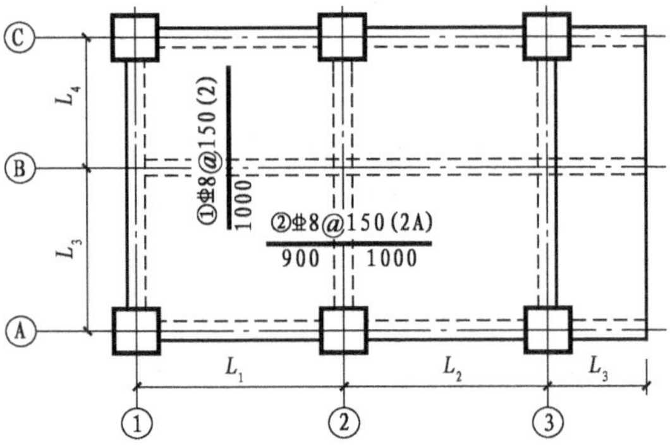

图 4-19　板支座原位标注示例

如图 4-19 所示，①钢筋（2）表示横向布置的跨数为 2 跨，②钢筋（2A）为板支座钢筋连续布置 2 跨及一端的悬挑部位，若为（XXB），为横向布置的跨数及两端的悬挑部位。

板支座上部非贯通筋自支座中线向跨内的延伸长度，注写在线段的下方位置。

对称：当中间支座上部非贯通纵筋向支座两侧对称延伸时，可仅在支座一侧线段下方标注延伸长度，另一侧不注，如图 4-20a）所示。

非对称：当向支座两侧非对称延伸时，应分别在支座两侧线段下方注写延伸长度，如图 4-20b）所示。

对线段画至对边贯通全跨或贯通全悬挑长度的上部通长纵筋，贯通全跨或延伸至全悬挑一侧的长度值不注，只注明非贯通筋另一侧的延伸长度值，如图 4-20c）所示。

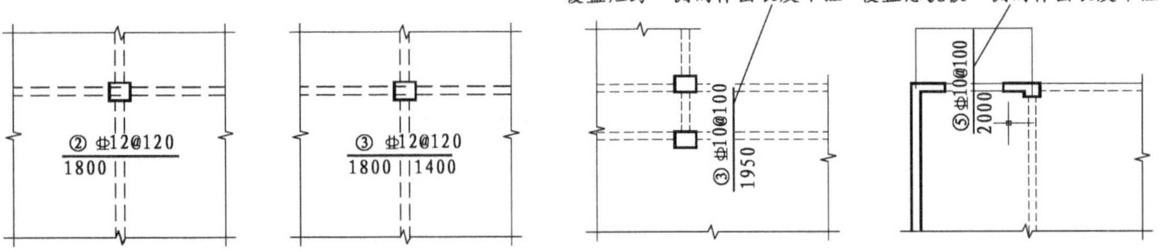

a）对称　b）不对称　c）覆盖短跨、延伸悬挑板

图 4-20　板支座原位标注的几种标注情况

项目 5 施工图综合识图

【项目描述】

通过本项目学习，掌握施工图综合识读基本方法和步骤，能正确对照识读建筑施工图中的各相关图纸，能按规范正确补绘剖面图，能正确对照识读结构施工图中的各相关图纸，能对照建筑施工图和结构施工图识图，想象建筑物的整体。

任务 5.1　施工图综合识图

【任务描述】

通过综合识读某厂房土建施工图，掌握施工图综合识读基本方法和步骤，能正确对照识读建筑施工图中的各相关图纸，能按规范正确补绘剖面图，能正确对照识读结构施工图中的各相关图纸，能对照识读建筑施工图与结构施工图，想象建筑物的整体。

【能力目标】

(1)能正确对照识读建筑施工图中的各相关图纸。
(2)能按规范正确补绘剖面图。
(3)能正确对照识读结构施工图中的各相关图纸。
(4)能对照识读建筑施工图与结构施工图，想象建筑物的整体。

视频：施工图综合识图1

视频：施工图综合识图2

【知识目标】

(1)掌握建筑平面图、立面图、剖面图及建筑详图的识读方法步骤。
(2)掌握结构施工图识读方法步骤。
(3)熟悉相关规范及图集。

【学习性工作任务】

综合识读教材、技能训练手册附图，补绘建筑剖面图及构件详图，完成识图报告。

在前面已基本学会识读施工图的基础上,综合识读土建施工图,主要按照总体了解、顺序识读、前后对照、重点细读的方法和步骤进行。

5.1.1 总体了解

拿到一套施工图,先进行总体了解。了解本套图纸由哪几部分组成,一般为建筑施工图、结构施工图和设备施工图;每类专业图分别由几张图样组成,各图样的图名、图例,一般建筑施工图由图纸目录、建筑设计总说明、平面图、立面图、剖面图、详图组成,结构施工图由图纸目录、结构设计总说明、基础平面布置图、柱平法施工图、梁平法施工图、板配筋图、详图配筋图组成。通过总体浏览,大致了解建筑物的难易程度、平面布置形式、结构布置形式等情况。

5.1.2 顺序识读

通过总体了解后,按图纸的编排顺序,对每张进行详细的识读。

1)识读建筑设计总说明

了解工程概况、建筑设计的依据、构造要求、对施工单位的要求、门窗表、工程做法表等。

2)识读建筑总平面图

了解工程性质,用地范围,地形地貌,周围环境情况,建筑的朝向和风向,新建建筑的平面形状和准确位置,新建房屋四周的道路和绿化,建筑物周围的给水、排水、供暖和供电的位置,管线布置走向等。

3)识读建筑平面图

了解建筑的朝向、结构形式、平面布置形式,屋面的形式、尺寸,各组成部分的标高情况,门窗的位置及编号,剖面图的剖切位置、索引标志和专业设备的布置情况等。

4)识读建筑立面图

了解建筑的外貌、高度、外装修、立面图上详图索引符号的位置与其作用等。

5)识读建筑剖面图

了解被剖切到的墙体、楼板、楼梯和屋顶、可见的部分、剖面图上的尺寸标注、详图索引符号的位置和编号等。

6)识读建筑详图

(1)识读外墙详图

了解墙脚构造、一层雨篷做法,窗台、窗顶、檐口部位等的构造做法。

(2)识读楼梯详图

了解楼梯的构造形式、楼梯在竖向和进深方向的有关尺寸、楼梯段、平台、栏杆、扶手等的构造和用料说明、被剖切梯段的踏步级数、图中的索引符号等。

(3)识读卫生间详图

(4)识读其他详图

7)识读结构施工图

了解建筑的结构形式,了解基础、梁、板、柱的布置形式、截面形式及配筋情况等。

5.1.3　前后对照

1）平面图、立面图、剖面图、详图对照识读

注意把平面图、立面图、剖面图、详图进行对照识读，例如教材附图“建施 05”底层平面图上①～②轴窗 TC2421 与“建施 10”南立面图对照识读，可读出该窗的宽度为 2400mm，该窗的高度为 2100mm（并与门窗表核对），该窗窗台的高度为 900mm。

2）建筑施工图和结构施工图对照识读

注意把建筑施工图和结构施工图进行对照识读，例如“建施 05”底层平面图上①轴与Ⓑ轴相交处的柱子尺寸及配筋情况无法从该图上直接读出，此时可结合“结施 07”柱平法施工图，找出相应位置的柱子，可读出该柱子的编号为 KZ1，截面尺寸为 350mm × 500mm，配筋情况详见结构施工图。

5.1.4　重点细读

例如墙身的做法、楼梯的做法、檐口的做法等，应结合相应的详图进行重点细读，明确索引符号及详图符号所表示的意义。

以上四步熟练掌握以后，基本上能按规范正确补绘剖面图，想象整体建筑物。

项目6 施工图审图

【项目描述】

通过阅读实际工程施工图，查找施工图中的错误和不足，在明确施工图会审的目的和施工图会审的常规程序的基础上，进行施工图会审模拟，并完成施工图会审（模拟）纪要。从而熟悉施工图审图的程序和施工图会审的会议纪要格式，提高识图能力、口头表达能力、沟通交流能力以及团队协作精神。

任务6.1 施工图自审

【任务描述】

通过阅读实际工程施工图，查找施工图中的错误和不足，发现施工图中不合理或有待改进的问题，在图纸中进行标记，并逐条记录。

【能力目标】

(1)能读懂施工图。

(2)能发现图纸中的错误、不足和问题。

【知识目标】

(1)了解施工图自审的目的。

(2)熟悉施工图自审的步骤。

(3)明确施工图自审内容。

【学习性工作任务】

(1)识读某施工图，重点找建筑施工图中的错误、不足和问题，在图纸中进行标记，并逐条记录。

(2)识读某施工图,重点找结构施工图中的错误、不足和问题,在图纸中进行标记,并逐条记录。

6.1.1 施工图自审的目的

施工图审图又分自审与会审,一般将各单位内部组织的图纸审核称自审,将参建各单位参与的图纸共同审核称会审。

施工图自审是工程各参建单位(建设单位、监理单位、施工单位)在收到设计院施工图设计文件后,在工程开工之前,在企业内部组织的对图纸进行全面细致的熟悉、识图、审核的过程。人员包括生产技术主管领导、施工技术人员(土建、电气、设备等)、标准员、质检员、安全员等。通过施工图自审,可审查出施工图中存在的问题及不合理情况,为技术交底和施工图会审做准备。可以使各参建单位特别是施工单位熟悉设计图纸、领会设计意图、掌握工程特点及难点;减少图纸中的差错、遗漏、矛盾,将图纸中的质量隐患与问题消灭在施工之前;找出需要解决的技术难题并拟定解决方案等。

6.1.2 施工图审图的内容

识图、审图的程序是按照"审查拟建工程的总体方案、审查建筑施工图的情况、审查结构施工图情况、审查施工图中可改进方面"四个步骤,循序渐进,全面熟悉和审查拟建工程的功能、建筑平立面尺寸,检查施工图中容易出错的部位有无出错,检查有无需改进的地方,掌握审图要点,有计划、全面地展开识图、审图工作。同时应明确各专业图纸均依据建设设计图纸为基础而设计,因此,审图时要以建筑施工图为"基准",审图时发现的矛盾问题,要以"基准"来统一。各识图、审图程序审查内容如下。

1)建筑施工图自审内容

(1)总体方案审图内容

图纸到手后,首先了解本工程的功能(是厂房、办公楼、商住楼还是宿舍),然后识读建筑工程施工总说明,熟悉工程概况。查看以下几个方面的情况:

①图纸是否经设计单位正式签署、是否有出图章、是否经审图机构审核合格、是否符合制图标准。

②依据是否充分(包括地质资料)。

③设计图纸与说明是否齐全。

④设计地震烈度是否符合当地要求。

⑤结构形式选择是否合理。首先是基础情况,深基础还是浅基础;基础形式是桩基础、独立基础、箱形基础、筏板基础或条形基础;基础形式选择相对本地质情况是否最为经济;其次主体结构情况,结构形式是砖混、框架、剪力墙、筒体、筒中筒、框剪还是其他结构;从经济和技术两个方面去考察其结构形式是否最为合理。

⑥各专业设计图之间、平立剖面之间、建筑图与结构图之间、土建(或市政)图与电气安装及电力排管之间有无矛盾、标准有无遗漏。

⑦总图与分部图的几何尺寸、平面位置、标高是否一致,预埋件是否表示清楚。

⑧是否符合国家有关技术标准。

⑨施工图所列各种标准图集，建设单位、监理单位、施工单位是否具备（各种图集如16G101-1、16G101-2、16G101-3 等）。

⑩是否有新技术、新材料、新设备、新方法等“四新”项目在本工程上使用，材料来源有无保证，能否代换；图中所要求的条件能否满足；是否有施工上不方便的分项工程，是否有技术上无法达到的项目；对安全上存在隐患的项目是否按《建设工程安全管理条例》要求提出安全防范措施，其措施是否适当；新材料、新技术应用有无问题。

⑪地基处理是否合理，是否存在不能施工、不便施工的技术问题，或者易导致质量、安全、工程费用增加等方面的问题。

⑫管线间、管线与设备间、设备与建筑间有无矛盾或错、漏、碰、缺等问题。

⑬施工安全、环保要求有无保证。

（2）总平面图自审内容

①建筑物平面布置在建筑总平面图上建筑物控制点坐标的位置及建筑物的定位尺寸、标高标注是否明确。

②建筑设计总说明中各部位构造做法是否明确。对照设计总说明和图中的细部说明有无矛盾之处。

③新建建筑室内建筑零点的相对应绝对标高值是否明确。

④结合施工现场检查总平面图布置是否合理，是否符合地形、地物及现场供电、给排水网络条件。

⑤消防通道尺寸是否满足消防要求。

（3）建筑平面图的自审内容

①建筑平面图的轴线及编号是否齐全，留意墙体相对轴线的定位，各平面图轴号是否一致，图名、比例是否完整。

②在同一张平面图上检查三道尺寸是否齐全，是否存在矛盾。尺寸是否符合设计规定的统一模数。局部定位尺寸、标高是否完整准确。熟悉本层平面尺寸后，审查各房间是否满足使用要求。

③底层平面图中指北针、剖切符号、散水、入口坡道、台阶等表示是否有缺漏。

④门窗编号、数量、尺寸是否与门窗表相一致，门窗的位置与开启方向是否合理，审查交通组织、采光通风是否合理，留意门内外有无高差分界线及分界线的位置是否正确。

⑤楼梯上下方向及各平台标高标注是否正确，与详图是否一致。

⑥卫生间、厨房、阳台等地面标高是否低于其他房间，高差是否满足要求，有无排水坡度，地漏位置是否合理。

⑦平面图中的说明、索引符号、剖切符号及相配合的图集是否完整、有无矛盾。主要节点做法有无遗漏。

（4）建筑立面图的自审内容

①检查立面图中的三道尺寸是否存在矛盾，竖向尺寸与标高是否一致，各标高与平面图、总平面图是否一致，各标高是否齐全。

②外墙装饰做法是否齐全，选材及施工方式是否合适。

③构造节点索引标注有无漏缺，是否有对应详图及标准图集标注。

(5)建筑剖面图自审内容

①根据剖面图的图名对照底层平面图，检查剖切位置与投影方向是否一致。

②检查轴线编号、尺寸、标高有否漏缺和错误。

③检查屋顶标高、坡度、找坡方式是否正确。

④屋面保温、防水等做法是否齐全，是否有索引和详图或是否有明确的标准图集标注。

⑤楼梯间各平台标高与平面图对照是否完整准确。

⑥剖切到与可见的内容及标注说明是否完整，剖切后的材料图例表达是否规范。

(6)建筑详图的自审内容

①详图是否齐全，图名、标高、尺寸、构造细节是否与基本图相符，能否实现施工。

②选用的标准图是否与本设计相吻合，选用的零配件是否有货源。

③检查楼梯踏步高和数量是否与标高相符，标高是否正确。楼梯平台与梯段处的净空高度是否满足规范要求。检查楼梯踏步的水平尺寸是否正确。

④楼梯扶手、阳台楼板及扶手、女儿墙及窗台高度是否符合住宅设计规范要求。

⑤检查露台、阳台、厕所、浴室、厨房楼地面是否比室内楼地面低，高差是否符合规范要求。检查用水房间排水坡度出水口、地漏位置等是否合理。

⑥检查屋面防水、隔热层在檐口、檐沟、变形缝、女儿墙等出节点处理的大样是否明确。检查女儿墙、阳台栏板的压顶梁的坡度方向是否正确。

2)结构施工图自审内容

(1)结构设计总说明的自审内容

①检查结构设计总说明是否有与规范相矛盾或有出入的条文。结构平面、大样、梁柱表中的内容与建施说明有无矛盾之处。

②结构材料选用及强度等级说明是否完整，包括各部分混凝土强度等级、钢筋种类、砌体块材种类及强度等级、砌筑砂浆种类及等级。

③有关的构造说明及详图是否有漏缺。

(2)基础及地下室施工图

①核对定位轴线是否与上部结构相对应。同时核对轴线尺寸及总尺寸，确保无误。核对基础物件定位是否有误，有无缺漏。

②基础详图是否与基础平面图相对应，基础详图是否完整准确，详图上的尺寸是否与基础平面图上相一致，与轴线间的定位是否正确。

③基础埋深是否有符合地质勘探资料情况，是否已有相邻建筑，基础埋深与建筑间距的关系是否满足规范要求。

④基础中有无管道通道，图中是否明确标注，构造是否合理。

⑤基础平面图位置与高度方向与排水沟、集水井、管沟等布置是否相碰。

⑥基础所有材料是否说明清楚，尤其是材料的强度和要求，同时考虑不同基础或不同构件施工措施是否方便。

⑦桩位说明是否完整准确，桩顶标高、桩长、进入持力层深度等标注是否有缺漏，与桩平面图对照是否有误。

⑧地下室底板及地下室挡土墙的施工缝做法、后浇带做法、伸缩缝或升降缝间距是否符合规范要求。

(3)结构平面布置图及结构构件施工图

①检查桩布置的定位尺寸,特别注意上下层变截面柱的定位情况。

②检查柱中配筋是否有缺漏或有误,仔细核对钢筋数量、规格、长度和锚固要求等。

③检查墙布置的定位尺寸,特别注意上下层变截面墙的定位。对照各层平面图检查剪力墙在水平、竖向有无落空或削弱。墙身、墙边缘构件、连梁配筋标注是否有缺漏和错误。

④检查梁布置定位是否合理,定位尺寸有无缺漏。梁平法标注内容是否完整准确。

⑤对照建筑施工图的门窗、洞口位置及标高,检查梁顶、梁底标高是否合理,有无矛盾现象。

⑥检查梁或柱内的预埋件是否缺漏。

⑦对照建筑平面图,检查板面标高是否有缺漏或有误,结构标高与建筑标高之差是否与楼地面上的构造层厚度相一致。

⑧现浇板内配筋标注是否完全完整准确,现浇板预留空洞、洞口加筋等标注是否完整准确,有集中排布线管的现浇板,板厚是否足够。

⑨检查卧室、客厅等房间的上面是否有梁穿过。

⑩检查室内出露台的门上是否设计有雨篷,检查结构平面上雨篷中心是否与建筑施工图上门的中心线重合。

⑪检查设计要求与施工验收规范有无不同。如柱表中常说明:柱筋每侧少于 4 根可在同一截面搭接。但施工验收规范要求,同一截面钢筋搭接面积不得超过 50% 。

⑫检查女儿墙混凝土压顶的坡向是否朝内。

⑬检查砖墙下有无梁。

⑭检查主梁的高度有无低于次梁高度的情况。

3)施工图中可改进方面的审图要点

审查施工图纸,主要从有利于该工程的施工、有利于保证建筑质量、有利于工程施工进度、有利于节约工程投资规模、有利于工程美观等诸多方面对原施工图提出改进意见。

(1)从有利于工程施工的角度提出改进施工图意见

①结构平面上会出现连续框架梁相邻跨跨度较大的情况,当中间支座负筋分开锚固时,会造成梁柱接头处钢筋太密,浇捣混凝土困难,可向设计人员提出负筋尽量连通的建议。

②当支座负筋为通长时,就造成了跨度小的梁宽较小,梁面钢筋太密,无法振捣混凝土的问题。可提出,在保证梁负筋的前提下,尽量保持各跨梁的宽度一致,只对梁高进行调整,以便面筋连通和浇捣混凝土的建议。

③当建筑的结构造型复杂,某一部位结构施工难以一次完成时,向设计单位提出混凝土施工缝如何留置的问题。

④梁柱节点、洞口有加强筋时,配筋密集无法浇捣混凝土或构件浇捣操作空间不够,施工质量无法保证的情况,可提出修改意见。

⑤露台面标高降低后,若露台中间设置与室内相通的梁时,向设计单位提出梁受力筋在降低处是弯折还是分开锚固问题。

(2)从有利于建筑工程质量方面,提出施工图修改意见

①例如抹灰砂浆的粘贴力,屋面找坡材料的保温、隔热性,防水材料的防水性与耐久性等方面的修改建议。

②当施工图上对电梯井坑、卫生间沉池、消防水池未注明防水施工要求时,可建议在坑外壁、沉水池内壁增加水泥砂浆防水层,以提高防水质量。

(3)从有利于工程施工进度方面提出施工图改善建议

①审图中发现,用于本工程的某些原材料存在供货途径单一、货源异常紧张等问题,极易导致后续施工中由于材料供应无法及时保证而影响整体施工进度,建议设计单位是否进行调整,以确保工程施工进度。

②审图中若发现本工程外立面构造复杂、节点多、外装饰材料品种繁多,会导致二次作业及施工班组交叉作业增加,建议设计单位是否可以进行优化,以加快工程施工进度。

(4)从有利于节约工程投资规模提出施工图改善建议

重点检查施工图中存在的未标明工法、使用材料造价不明或综合成本过高、违背国家建材政策导向、无法套用现行定额或易引发甲乙解释歧义、辅助施工成本过高、设计建材性价比不适或质量等级过高(低)等情况,若存在以上方面的问题,则应该建议设计单位进行调整。

(5)从有利于建筑美观方面提出施工图改善建议

①若出现露台的女儿墙与外窗相接时,检查女儿墙的高度是否高过窗台,若是,则相接处不美观,建议设计处理。

②检查外墙饰面分色线是否连通,若不连通,建议到阴角处收口;当外墙与内墙无明显分界线时,询问设计,墙装饰延伸到内墙何处收口最为美观,外墙凸出部位的顶面和底面是否同外墙一样装饰。

③柱截面尺寸随楼层的升高而逐步减小时,柱凸出外墙成为立面装饰线条时,为使该线条上下宽窄一致,建议对凸出部位的柱截面不缩小。

④柱布置在建筑平面砖墙的转角位,而砖墙转角少于90°,若结构设计仍采用方形柱,可建议根据建筑平面将方形改为多边形柱,以免柱角突出墙外,影响使用和美观。

⑤当电梯大堂(前室)的一边有框架柱凸出墙面10~20cm时,检查另一边柱是否凸出相同尺寸,建议左右对称。

任务6.2　施工图会审

【任务描述】

在前期识图和审图工作完成的基础上,明确施工图会审的作用意义、工作安排、常规会审程序及常规议程。通过施工图纸会审真实场景演示,学生分组扮演会审各单位的角色,参与图纸会审模拟,并做好记录,按照图纸会审纪要格式要求完成图纸会审纪要。

【能力目标】

(1)能按完成施工图会审程序进行模拟会审。

(2)能根据模拟角色进行交流。
(3)能根据会审模拟,完成图纸会审会议纪要。

【知识目标】

(1)明确施工图会审的作用、意义、步骤程序。
(2)熟悉施工图会审的会议纪要格式。
(3)熟悉建筑工程施工图中的相关规范。

【学习性工作任务】

以某工程施工图自审为基础,小组模拟各参加审图单位进行施工图审图模拟,做好记录与整理,按照图纸会审纪要格式要求完成图纸会审纪要。

6.2.1 施工图会审的意义

图纸会审意义:全面贯彻设计要求,优化设计,保证图纸质量,保障工程施工质量、施工进度及优化工程投资规模,使参加施工的各单位人员思路一致,最大限度地避免施工中出现失误,同时,解答《审查图纸意见书》中所提问题。

①通过施工图会审,使设计图纸100%符合有关规范要求。

②建筑规划、结构、水电气配套等设计做到经济合理、安全可靠。
③图纸表达清楚、正确无误,确保工程施工按期按质完成。

6.2.2 施工图会审时间

一般情况下,建设单位在收到设计单位提供的正式施工图后,由建设单位分发给参与本工程建设的相关各单位,同时要求各单位在一定期限内务必完成全部或部分图纸的审核(大部分情况下,图纸会审会分阶段进行,比如:先进行桩基图纸会审,再进行地下部分图纸会审,而后进行地上部分图纸会审等,许多建设单位为了加快施工进度,往往会分阶段安排图纸会审工作),并把相应的审图意见以书面方式上报至监理单位,再由监理单位汇总后上报建设单位,统一由建设单位汇合自身的审图意见送至设计单位,建设单位和设计单位充分沟通后确定正式图纸会审时间,届时由建设单位(也可委托监理单位)负责组织图纸会审会议。一般把设计交底及图纸会审合并进行。

6.2.3 图纸会审人员组成

图纸会审应出席对象:
①建设单位人员:主管工程副总、工程部经理、各专业工程师。
②设计单位人员:项目负责人,土建、安装(给水排水、电、暖等)工程设计人员。
③监理单位人员:项目总监、总监代表及各个专业监理工程师(监理员)。
④施工单位人员:项目经理、技术负责人、各专业施工员、预算员(有时参加)。

⑤其他相关单位代表：技术负责人。例如，涉及较复杂的地基问题，还需有地质勘察单位技术人员参加。

6.2.4 施工图纸会审会议基本流程

1）确定主持人

一般来说，施工图纸会审会议由建设单位项目工程部经理主持（也可委托监理单位项目总监主持），主持单位应该做好会议记录及参加人员签字。

2）主持人宣布本次会议议题，并介绍各与会单位及成员

3）设计单位进行设计交底

设计交底常规内容有：

①设计人员的设计意图与构想，建筑构造要求，特殊部位以及有关标准。

②结构方案的实施要求，关键结构部位的特殊要求。

③设备、电气工程的技术要求，技术参数的核对。

④对各专业间穿插施工的要求。

⑤采用新技术、新工艺、新材料的施工与工艺要求、消防要求。

⑥其他需提出和交代的内容。

4）各单位根据各自的审图意见依次向设计单位逐项提问，设计单位相关人员进行现场答疑

一般来说，提问的顺序为施工单位、监理单位、建设单位。图纸会审中提出的问题或优化建议在会议上必须经过讨论作出明确结论；对需要再次讨论的问题，在会审记录上明确最终答复时间。

5）形成正式图纸会审纪要

（1）会议纪要整理归档要求

图纸会审记录纪要一般由监理单位负责整理，监理单位整理后的会审纪要应该报送建设单位审核，建设单位审核后，送交设计审核，各方均无异议后，建设单位、施工单位、监理单位、设计单位签字并加盖公章形成正式的施工图纸会审纪要，分发至各相关单位执行、归档。

（2）会议纪要的内容

图纸会审纪要主要内容是将图纸会审时的问题汇总并提出解决方案，建设单位、施工单位和有关单位对设计上提出的要求及需修改的内容；为便于施工，施工单位要求修改的施工图纸，其商讨的结果与解决的办法；在会审中尚未解决或需进一步商讨的问题；其他需要在纪要中说明的问题等。

图纸会审纪要一般应包含以下内容：会议议题、工程名称、会议地点、时间、参加会议人员、会议议程、工种、序号、所在图纸编号、问题、处理结论、处理时限、责任人签名签章等。见附例1与附例2。

（3）会审会议纪要的格式

会审纪要没有固定的格式，可以以普通文字条目格式，也可以设计成表格。举例如下：

【例 6-1】

×××××(二期)商品住宅工程主体图纸会审(土建部分)纪要

会议议题	×××××(二期)商品住宅工程主体图纸(土建部分)会审
工程名称	×××××(二期)商品住宅工程(土建部分)
时间	20××年×月×日下午×点
主持人	×××
参加单位及人员	(附会议签到表)
1. 建设单位	上海××集团新城房产有限公司:××、×××、×××、×××、×××
2. 监理单位	上海××××建设工程监理有限公司:×××、×××
3. 设计单位	上海××××工程设计有限公司:×××、××、×××
4. 施工单位	××××××工程有限公司:×××、×××、×××、×××、×××
会议议程及内容	
一、设计院对×××××(二期)商品住宅工程主体图纸(土建部分)进行了图纸技术交底	
二、建设单位、施工单位、监理单位对图纸提出了相关问题,设计院答复形成纪要如下:	

1. 建 011 中④轴、Ⓒ轴上管理用房是否应增设窗?

答:增 C15,窗台高 900,窗下固定窗部分取消。

2. 建 014 中⑥轴、Ⓒ轴上配电间 FHM4 位置与人防临战封堵有冲突,建议移开。

答:待定。

3. 建 01 中四个配电间由谁设计不清,在建 01 上标记为人防设计,而在人防地建 05 中为中星设计,请予明确(牵涉确定㊳~㊵轴墙的位置及电缆井个数)。

答:以××建 01 为准。

4. 建 0143 中㊺轴、Ⓑ~Ⓒ轴电梯井由谁设计(双方都标由自己设计)?

答:由人防定。

5. 建 01 中各电梯井伸出尺寸为 1160,与建 15 中地下室平面图(图左上角)、D-D 剖面图(右下)不同,请予明确。

答:以建 15 中地下室平面图为准。

6. 建 01 中各配电间门槛高度未注明。

答:门槛高出地面 100,C20 素混凝土。

7. 建 02 中①轴处明沟排水未注明坡向、坡度,此外⑨~⑰、㉞~㊹轴情况相同。明沟顶标高是否应理解为 −0.150 及室外自然地坪标高?

答:建 02 中①轴处明沟改为散水。做法为 95 沪 J 001 第 8 页做法 2。

8. 建 025 中⑦轴、⑨~⑪轴,Ⓐ轴处墙体是否应向外移至与柱平齐?

答:此部分从柱边内移 200。

9. 建 02(图左下角)中①轴大样商场入口坡道节点编号 95 沪 J 001-5/2 是否应改为 95 沪 J001-3/2?

答:以 95 沪 J001-5/2 为准,不变。

10. 建 02 由于墙体变动,直径 160 的下水管由室外变为室内,其噪声是否会对商场使用造成影响?

答:通知水施改移至室外。

11. 建 0226 中㉗轴伸缩缝宽 180,大于图集中要求的 50~150 的限制,是否有影响? 由于>150,盖缝板铁皮 b 值在图集 16 页查不到,根据图集 85/14,墙面伸缩缝要预埋木砖,而南立面为钢筋混凝土柱,是否合理?

答:所有墙面均按 96SJ 101-5/35 或 6/35 施工,楼层顶按 01J 304-/施工,屋面(三层、顶层)按 99-201(一)-2/39 施工,楼面按 01J304-/施工。缝宽根据实际调整。

12. 建 02 中缝宽 180,而图集中 115/21、104/19 缝宽为 30~50,如顶棚和墙面按图集扩大施工,是否会有不稳,建议根据图集第 13 页选 60~150 缝宽形式。

答:见 11 条。

13. 建 02 中第三单元南入口处栏杆是否有误? 室外栏杆做法请予明确。平台伸出部分是否是指栏杆伸出 450,请标明尺寸。居委会办公室入口处墙 2300 尺寸是否指从墙边到墙边?

答:建 02 中第三单元南入口处栏杆取消。平台伸出部分为轴线伸出 450。居委会办公室入口处墙 2300 尺寸是指从墙边到墙边。

14. 建 02 中各商场楼梯与结构相矛盾,参见㊻~㊾轴示意,此空间利用不便。

答:不变。

15. 建 021 中③轴、Ⓒ轴处墙厚 300,是否可改为 200。

答:改为 200,边与柱平齐。

16. 建 02 中⑥轴、Ⓙ~Ⓚ轴间柱墙间也建议填实。

答:也填实,同㊼轴、Ⓙ~Ⓚ轴做法。

17. 建 02M1 为三开门,与立面图建 13 不符,建议为双开门,以和建 20 立面相统一。

答:以建 20 为准,为双开门。

18. 建 024 中②轴、Ⓚ轴处电缆井为中分(900 +900)形式,而台阶为砖砌形式,与边错开 50,施工不便,建议门及花台向东移 50。同时二层雨篷也应进行相应调整。

答:门及花台向东移 50,二层雨篷也应进行相应调整。

19. 建 02 及以上层南面尺寸标注有误,柱有 KZ4、KZ5 两种,建施上不但尺寸有误,而且定位也与结施不符。

答:依结施为准。

20. 建 0326 中㉗轴伸缩缝地面做法未做说明。

答:见 11 条。

21. 建 04(图左下)中直径 60 的 UPVC 过水管是否应改为直径 75?

答:改为直径 75 的 UPVC 过水管。

22. 建 0426 中㉗轴处伸缩缝编号有 J136 和 99J201 两种,按 99J201-1 查不到,是否有误?

答:见 11 条。

23. 建 04 及 05、0626 中㉗轴之间的挑板、装饰板对伸缩缝施工有较大的影响,参照 J136 第 17 页的做法是否合适(尤其是在 15、16 层)?

答:做法形式参见下图。

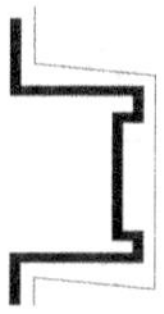

24. 建 051 中③轴、Ⓐ轴处窗 C12 与 20 尺寸不同,且为凸窗,此编号是否有误,请画此窗的大样图。

答:C12 另出图修改图。

25. 建 0513 中㉔、㊴轴装饰墙尺寸与结施不符,建议以结施为准。

答:以结施为准。

26. 建 06 中㊳~㊵轴装饰板落水如何处理? 建议 13 层㊳、㊵轴餐厅墙下增设混凝土反梁。

答:落水管选用直径 75 的 UPVC 落水管,㊳、㊵轴增设反梁,形式同厨、卫反梁。

27. 建 06 中㉛轴、Ⓒ~Ⓗ轴北阳台挑板是否应收 75,否则线条将伸出 75,时间长了将形成水渍,建议此处线条收至与墙平齐。

答:同意。

28. 建 07 中㊳~㊵轴 14 大样在结构上未做说明。

答:连廊栏板配筋同屋面女儿墙,高度及线条以建施为准。

29. 建 07、08 中㊳~㊵轴落水管直径未注明。

答:落水管选用直径 75 的 UPVC 落水管及配套水斗。

30. 建 08 中⑧~⑱轴空调洞、热水器排气孔等应伸出建筑物,应同建 07。

答:同建 07。

31. 建 09 中北立面部分 PFS 位置是否有误？
答：全部外移至外墙，原部位取消。
32. 建 10 中各电梯间上屋面 M5 门槛高度未注明。
答：同电梯间门槛。
33. 建 10 中㉖～㉗轴是否也做女儿墙，如果是，建议线条取消。如不是，应注明做法。
答：见建 18⑫大样中Ⓗ轴、㉖～㉗轴女儿墙取消。
34. 建 10 中电梯间内部分空间完全封闭，是否是为了整体立面效果？否则应开门。
答：完全封闭。
35. 建 10 中观景间是否应增设门槛，以防雨水聚积？
答：从屋面结构层起做 400 高反梁，上砌 200 厚砖墙封闭此部分。
36. 建 10 中㉕～㉖、㉗～㉘轴女儿墙做在挑板上，是否合适？㊳～㊴轴三面女儿墙做法是否参照 11/18？
答：㉕～㉖、㉗～㉘轴女儿墙取消。㊳～㊴轴三面女儿墙做法参照 11/18。
37. 建 11（图左上）中装饰板间距 250 太小，无法施工。
答：待定。
38. 建 11 中㊳～㊵轴与建 10 不符，是否应修正？
答：应以建 10 为准。
39. 建 12 中各立面入口 4.000 标高处的格栅为何物？在其他图上未做说明。
答：待定。
40. 建 12 中①轴设备层立面与平面不符。
答：取消平面百叶窗做法。
41. 建 12 及建 13 伸缩缝处在屋面女儿墙处应断开。
答：应断开。
42. 建 12 及建 13 屋面雨篷未在立面图上反映出来。
答：应增加，以平面图及结构图为准。
43. 建 12 及建 13 屋面塔楼上各窗编号、定位请予明确，建议增加从 52.960～54.100 的平面图，或塔楼各标高的局部大样说明。
答：此立面取消。
44. 建 12 及建 13 中间塔楼标高为 56.800，而结施 14 中所有电梯间都是至 55.600，1、4 电梯间塔楼反上 600，而 2、3 电梯间反上 1200，请在建施平面、立面及结施中将 1、4 与 2、3 分开说明。
答：做法同建施，配筋同结施 14 修中女儿墙剖面。
45. 建 13 中 15、16 层伸缩缝处装饰板与结施不符，且与建施相矛盾，建议取消（㉕～㉘轴）。
答：平面及详图上增加立板。
46. 建 13 中 12 层有部分百叶窗 BY22、BY23 与门窗表形式不同，建议统一。
答：以门窗表形式及平面图为准，同 15 层。
47. 建 13 中㊳～㊵轴屋顶女儿墙立面是否有误（参屋顶平面图）？
答：应以建 10 中 11/18 做法为准，平面图增加大样标记。
48. 建 13 中①轴处的 3/17 是否有误？
答：参照 16/18 大样。
49. 建 14 中Ⓐ～Ⓚ轴立面窗边线条是否有误？外墙 3 与外墙 2 是否矛盾？建 14 中Ⓐ～Ⓚ轴立面中 4、6、8F 部分线条未到边，是否有误？
答：立向线条取消，水平线条到边，外墙 3 改引线至立面线角位置。
50. 建 15 楼梯 1、2、3、4 一层平面图中伸出部分为砖砌形式，与结施 15 不符，建议以结施 15 修为准，修正建 15 中一层平面图及 D-D 剖面。
答：以结构为准。
51. 建 15 楼梯一层平面图（1∶50）休息平台标高与结施及平面图相矛盾，以何为准？
答：以结构为准。
52. A-A、B-B 剖面中套管采用何种材质？

答:采用常规镀锌管,直径150。

53. 建15中D-D剖面图在9.255~12.030标高处与结施不符。

答:以结施详图为准。

54. 建16(图右上角)楼梯①大样中1:25中反口的宽度是多少,反口在踏步边如何收头?各踏步边是否做反口或按图集?

答:反口宽度为100,以立杆定收头位置。各踏步边不做反口,按图集。

55. 建15电梯间1、2、3、4平面图中强弱电间隔墙尺寸不明(图左下方)。

答:边到边700。

56. 建16中C-C剖面图中残疾人坡道不锈钢扶手端部做法请予明确。

答:水平部分按200,端部直径为200的半圆。

57. 建17各卫生间1、2、3、4、5内是否是管道井?请明确其做法。

答:是管道井。长度取边至边600(2、3)到750(1、4、5)不等,宽度统一为300。

58. 建17图集2010沪J/7-104中烟道BPSA-3适用层高为2800,而A栋标准层层高为2900,请说明具体调整办法。

答:与厂家协商定做,高度为2900,底部至进风口高度不变。

59. 建17中㊿~51轴装饰墙应进行调整,并增加竖向墙体。

答:增加立板,以立面图为准。

60. 建18明沟、坡道大样①中入口坡道面是否应增设防滑条或防滑槽?

答:见95沪J001第7页2、C做法。

61. 建18②大样中种植土标法是否有误?伸入地下的尺寸为多少?

答:改为标准砖砌形式,伸入地面下200。

62. 建18③大样中南立面天沟顶也应填充加气混凝土加气砌块、标高8.160是否应改为8.360?

答:增加填充加气混凝土加气砌块,凡是距离小于等于400的部分均参照处理,标高以8.360为准。

63. 建18中18大样,根据结施为560+40=600,再根据建施立面图,总尺寸为800,请明确此部分做法,此反口是仅此局部还是整个北立面BY窗下都做?

答:改砖砌形式,同南立面大样。

64. 建18北阳台平面图中节点应为8/-,而不是9/-。

答:以8/-为准。

65. 建18北阳台平面详图(1:50)中参见本图11大样有误,应改为参见结施08修中北立面凸窗台挂板做法。

答:对,应作修改。

66. 建18中7大样应注明有护窗栏杆。

答:有护窗栏杆。

67. 建18外墙剖面〈一〉、〈二〉中屋面2做法应取消。

答:取消屋面做法,应同楼面电梯间做法。

68. 建18根据结09修在㊳~㊵轴、Ⓔ~Ⓕ轴之间有反梁,故14大样应明确另一侧栏板位置。

答:另一侧栏板与梁内边齐,其他同14/18。

69. 建20中MC23应为MC3。

答:应为MC3。

70. 建20中C6、C8、C24、C25是否只有所标明的窗格为翻窗,而其他为固定窗?C6翻窗形式是否有误?

答:只有所标明的窗格为翻窗,而其他为固定窗,C6翻窗形式无误。

71. 建20中YM3中450/450部分建议改为固定窗形式。

答:改为固定窗形式。

72. 建20中(图下)护窗栏杆的做法。

答:按图集99SJ403中第71页4做法。

73. 建施所有平开窗的开启方向是否都是向外?

答:平开窗的开启方向均向外开。

74. 建总说明套用图纸编号未在新目录上重新标明。

答:目录将更新。

75. 结03 中④～⑥、㉗、㊼～㊽轴处柱应按框架柱考虑。
答:按构造柱施工,预留插筋。
76. 结05 中装饰柱布置定位是否被㉜、㊻轴中分?
答:中分。
77. 结05 设备层㉓～㉕轴、Ⓚ轴处两柱间距为180,建议改为混凝土现浇,同时增改配筋。
答:改为混凝土现浇,增加2 ⌀12 架立筋,连接箍筋及间距同构造柱箍筋。
78. 结05 建议①～③轴、Ⓒ～Ⓑ轴处砖砌改为混凝土剪力墙形式,以加强整体性,减小渗漏的可能性。
答:不变。
79. 结07 中①～②轴、Ⓔ～Ⓒ轴之间LL反上640,而在建施北立面大样9中,其反梁上为200砖墙+100混凝土砖台,建议改为混凝土现浇,并增配钢筋。
答:改现浇形式,增设5 ⌀12 水平筋,开口箍为φ8@200,伸入梁内一个搭接长度。
80. 结08 装饰柱与楼面梁连接示意图中拉结筋4 ⌀12 与圈梁钢筋在同一位置,间距过密。
答:上下分两层放。
81. 结09 及结10 建议十五、十六层北立面多层装饰板处墙改为混凝土墙,以增强整体性,减少开裂和渗水的可能性,配筋同剪力墙。
答:凡砖墙与装饰板相交处,增设两构造柱GZ4。
82. 结09 及结10 立板的钢筋是一面放还是双面放,建议按双面考虑。
答:单层居中放,见本图说明4。
83. 结11 及结14 电梯井部分剪力墙、构造柱伸出屋面,与建施不符,以何为准,如以结施14为准,结11及建施应进行相应调整。
答:以结施14为准。
84. 结14 是否屋面上所有构造柱均为GZ4? 请予注明。
答:均为GZ4。

85. 结14 装饰板下挂从54.100向下8000,而建施15中是从54.400下挂800,以何为准?
答:以建15尺寸为准,54.400下挂800。
86. 结14 装饰板应注明伸入板内一个钢筋锚固长度,如考虑浦东风大的因素,在如此高度、设立如此大装饰板是否合理,是否应在梁上增设暗柱?
答:按锚固长度考虑,不设暗柱。
87. 结14、建施18 中女儿墙有三种做法,而结施中仅有一种。
答:配筋均为⌀10@200 双向,高度按建施。
88. 结14 雨篷顶标高未注明,是否参照建18中19大样进行施工。
答:按结施14标高为准。
89. 结施总说明根据结01中第二条第3点,本工程抗震等级为一、三级之分,而结02中第二点缺一级抗震钢筋锚固长度 l_{aE}。
答:按11G101-1中第53页HRB335中 l_{abE} 长度。
90. 建01 中⑥～⑦轴上砖墙与人防不符,是采用砖墙还是混凝土墙。
答:按混凝土墙形式施工,以人防施工图为准。
91. 结施12 中㉟轴、㊼轴DAZ4应改为DAZ4a,DAZ5应改为DAZ5a,因为墙由300改为400。
答:同意,DAZ4a、DAZ5a部分尺寸应增为400。
92. 2003年5月13日纪要中,第4条和第16条关于第三层北屋面的做法相矛盾,以何为准?
答:以第16条为准,为不上人屋面,无保温,有防水。
93. 建12 中15、16层南立面线条是否到阳台栏杆外? 和凸窗如何交接?
答:15、16层线条到阳台梁中心线外100处止,到凸窗洞口外边100处止。
94. 结05 中⑤～⑦、⑮～⑰、㉞～㊲、㊻～㊾轴L8尺寸为200×400,而L6为200×350。配筋次梁也比主梁大,是否有误。
答:L8改为200×350,配筋上下各2 ⌀20,箍筋为φ8@200。
95. 结06 中KL22 配筋不明。

答：同 KL21，包括悬挑部分。

96. 结 05 中 KL11 无截面。

答：截面为 250×560。

97. 设备层南天沟及三层北天沟尺寸及构造做法是否相同？

答：完全相同。

98. 三层结构中 KZL2(2)、KZL3(3)、KZL5(2)、KZL6(3)梁配筋集中标注和局部标注不符，以何为准？

答：各梁集中标注均改为ф32。

99. 请明确垫层的临时沉降观测点布置，并提供基础中心最终沉降量计算值和偏心距。

答：垫层的临时沉降观测点布置参照结 12，个数不变，各点移至同轴线外墙处即可。基础中心最终沉降量计算值和偏心距为待定。

会签栏

建设单位：上海××××××房产有限公司　（盖章）

负责人签字：

设计单位：上海××××工程设计有限公司　（盖章）

负责人签字：

监理单位：上海××××建设工程监理有限公司　（盖章）

负责人签字：

施工单位：××××××工程有限公司　（盖章）

负责人签字：

×××××（二期）商品住宅工程项目监理部

20××年×月×日

【例 6-2】

××1、2 号机组集控楼土建审图纪要

施工单位	××建设公司××项目部	所属专业	土建
工程名称	××1、2 号机组集控楼		
图纸名称代号	F2541S-T031802		

会审记录：

1. 04 图中框架柱受力主筋的直径和根数在 13.65m 处有变化，上下钢筋如何连接？

2. 05 图中(5/D)轴边两个洞口尺寸为 1300×1300，而 18 图中为 1200×1200，两图不符？05 图中预留孔洞与 12 图、18 图不符？

3. 03 图中 Z3 的定位与 23 图中楼梯平面图 Z1 的定位不符？

4. 06 图中(5/D)~(6/D)轴之间的扁钢预埋件在(1/D)~(6/D)轴方向没有定位，且扁钢预埋件的规格尺寸不明确，06 图中(1/C)轴交(1/9)轴框架柱旁边的楼板预留孔洞如何定位？

5. 08 图中(4/D)~(5/D)轴之间的扁钢预埋件 D-150(640)B 是否应该为 D-150(560)B？

6. 10 图中(6/D)轴直径 100 的预留孔洞定位不明确？(4/D)轴设备基础在(1/D)~(6/D)轴方向定位不明确？所有预留孔洞（包括直径 100、280 孔洞）都做护沿吗？若是，则由于直径 100、280 孔洞过于紧密，不太好做？

7. 24 图中 TB-8 形式有问题，应为 TB-4 的形式？

8. 框架梁图中主梁与次梁相交处吊筋的设置按图纸标记设置，还是全部设置？

参加人员

20××年××月××日

项目7 房屋建筑设计

【项目描述】

通过本项目学习和设计实践，使学生熟悉有关设计规范及相关标准图集，初步了解一般民用建筑(新农村独院式住宅楼)设计原理，初步掌握建筑设计的基本步骤和方法，培养综合应用所学理论知识分析问题和解决问题的能力，进一步提高绘图技巧和施工图识图能力。

任务7.1 新农村独院式住宅楼(别墅)设计

【任务描述】

通过本任务学习和设计实践，熟悉有关设计规范及相关标准图集，初步了解一般民用建筑(新农村独院式住宅楼)设计原理，初步掌握建筑设计的基本步骤和方法，培养综合应用所学理论知识分析问题和解决问题的能力，进一步提高绘图技巧和施工图识图能力。

【能力目标】

(1)能看懂别墅施工图。

(2)能理清建筑设计的基本程序和设计原理。

(3)能进行独院式住宅楼或别墅的初步设计。

【知识目标】

(1)明确建筑设计的意义，理解建设程序的内容。

(2)明确独院式住宅楼的设计要点、功能分析、家具尺度与占地面积及住宅中单个空间部分设计的要点。

【学习性工作任务】

新农村独院式住宅楼(别墅)设计。

7.1.1 建筑设计的程序及要求

1)建筑设计的程序和设计阶段

由于建造房屋是一个较为复杂的物质生产过程,影响房屋设计和建造的因素又很多,因此必须在施工前有一个完整的设计方案,划分必要的设计阶段,综合考虑多种因素,这对提高建筑物的质量,多快好省地设计和建造房屋是极为重要的。

(1)设计前的准备工作

①落实设计任务。

建设单位必须具有上级主管部门对建设项目的批文和城市规划管理部门同意设计的批文后,方可向建筑设计部门办理委托设计手续。主管部门的批文是指建设单位的上级主管部门对建设单位提出的拟建报告和计划任务书的一个批准文件。该批文表明该项工程已被正式列入建设计划,文件中应包括工程建设项目的性质、内容、用途、总建筑面积、总投资、建筑标准(每 m^2 造价)及建筑物使用期限等内容。

城市规划管理部门的批文是经城镇规划管理部门审核同意工程项目用地的批复文件。该文件包括基地范围、地形图及指定用地范围(常称“红线”),该地段周围道路等规划要求以及城镇建设对该建筑设计的要求(如建筑高度)等内容。

②熟悉计划任务书。

具体着手设计前,首先需要熟悉计划任务书,以明确建设项目的设计要求。计划任务书的内容一般有:

a. 建设项目总的要求和建造目的的说明。

b. 建筑物的具体使用要求、建筑面积以及各类用途房间之间的面积分配。

c. 建设项目的总投资和单方造价。

d. 建设基地范围、大小,周围原有建筑、道路、地段环境的描述,并附有地形测量图。

e. 供电、供水、采暖、空调等设备方面的要求,并附有水源、电源接用许可文件。

f. 设计期限和项目的建设进程要求。

设计人员必须认真熟悉计划任务书,在设计过程中必须严格掌握建筑标准、用地范围、面积指标等有关限额。必要时,也可对任务书中的一些内容提出补充或修改意见,但须征得建设单位的同意,涉及用地、造价、使用面积的问题,还须经城市规划部门或主管部门批准。

③收集必要的设计原始数据。

通常建设单位提出的计划任务,主要是从使用要求、建设规模、造价和建设进度方面考虑的,建筑的设计和建造,还需要收集有关的原始数据和设计资料,并在设计前做好调查研究工作。有关原始数据和设计资料的内容有:

a. 气象资料,即所在地区的温度、湿度、日照、雨雪、风向、风速以及冻土深度等。

b. 场地地形及地质水文资料,即场地地形标高,土壤种类及承载力、地下水位以及地震烈度等。

c. 水电等设备管线资料,即基地地下的给水、排水、电缆等管线布置,基地上的架空线等供电线路情况。

d. 设计规范的要求及有关定额指标,例如学校教室的面积定额,学生宿舍的面积定额,以及建筑用地、用材等指标。

④设计前的调查研究。

a. 建筑物的使用要求。认真调查同类已有建筑物的实际使用情况，通过分析和总结，对所设计的建筑有一定了解。

b. 所在地区建筑材料供应及结构施工等技术条件。了解预制混凝土制品以及门窗的种类和规格，掌握新型建筑材料的性能、价格以及采用的可能性。结合建筑使用要求和建筑空间组合的特点，了解并分析不同结构方案的选型，当地施工技术和起重、运输等设备条件。

c. 现场踏勘。深入了解基地和周围环境的现状及历史沿革，包括基地的地形、方位、面积和形状等条件，以及基地周围原有建筑、道路、绿化等多方面的因素，考虑拟建建筑物的位置和总平面布局的可能性。

d. 了解当地传统建筑设计布局、创作经验和生活习惯。结合拟建建筑物的具体情况，创造出人们喜闻乐见的建筑形式。

(2)初步设计阶段

初步设计是建筑设计的第一阶段，它的主要任务是提出设计方案，即在已定的基地范围内，按照设计要求，综合技术和艺术要求，提出设计方案。

初步设计的图纸和设计文件有：

①建筑总平面。比例尺 1∶500 ~ 1∶2000(建筑物在基地上的位置、标高、道路、绿化以及基地上设施的布置和说明)。

②各层平面及主要剖面、立面。比例尺 1∶100 ~ 1∶200(标出房屋的主要尺寸，房间的面积、高度以及门窗位置，部分室内家具和设备的布置)。

③说明书(设计方案的主要意图、主要结构方案及构造特点，以及主要技术经济指标等)。

④建筑概算书。

⑤根据设计任务的需要，辅以必要的建筑透视图或建筑模型。

(3)技术设计阶段

技术设计是初步设计具体化的阶段，其主要任务是在初步设计的基础上，进一步确定各设计工种之间的技术问题。一般对于不太复杂的工程可省去该设计阶段。建筑工种的图纸要标明与具体技术工种有关的详细尺寸，并编制建筑部分的技术说明书；结构工种应有建筑结构布置方案图，并附初步计算说明；设备工种也应提供相应的设备图纸及说明书。

(4)施工图设计阶段

施工图设计是建筑设计的最后阶段。在施工图设计阶段中，应确定全部工程尺寸和用料，绘制建筑、结构、设备等全部施工图纸，编制工程说明书、结构计算书和预算书。施工图设计的图纸及设计文件有：

①建筑总平面图。比例尺 1∶500(建筑基地范围较大时，也可用 1∶1000、1∶2000，应详细标明基地上建筑物、道路、设施等所在位置的尺寸、标高，并附说明)。

②各层建筑平面、各个立面及必要的剖面图。比例尺 1∶100 ~ 1∶200。

③建筑构造节点详图。根据需要可采用 1∶1、1∶5、1∶10、1∶20 等比例尺(主要为檐口、墙身和各构件的连接点，楼梯、门窗以及各部分的装饰大样等)。

④各工种相应配套的施工图。如基础平面图和基础详图、楼板及屋顶平面图和详图,结构构造节点详图等结构施工图;给排水、电器照明以及暖气或空气调节等设备施工图。

⑤建筑、结构及设备等的说明书。

⑥结构及设备的计算书。

⑦工程预算书。

2)建筑设计的要求和依据

(1)建筑设计的要求

①满足建筑功能要求。满足使用功能要求是建筑设计的首要任务。例如设计学校时,首先要考虑满足教学活动的需要,教室设置应分班合理,采光通风良好,同时还要合理安排教师备课、办公、储藏和厕所等行政管理和辅助用房,并配置良好的体育场馆和室外活动场地等。

②采用合理的技术措施。正确选用建筑材料,根据建筑空间组合特点,选择合理的结构、施工方案,使房屋坚固耐久、建造方便。

③具有良好的经济效果。建造房屋是一个复杂的物质生产过程,需要大量人力、物力和资金,在房屋的设计和建造中,要因地制宜、就地取材,尽量做到节省劳动力,节约建筑材料和资金。

④考虑建筑物美观要求。建筑物是社会的物质和文化财富,它在满足使用要求的同时,还需要考虑人们对建筑物在美观方面的要求,考虑建筑物所赋予人们在精神上的感受。

⑤符合总体规划要求。单体建筑是总体规划中的组成部分,单体建筑应符合总体规划提出的要求。建筑物的设计,要充分考虑和周围环境的关系,例如原有建筑的状况,道路的走向,基地面积大小以及绿化要求等方面和拟建建筑物的关系。

(2)建筑设计的依据

①人体尺度和人体活动所需的空间尺度

建筑物中家具、设备的尺寸,踏步、窗台、栏杆的高度,门洞、走廊、楼梯的宽度和高度,以至各类房间的高度和面积大小,都和人体尺度以及人体活动所需的空间尺度直接或间接有关。因此人体尺度和人体活动所需的空间尺度,是确定建筑空间的基本依据之一,如图7-1所示。

②家具、设备的尺寸及使用空间

在进行房间布置时,应先确定家具、设备的数量,了解每件家具、设备的基本尺寸以及人们在使用它们时占用活动空间的大小。这些都是考虑房间内部使用面积的重要依据。如图7-2所示为民用建筑常用的家具尺寸,供设计者在进行建筑设计时参考。

③温度、湿度、日照、雨雪、风向、风速等气候条件

气候条件对建筑物的设计有较大影响。例如湿热地区,建筑设计要很好地考虑隔热、通风和遮阳等问题;干冷地区,通常又希望把建筑的体型尽可能设计得紧凑一些,以减少外围护面的散热,有利于室内采暖、保温。

日照和主导风向,通常是确定建筑朝向和间距的主要因素,风速是高层建筑、电视塔等设计中考虑结构布置和建筑体型的重要因素,雨雪量的多少对屋顶形式和构造也有一定影响。在设计前,需要收集当地上述有关的气象资料,将之作为设计的依据。

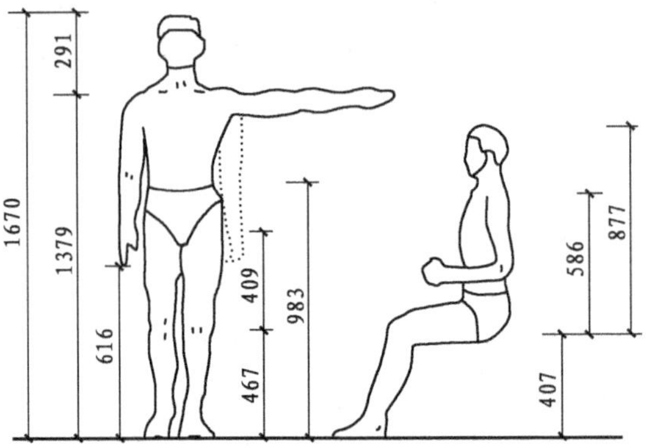

a) 人体尺度

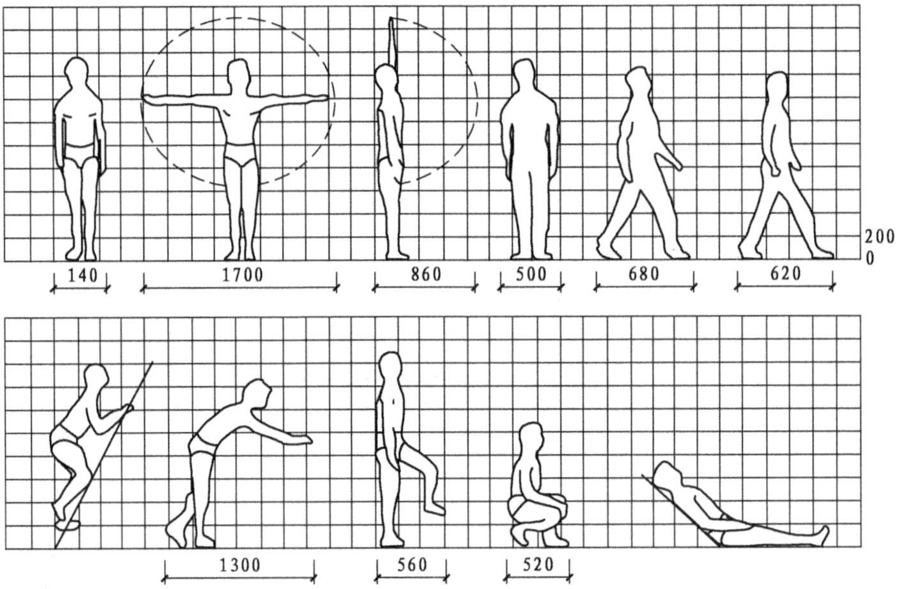

b) 人体活动所需空间尺度

图 7-1　人体尺度和人体活动所需的空间尺度(尺寸单位:mm)

风向频率玫瑰图,即风玫瑰图,是根据某一地区多年平均统计的各个方向吹风次数的百分数值,并按一定比例绘制,一般多用 8 个或 16 个罗盘方位表示。风向频率玫瑰图上所表示的风向,指从外面吹向地区中心,如图 7-3 所示。

④地形和地质条件

基地地形的平缓或起伏,基地的地质构成、土壤特性和地耐力的大小,对建筑物的平面组合、结构布置和建筑体型都有明显的影响。如坡度较陡的地形,常使建筑物结合地形错层建造;复杂的地质条件,要求建筑的构成和基础的设置采取相应的结构构造措施。

⑤建筑模数和模数制

为了建筑设计、构件生产以及施工等方面的尺寸协调,从而提高建筑工业化的水平,降低造价并提高建筑设计和建造的质量和速度,建筑设计应采用国家规定的建筑统一模数制。建筑模数是选定的标准尺度单位,作为建筑物、建筑构配件、建筑制品以及有关设备尺寸相互间协调的基础。

图 7-2　民用建筑家具常用尺寸(尺寸单位:mm)

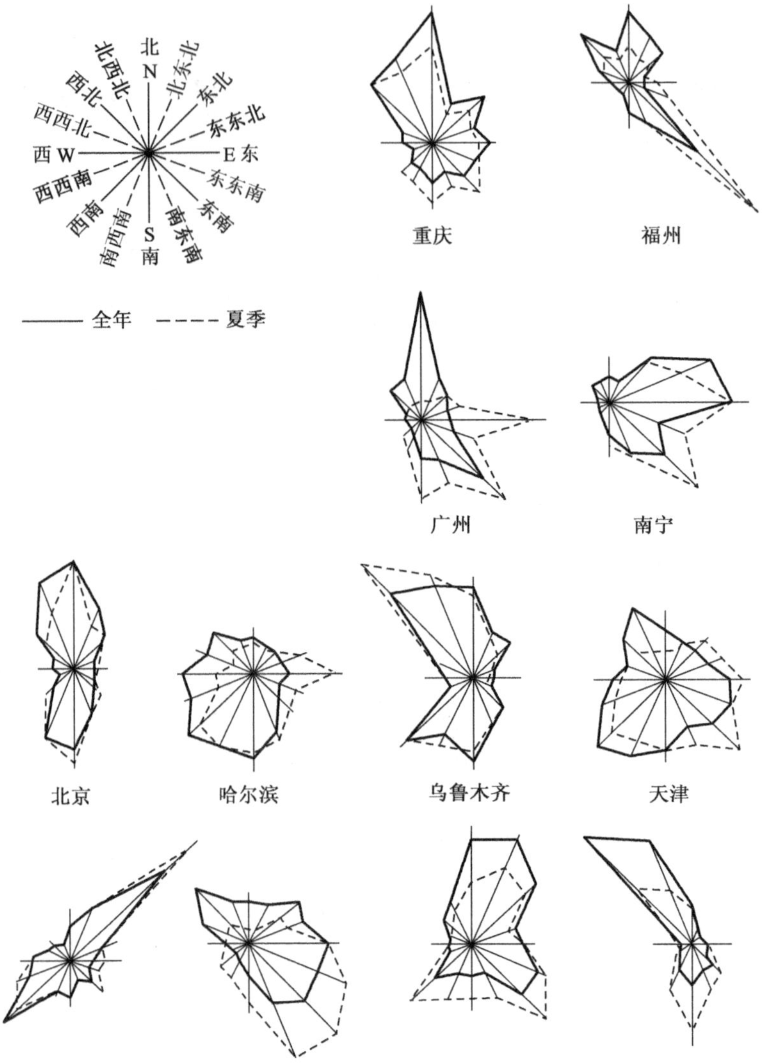

图 7-3　我国部分城市的风向频率玫瑰图

a. 基本模数。根据国家制定的《建筑统一模数制》，我国采用的基本模数值为 100mm，其符号为 M，即 1M = 100mm。整个建筑物或其中的一部分以及建筑组合件的模数化尺寸，应是基本模数的倍数。同时由于建筑设计中建筑部位、构件尺寸、构造节点以及断面、缝隙等尺寸的不同要求，还分别采用分模数和扩大模数。

b. 分模数。基本模数除以整数，分模数的基数为 1/2M（50mm）、1/5M（20mm）、1/10M（10mm）适用于成材的厚度、直径、缝隙、构造的细小尺寸以及建筑制品的公偏差等。

基本模数 1M 和扩大模数 3M（300mm）、6M（600mm）等适用于门窗洞口、构配件、建筑制品及建筑物的跨度（进深）、柱距（开间）和层高的尺寸等。

c. 扩大模数。12M（1200mm）、30M（3000mm）、60M（6000mm）等适用于大型建筑物的跨度（进深）、柱距（开间）、层高及构配件的尺寸等。

模数数列见表 7-1。

模数数列(单位:mm)　　表 7-1

基本模数	扩 大 模 数						分 模 数		
1M	3M	6M	12M	15M	30M	60M	$\frac{1}{10}$M	$\frac{1}{5}$M	$\frac{1}{2}$M
100	300	600	1200	1500	3000	6000	10	20	50
100	300						10		
200	600	600					20	20	
300	900						30		
400	1200	1200	1200				40	40	
500	1500			1500			50		50
600	1800	1800					60	60	
700	2100						70		
800	2400	2400	2400				80	80	
900	2700						90		
1000	3000	3000		3000	3000		100	100	100
1100	3300						110		
1200	3600	3600	3600				120	120	
1300	3900						130		
1400	4200	4200					140	140	
1500	4500			4500			150		150
1600	4800	4800	4800				160	160	
1700	5100						170		
1800	5400	5400					180	180	
1900	5700						190		
2000	6000	6000	6000	6000	6000	6000	200	200	200
2100	6300							220	
2200	6600	6600						240	
2300	6900								250
2400	7200	7200						260	
2500	7500		7200					280	
2600		7800		7500				300	300
2700		8400	8400					320	
2800		9000		9000	9000			340	
2900		9600	9600						350
3000				10500				360	
3100			10800					380	
3200			12000	12000	12000	12000		400	400

续上表

基本模数	扩大模数						分模数		
1M	3M	6M	12M	15M	30M	60M	$\frac{1}{10}$M	$\frac{1}{5}$M	$\frac{1}{2}$M
3300					15000				450
3400					18000	1800			500
3500					21000				550
3600					24000	24000			600
					27000				650
					30000	30000			700
					33000				750
					36000	36000			800
									850
									900
									950
									1000

7.1.2　住宅建筑设计规范

1）住宅设计基本原则

执行国家政策法规；遵守安全卫生、环境保护、节约用地、节约能源、节约用材、节约用水等有关规定；符合规划要求并与环境相协调；住宅设计应以人为核心，并应满足老年人、残疾人的特殊使用要求。

2）套内空间设计

（1）住宅的套型

住宅建筑应能提供不同的套型居住空间以供不同的住户使用。户型是根据住户家庭人口构成的不同而划分的住户类型。套型则是为满足不同户型的需要（如按不同使用面积、居住空间组成）而设计的成套居住空间。通常将普通住宅套型划分为四类，其居住空间个数和使用面积不宜小于表 7-2 的规定。

居住空间个数和使用面积　　表 7-2

套　型	居住空间个数（个）	使用面积（m^2）
一类	2	34
二类	3	45
三类	3	56
四类	4	68

注：表内使用面积均未包括阳台面积。

（2）住宅功能空间的关系

一套住宅需要提供不同的功能空间来满足住户的各种使用要求，这些功能空间可归纳为居住、厨卫、交通及其他等。对独院式住宅来讲,这些空间主要为客厅、餐厅、起居室(厅)、卧室、厨房和卫生间以及楼梯、走廊、门厅等基本空间。其基本关系如图 7-4、图 7-5 所示。

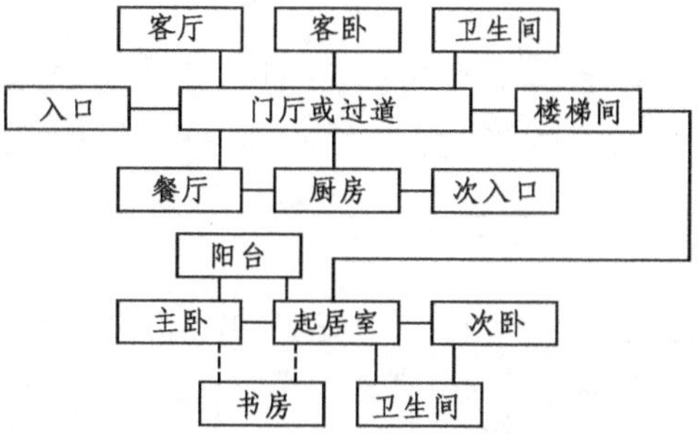

图 7-4　独院式住宅功能关系

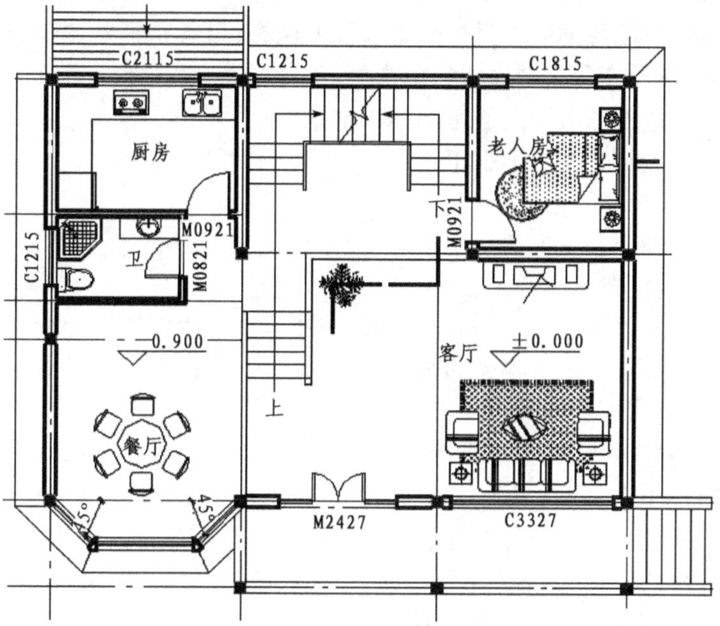

图 7-5　某独院式住宅一层平面布置图

(3)客厅、起居室(厅)

客厅、起居室(厅)的主要功能是满足家庭公共活动,如会客、聚会、娱乐等的需要。在独院式住宅楼(别墅)的套型设计中,一般应设置一个较大的客厅以及起居室,并应有直接采光和自然通风,使用面积不应小于 $12m^2$。厅室内布置家具的墙面直线长度应大于 3m。无直接采光的厅,面积不应大于 $10m^2$。

大型客厅、起居室(厅)的开间宜为 4900 ~ 5700mm,进深宜为 4200 ~ 4800mm,中型客厅、起居室(厅)的开间宜为 3300mm 左右,进深宜为 4500 ~ 5100mm。

起居室(厅)内的门洞布置应综合考虑使用功能要求及交通组织,减少直接开向起居室(厅)的门洞数量。

(4)卧室

卧室的主要功能是满足家庭成员睡眠休息的需要。独院式住宅楼(别墅)一般有数间卧室，根据使用对象在家庭中的地位和使用要求分为主卧室、次卧室、客房、工人房、保姆室等。在一般套型面积标准的情况下，卧室除作为睡眠休息空间外，还可兼作工作、学习空间，故可与书房等一起设计。

卧室间不应有穿越，卧室应直接采光和自然通风；平面形状和尺寸应尽可能有利于床位的布置；门窗位置要考虑对家具布置的影响，双人卧室不小于 $10m^2$，单人卧室不小于 $6m^2$，兼起居的卧室不小于 $12m^2$。

(5)厨房、卫生间

厨卫空间是住宅设计的核心部分，它对住宅的功能和质量起着关键的作用。厨卫内设备及管线多，其平面布置涉及操作流程、人体工程学以及通风换气等诸多因素。

①厨房

厨房的平面尺寸取决于设备布置形式和住宅面积标准。厨房应有直接采光和自然通风，应设置洗涤池、案台、炉灶及排油烟机等设施或预留位置，设备布置要符合操作流程，操作面净长不应小于 2.1m。其设备布置方式分为单排型、双排型、L 形、U 形。单面布置设备时厨房净宽不小于 1.5m，双面布置时两排设备净距不小于 0.9m。

厨房使用面积，一、二类住宅不小于 $4m^2$，三、四类住宅不小于 $5m^2$。

②卫生间

卫生间是一组处理个人卫生的专用空间，应容纳便溺、洗浴、盥洗及洗衣四种功能。每套住宅应设卫生间，四类住宅宜设两个或两个以上卫生间。

每套住宅至少应配置三件卫生洁具，不同洁具组合的卫生间使用面积不应小于下列规定：

a. 设便器、洗浴器(浴缸或喷淋)、洗脸盆三件洁具时不小于 $3m^2$。

b. 设便器、洗浴器两件洁具时不小于 $2.5m^2$。

c. 设便器、洗脸盆两件洁具时不小于 $2m^2$。

d. 单设便器时不小于 $1.1m^2$。

无前室的卫生间门不应直接开向起居室或厨房。套内应设置洗衣机的位置。卫生间不宜直接布置在下层住户的卧室、起居室和厨房的上层，可布置在本套内的卧室、起居室和厨房的上层，并应有防水、隔声和便于检修的措施(图 7-6)。

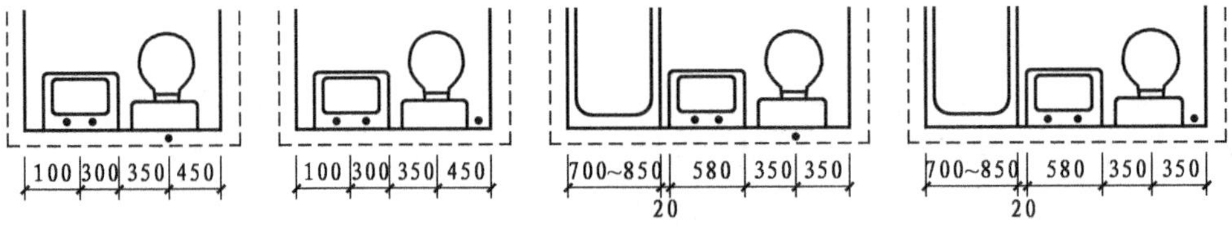

图 7-6　卫生间设备组合尺寸(尺寸单位：mm)

(6)走廊、过道或门厅

过道或门厅等是户内房间联系的枢纽，其目的是避免房间穿套，并相对集中开门位置，减少起居室墙上的开门数量。

户内交通路线应简洁便利，并能合理利用空间、布置必要的家具和储藏设施，布置过道和门厅时，应按不同地区特点考虑防风、防寒、隔热、遮阳及有利于户内通风等作用；居住过厅的净空尺寸不宜小于 1800mm×1800mm。套内入口过道净宽不宜小于 1.20m，通往卧室、起居室

(厅)的过道净宽不应小于1m,通往厨房、卫生间、储藏室的过道净宽不应小于0.90m,过道在拐弯处的尺寸应便于搬运家具。

(7)楼梯

独院式住宅(别墅)一般分层设置,通常采用套内楼梯解决垂直交通。套内楼梯可以设置在楼梯间内,也可以与起居室或餐厅结合在一起,既节省空间,又可美化环境。

一般情况下,住宅楼梯踏步宽不应小于0.26m,踏步高度不应大于0.175m,此时坡度为33.94°,接近舒适性标准,按层高2.8m计,正好设16步。为了适应人们上下楼的活动情况,踏面宜适当宽一些。在不改变梯段长度的情况下,为加宽踏面,可将踏步的前缘挑出,形成凸缘,增加行走舒适度。套内楼梯的踏步宽不应小于0.22m;高度不应大于0.20m,扇形踏步距扶手中心0.25m处,宽度不应小于0.22m。套内楼梯的梯段净宽,当一边临空时,不应小于0.75m,当两侧有墙时,不应小于0.90m。

住宅楼梯扶手高度不应小于0.90m,楼梯水平段长度大于0.50m时,其扶手高度不应小于1.05m。楼梯栏杆垂直杆件间净空不应大于0.11m。

(8)阳台

每套住宅应设阳台或者平台。阳台栏杆设计应考虑防止儿童攀爬及花盆等物体坠落的措施。寒冷、严寒地区的中高层、高层住宅阳台宜采用实体栏板;阳台应设置晾、晒衣物的设施;各套住宅毗连的阳台应设分户隔板。顶层阳台应设雨罩。阳台、雨罩均应做有组织排水,雨罩应做防水,阳台宜做防水。

(9)门窗

①外窗窗台距楼面、地面的高度低于0.90m时,应设防护措施,窗外有阳台或平台时可不受此限制。窗台的净高或防护栏杆的高度均应从可踏面算起,保证净高0.90m。

②底层外窗和阳台门、下沿低于2m且紧邻走廊或公用上人屋面的窗和门,应采取防卫措施。

③面临走廊或凹口的窗,应避免视线干扰。向走廊开启的窗扇不应妨碍交通。

④住宅户门应采用安全防卫门,向外开启的门扇不应妨碍交通。

⑤门窗位置要考虑对家具布置的影响,各门洞的最小尺寸应符合表7-3的规定。

门洞最小尺寸　　表7-3

类　别	洞口宽度(m)	洞口高度(m)
公用外门	1.20	2.00
户(套)门	0.90	2.00
起居室(厅)门	0.90	2.00
卧室门	0.90	2.00
厨房门	0.80	2.00
卫生间门	0.70	2.00
阳台门(单扇)	0.70	2.00

注:1.表中门洞高度不包括门上亮子高度。

2.洞口两侧地面有高低差时,以高地面为起算高度。

(10)其他空间设计要求

①按照使用功能确定各空间位置及相互关系。如卫生间靠近卧室,又要考虑防潮、防噪声。厨卫结合,管道集中可节省投资,有利于建筑工业化。

②朝向和通风要求随地理条件而不同。每套住宅至少应有一个居住空间能获得日照,当一套住宅中居住空间总数超过四个时,其中至少有两个获得日照。其日照标准应符合《城市居住区规划设计规范》(GB 50180—1993)的规定。

卧室、起居室应有与室外空气直接流通的自然通风,单朝向住宅应采取通风措施。除严寒地区外,一般西向居住空间的朝西外窗均应采取这样的措施。屋顶、西向外墙应隔热,房间窗地面积比:居室、起居室、厨房不小于1∶7,其他不小于1∶12,离地面高度低于0.5m的窗洞口面积不计入采光面积内。

3)住宅层高、空间净高及净宽

①普通住宅层高不宜低于2.8m。

②卧室、起居室净高不应低于2.4m,其局部净高不应低于2.1m,且其面积不应大于使用面积的1/3。利用坡顶空间做卧室、起居室时,其一半面积净高不应低于2.1m。

③厨房、卫生间净高不应低于2.2m。室内排水管下表面距楼地面不应低于1.9m,且不得影响门窗开启。

④套内吊柜净高不应小于0.4m,壁柜净深不宜小于0.5m。

项目 8 利用Revit建筑模型辅助识读建筑施工图

【项目描述】

Revit 是功能强大的 BIM 软件之一，用于创建三维可视化的建筑信息模型，该建筑模型可把三维状态图形任意切换至平面图、立面图及剖面图等。本项目重点阐述如何利用 Revit 建筑模型的显著优势提高学生的空间想象力、前后对照识图的能力，进一步深化综合识读建筑施工图。

任务 8.1 利用 Revit 建筑模型辅助识读建筑施工图

【任务描述】

通过本任务学习，熟悉把 Revit 三维建筑模型任意切换至平面、立面及剖面状态的操作步骤，从而提高空间想象力，能正确对照识读建筑施工图中的各相关图纸，能进一步深化综合识读建筑施工图。

【能力目标】

(1)能任意切换 Revit 三维建筑模型至平面、立面及剖面状态。
(2)能提高空间想象力。
(3)能正确对照识读建筑施工图中的各相关图纸。
(4)能进一步深化综合识读建筑施工图。

【知识目标】

(1)了解把 Revit 三维建筑模型切换至平面、立面及剖面状态的操作步骤。
(2)进一步掌握建筑平、立、剖面图及建筑详图的识读方法及步骤。

【学习性工作任务】

通过利用 Revit 三维建筑模型综合识读教材、技能训练手册附图,完成识图报告。

在已经掌握建筑施工图综合识读基本方法和步骤的基础上,通过 Revit 软件可把三维状态图形任意切换至平面图、立面图及剖面图这一功能,突破识图的难点,即如何把建筑平面图、立面图、剖面图及详图对照识读,从而深化识读建筑施工图。下面通过举例来说明。

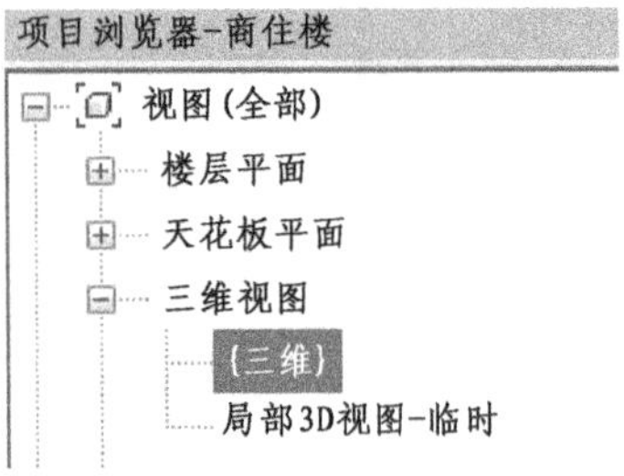

图 8-1　视图-三维

8.1.1　平面图与立面图对照识图

鼠标双击 Revit 文件打开模型,在项目浏览器中单击“视图(全部)”项下“三维视图”,双击“三维”, 如图 8-1 所示,打开坐北朝南的某商住楼三维模型(地下一层,地上五层),如图 8-2 所示。

把光标放在三维模型的窗上, 即显示窗的型号 C2421 2400 × 2100。点击右上角“前”, 

,从前往后投影,即形成南立面图,从一层窗台上方的位置剖切,往下投影,即形成一层平面图。

图 8-2　三维模型

在项目浏览器中单击“视图(全部)”项下 “立面(建筑立面)”, 如图 8-3 所示。双击“南”,打开南立面图,如图 8-4 所示。

南立面图里显示的窗即为与三维模型里对应的窗 C2421。该窗的宽度,该窗左侧距离轴线的尺寸,需切换至一层平面图查看。

在项目浏览器中单击“视图(全部)”项下 “楼层平面”, 如图 8-5 所示。双击“室内地坪标高(0.000)”,打开一层平面图,如图 8-6 所示。

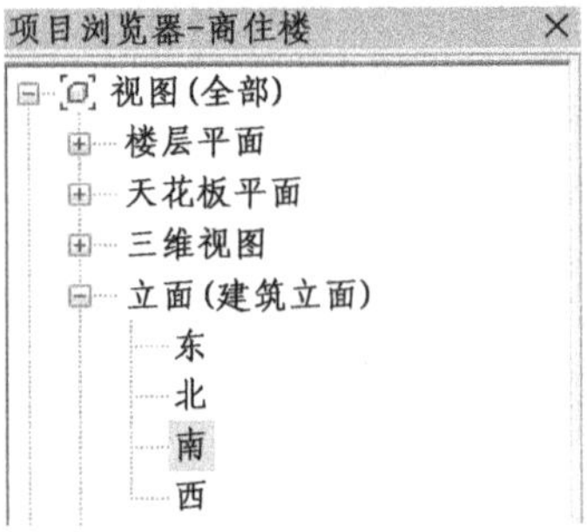

图 8-3　视图-南

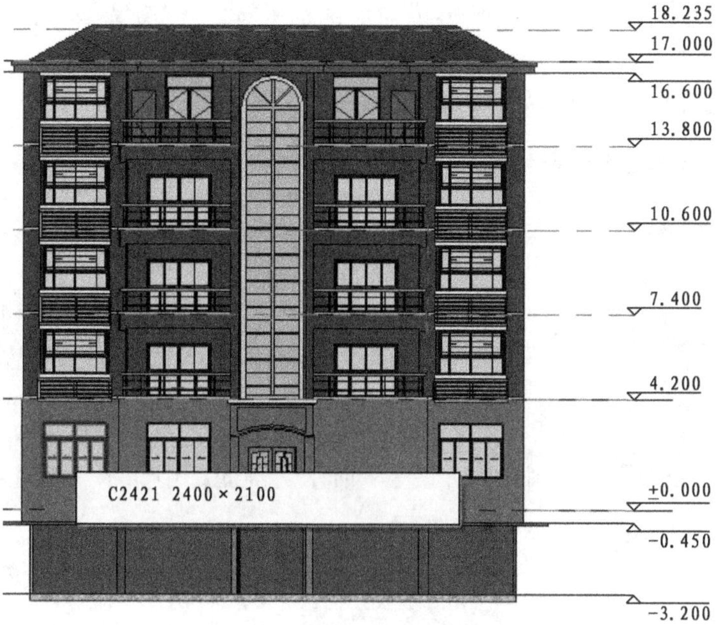

图 8-4 南立面图

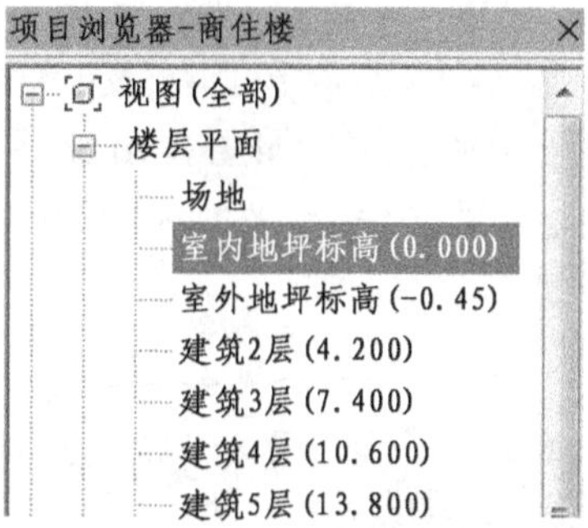

图 8-5 视图-室内地坪标高(0.000)

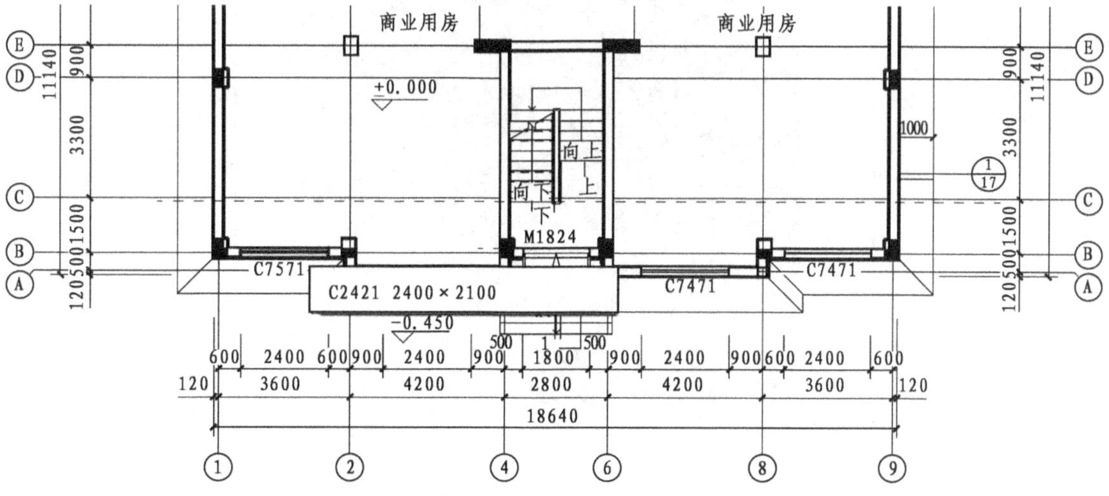

图 8-6 一层平面图(局部)(尺寸单位:mm)

一层平面图里显示的窗即是三维模型里对应的窗 C2421，该窗宽 2400mm，距离 1 轴与 2 轴均为 600mm，居中布置，从而完成该窗在立面图与平面图中的对照识读。

运用同样的方法，利用三维模型，可以对照识读建筑平面图和建筑立面图中的各构件。

8.1.2 平面图与剖面图对照识图

找到 1-1 剖切号，该剖切号位于 4-6 轴之间，由该剖切号可知，整幢房屋从上往下切开往左投影。

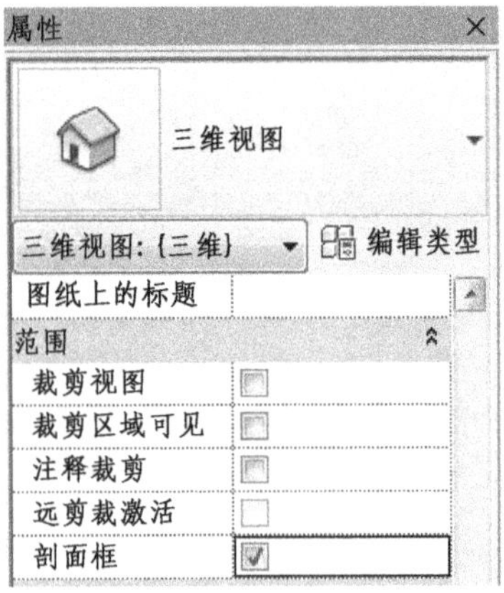

图 8-7　三维视图-剖面框

在项目浏览器中单击“视图(全部)”项下“楼层平面”，如图 8-5 所示。双击“室内地坪标高(0.000)”，打开一层平面图，如图 8-6 所示。

将视图切换至三维状态，在“属性”对话框中勾选“剖面框”，如图 8-7 所示。剖面框中显示某商住楼三维模型，如图 8-8 所示。

鼠标左键按住剖面框右侧小三角形  往左拖动至 4-6 轴间放开，动态显示剖切的过程，如图 8-9 所示。

点击右上角“右”，

，从右往左投影，即形成 1-1 剖面图，如图 8-10 所示，从而可形象地表达出哪些构件是被剖切框剖切到的，哪些构件是可见的，完成平面和剖面的对照识读。

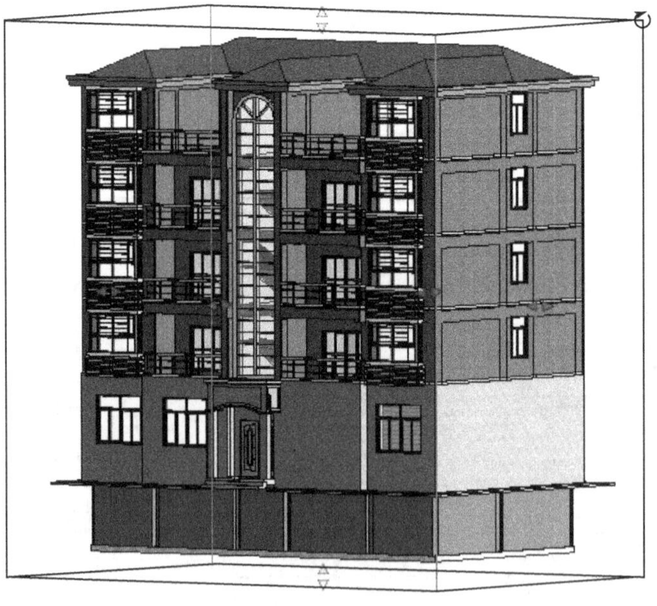

图 8-8　带剖面框三维视图

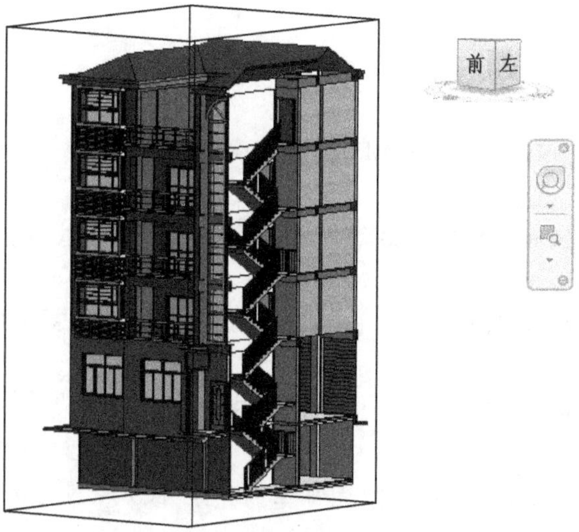

图 8-9　剖切后的三维视图

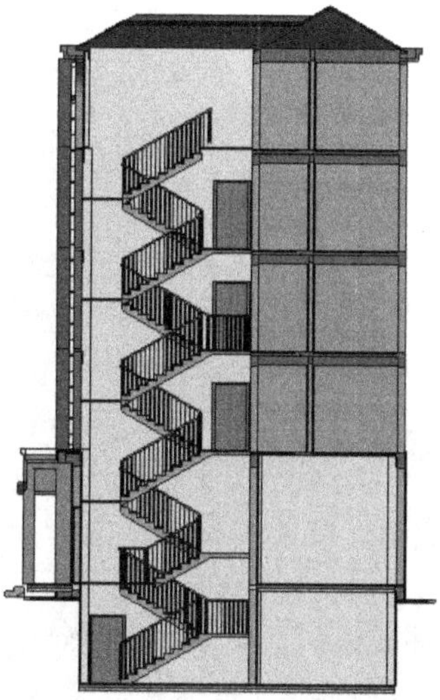

图 8-10　1-1 剖面图

8.1.3　平面图、剖面图与详图对照识图

剖面图中剖切到的檐口、楼梯等部位，可以无限放大，运用同样的方法，可以自由切换构造节点详图在三维、平面及剖面中的显示状态，从而形象地完成对详图的识读。

参 考 文 献

民共和国住房和城乡建设部. GB/T 50001—2017 房屋建筑制图统一标准[S].
:中国建筑工业出版社,2018.
≠人民共和国住房和城乡建设部. GB/T 50104—2010 建筑制图标准[S]. 北京:中国
┌划出版社,2011.
中华人民共和国住房和城乡建设部. GB/T 50105—2010 建筑结构制图标准[S]. 北京:中国建筑工业出版社,2011.
[4] 中华人民共和国建设部. GB 50352—2005 民用建筑设计通则[S]. 北京:中国建筑工业出版社,2005.
[5] 中国建筑标准设计研究院. 16G101-1 混凝土结构施工图平面整体表示方法制图规则和构造详图(现浇混凝土框架、剪力墙、梁、板)[S]. 北京:中国计划出版社,2016.
[6] 中国建筑标准设计研究院. 16G101-2 混凝土结构施工图平面整体表示方法制图规则和构造详图(现浇混凝土板式楼梯)[S]. 北京:中国计划出版社,2016.
[7] 中国建筑标准设计研究院. 16G101-3 混凝土结构施工图平面整体表示方法制图规则和构造详图(独立基础、条形基础、筏形基础、桩基础)[S]. 北京:中国计划出版社,2011.
[8] 中华人民共和国公安部. GB 50016—2014 建筑设计防火规范[S]. 北京:中国计划出版社,2015.
[9] 中华人民共和国住房和城乡建设部. GB/T 50002—2013 建筑模数协调标准[S]. 北京:中国建筑工业出版社,2014.
[10] 中华人民共和国住房和城乡建设部. GB 50345—2012 屋面工程技术规范[S]. 北京:中国建筑工业出版社,2012.
[11] 中华人民共和国住房和城乡建设部. GB 50208—2011 地下防水工程质量验收规范[S]. 北京:中国建筑工业出版社,2011.
[12] 中华人民共和国住房和城乡建设部. 12J201 平屋面建筑构造[S]. 北京:中国计划出版社,2013.
[13] 中华人民共和国住房和城乡建设部. 09J202-1 坡屋面建筑构造[S]. 北京:中国计划出版社,2010.
[14] 中华人民共和国住房和城乡建设部. 12J304 楼地面建筑构造[S]. 北京:中国计划出版社,2012.
[15] 中华人民共和国住房和城乡建设部. 06J123 墙体节能建筑构造[S]. 北京:中国计划出版社,2006.
[16] 同济大学,等. 房屋建筑学[M]. 4版. 北京:中国建筑工业出版社,2006.
[17] 魏艳萍. 建筑识图与构造(含配套习题集)[M]. 北京:中国电力出版社,2010.
[18] 张小平. 建筑识图与房屋构造(含配套习题集)[M]. 武汉:武汉理工大学出版社,2013.
[19] 聂洪达,郄恩田. 房屋建筑学[M]. 北京:北京大学出版社,2012.

高职高专土建类专业规划教材图书目录

序号	书号 978-7-114-	书 名	著译者	定价
1	16619-8	钢结构构造与识图（第 2 版）	马瑞强	48.
2	12631-4	建筑材料与检测（第三版）	宋岩丽	42.0
3	16618-1	建筑工程计量与计价（第 4 版）	蒋晓燕	58.00
4	08462-1	建筑工程施工图实例图集	蒋晓燕	38.00
5	12637-6	建筑法规（第三版）	马文婷、隋灵灵	42.00
6	10018-5	建筑法规学习指导	隋灵灵	28.00
8	14863-7	建筑识图与构造	董罗燕	42.00
8	13098-4	建筑识图与构造技能训练手册（第二版）	金梅珍	38.00
9	12663-5	地基与基础（第三版）	王秀兰	38.00
10	12644-4	建筑工程质量与安全管理	程红艳	36.00
11	12920-9	建设工程监理概论（第三版）	杨峰俊	35.00
12	13880-5	建筑工程技术资料管理（第三版）	李媛	40.00
13	13913-0	新平法识图与钢筋计算（第二版）	肖明和	43.00
14	13672-6	建筑装饰装修工程预算（第三版）	吴锐	43.00
15	13558-3	建筑装饰装修工程预算习题集与实训指导（第三版）	吴锐	30.00
16	13648-1	园林绿化工程预算	吴锐	38.00
17	13979-6	建筑构造与识图（第三版）	张艳芳	48.00
18	13687-0	建筑构造与识图习题与实训（第三版）	张艳芳	26.00
19	13311-4	建筑工程预算（第三版）	王晓薇	38.00
20	13157-8	建筑工程预算实训指导书与习题集（第三版）	程颢 罗淑兰	25.00
21	13220-9	建筑结构（第二版）	盛一芳 刘敏	52.00
22	08947-3	建筑工程 CAD（第二版）	张小平	36.00
23	09269-5	建筑施工技术（第二版）	危道军	49.00
24	10863-1	工程测量	王晓平	39.00
25	09684-6	建筑工程质量事故分析与处理（第二版）	余斌	39.00
26	09174-2	钢结构制作与安装	盛一芳	33.00
27	06885-0	建筑制图习题集	夏文杰	38.00
28	07379-3	建筑施工图识读与钢筋翻样	张细权	56.00
29	10026-0	建筑工程量电算化鲁班软件教程	温风军	58.00
30	08602-1	广联达工程造价类软件实训教程—案例图集（第二版）	广联达公司	25.00
31	08579-6	广联达工程造价类软件实训教程—图形软件篇（第二版）	广联达公司	20.00
32	08580-2	广联达工程造价类软件实训教程—钢筋软件篇（第二版）	广联达公司	15.00
33	08453-9	工程建设法规与合同管理	宁先平	36.00
34	11353-6	土力学及地基基础	王雪浪	38.00